高等学校教材

大学化学实验

（供临床、药学、临床药学、预防、检验等专业使用）

胡　琴　许贯虹　主　编
周　萍　杨　静　副主编

化学工业出版社
·北京·

本书分为基本操作训练、基本理论验证、化合物性质验证与鉴别、简单药物分析、综合设计实验五个模块，共计 51 个实验。所选实验均为我国高校化学教学中常见的经典实验，既包含单项基础训练实验，也有多项基础训练组合的综合实验和自主学习的研究性实验，适合不同学习阶段的学生使用。此外，还编排了 4 个英文实验，既可供临床专业的留学生使用，又可作为双语教学的素材，供开设双语教学的院校参考使用。

本书具有知识点覆盖面广、内容难易适中、医药学专业特色鲜明等特点，适用于临床、药学、临床药学、预防、检验等专业。

图书在版编目（CIP）数据

大学化学实验/胡琴，许贯虹主编．—北京：化学工业出版社，2014.12（2023.9重印）
高等学校教材
ISBN 978-7-122-22682-2

Ⅰ.①大…　Ⅱ.①胡…②许…　Ⅲ.①化学实验-高等学校-教材　Ⅳ.①O6-3

中国版本图书馆 CIP 数据核字（2014）第 313543 号

责任编辑：褚红喜　宋林青　　装帧设计：王晓宇
责任校对：陶燕华

出版发行：化学工业出版社（北京市东城区青年湖南街 13 号　邮政编码 100011）
印　　装：三河市延风印装有限公司
787mm×1092mm　1/16　印张 12¾　字数 324 千字　　2023 年 9 月北京第 1 版第 8 次印刷

购书咨询：010-64518888　　售后服务：010-64518899
网　　址：http://www.cip.com.cn
凡购买本书，如有缺损质量问题，本社销售中心负责调换。

定　　价：25.00 元

《大学化学实验》编写组

主　编　胡　琴　许贯虹

副主编　周　萍　杨　静

编　者（以姓氏笔画为序）

史丽英　（南京医科大学）

许贯虹　（南京医科大学）

杨　静　（南京医科大学）

杨旭曙　（南京医科大学）

周　萍　（南京医科大学）

胡　琴　（南京医科大学）

姚碧霞　（南京医科大学）

顾伟华　（南京医科大学）

程宝荣　（南京医科大学）

蔡　政　（南京医科大学）

魏芳弟　（南京医科大学）

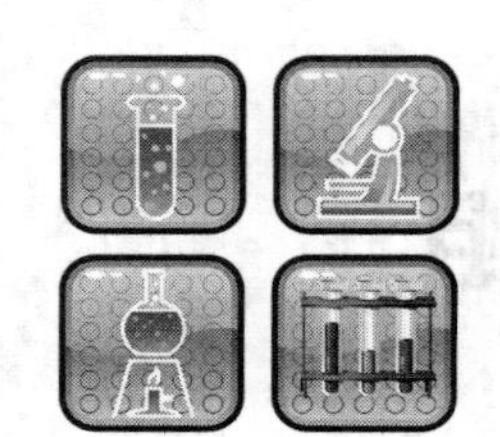

前 言

FOREWORD

大学化学实验是化学教学不可分割的一部分，在大学化学教学中占有重要的地位。通过本课程的学习，可以训练学生掌握化学实验的基本操作和基本技能；巩固和加深对化学理论知识的理解；培养学生实事求是的工作作风，严谨的科学态度，良好的实验习惯，提高分析问题、解决问题的实际工作能力。

本书在内容选编方面，具有以下4个特点。

1. 知识点覆盖面广 全书涉及无机化学、分析化学、物理化学三个学科，涵盖了大部分理论知识点，包含了常见的各种实验操作技能训练和常规仪器使用培训。

2. 实验内容难易适中 本书分为基本操作训练、基本理论验证、化合物性质验证与鉴别、简单药物分析、综合设计实验五个模块，共计51个实验。所选实验均为我国高校化学教学中常见的经典实验，既包含单项基础训练实验（如滴定基本操作），也有多项基础训练组合的综合实验（非水碱量法测定枸橼酸钠的含量）和自主学习的研究性实验（如蛋氨酸-锌的制备和质量控制），适合不同学习阶段的学生使用。

3. 医药学专业特色鲜明 在实验内容的选择上，尽可能选择与医药相关的实验内容，如药物的含量测定、无机药物的合成制备，既能提高临床药学等专业学生的学习兴趣，又能为其将来的学习工作奠定基础。

4. 适用专业广泛 本书具有知识点覆盖面广、内容难易适中、医药学专业特色鲜明等特点，因此，适用于临床、药学、临床药学、预防、检验等专业。此外，我们还编排了4个英文实验，既可供临床专业的留学生使用，又可作为双语教学的素材，供开展双语教学的院校参考使用。

本书在编写过程中，参考了兄弟院校的化学实验教学的经验成果，在此表示衷心的感谢。由于水平所限，难免存在诸多不足，欢迎广大读者批评指正。

胡 琴

2014年10月30日

于南京医科大学

目录
CONTENTS

绪 论

一、学习大学实验课程的目的

化学是一门实验科学，化学实验在化学教学中占有重要的地位。通过化学实验课程的学习，可以训练学生掌握化学实验的基本操作和基本技能；巩固和加深对化学理论知识的理解；培养学生实事求是和严谨的科学态度，良好的实验作风，提高分析问题、解决问题的能力。

在实验中，学生通过阅读实验教材、查询有关资料、了解实验拟解决的问题，掌握实验原理及方法，做好实验前的准备，正确使用仪器及辅助设备，独立完成实验，撰写合格的实验报告，培养并逐步具备独立实验的能力。

在实验中，学生应当学会融合实验原理、设计思想、实验方法及相关的理论知识对实验结果进行分析、判断、归纳与综合，掌握化学研究的基本方法，具备对化学简单问题的初步分析与研究的能力。

在实验中，学生应初步掌握发现问题、分析问题、并学习解决问题的科学方法，逐步提高学生综合运用所学知识和技能解决实际问题的能力。

在实验中，学生应学会完成符合规范要求的设计性、综合性内容的实验，从而进行初步的具有研究性或创意性内容的实验，为今后的学习和工作奠定基础。

二、实验学习的基本要求

1. 预习

预习时应认真阅读实验内容，掌握实验所依据的基本理论，明确需要进行测量、记录的数据，了解所用仪器的性能和使用方法，思考实验内容后面所提出的问题，并在此基础上写好预习报告。

2. 实验

实验时要按照预定的步骤独立完成，严格控制实验条件，仔细观察实验现象，按照要求在专门的记录本上详细记录原始数据，不得随意删除自认为不理想的数据，更不得抄袭、篡改、编造实验记录。实验过程中要勤于思考，若有与预期不同的结果或现象，应及时与教师讨论，查究原因。禁止随意更改和重做实验，如确有必要，需先征得指导教师的同意再进行操作。实验结束后原始记录必须交给指导教师审阅。

3. 实验数据处理

实验完成后要及时处理实验数据，对实验中存在的问题和现象进行讨论，按照要求独立完成实验报告，按时交给指导教师批阅。

4. 实验报告

实验报告应用专用的记录本按格式书写，字迹要端正，叙述要简明，图形要准确，页面要整洁。下面列出四种实验报告模板供参考。

性质实验报告示例

实验名称：p区元素的性质Ⅱ　　**室温：**________

姓名________学号________班级________同组实验人____________日期____________

实验目的

1. 掌握亚硝酸盐、硝酸及硝酸盐的性质，了解 NO_2^-、NO_3^-、NH_4^+ 的鉴定方法。
2. 掌握磷酸盐、碳酸盐、硼酸盐等的一些性质。
3. 掌握砷、锑、铋等化合物一些性质的递变规律，熟悉砷的鉴别方法。
4. 了解硼化合物的性质。

实验内容

实验内容	实验现象	反应式及解释
10d $NaNO_2$ + 2d $KMnO_4$	无明显现象	
再加 2d H_2SO_4	紫色褪去	$5NO_2^- + 2MnO_4^- + 6H^+ \rightleftharpoons 2Mn^{2+} + 5NO_3^- + 3H_2O$ 酸性增强可提高高锰酸钾的氧化性
……	……	……

实验讨论

合成实验报告示例

实验名称： 硫酸亚铁铵的制备　室温：________

姓名________学号________班级________同组实验人____________日期____________

实验目的

1. 掌握复盐制备的原理和方法。
2. 掌握水浴加热、蒸发、结晶和减压过滤等基本操作。
3. 熟悉目视比色法检验产品中微量杂质的分析方法。

实验原理

$$FeSO_4+(NH_4)_2SO_4+6H_2O = FeSO_4 \cdot (NH_4)_2SO_4 \cdot 6H_2O$$

目视比色法可估计杂质 Fe^{3+} 的量。将产品与 KSCN 反应，与标准品对照，根据红色程度判断杂质含量，确定产品等级。

实验流程

锥形瓶+2g Fe 屑→+15mL H_2SO_4→水浴（适当补水）至无气泡→抽滤→吸干水分→按 1∶1 加入 $(NH_4)_2SO_4$→调 pH 1～2→蒸发至出现结晶膜→抽滤→吸干水分→称重→比色法判断杂质

实验结果

1. 产品外观：淡绿色片状结晶
2. 产量：____ g
3. 产率：____ %
4. 比色结果：

实验讨论

滴定实验报告示例

实验名称：<u>酸碱滴定法测定硼砂的含量</u>　室温：________

姓名________学号________班级________同组实验人__________日期

实验目的

1. 掌握酸碱滴定分析的基本原理和操作步骤。
2. 熟悉硼砂含量的测定方法。

实验原理

$$Na_2B_4O_7 \cdot 10H_2O + 2HCl = 2NaCl + 4H_3BO_3 + 5H_2O$$

在化学计量点时，有

$$n(HCl) = 2n(Na_2B_4O_7 \cdot 10H_2O)$$

$$w(Na_2B_4O_7 \cdot 10H_2O) = \frac{c(HCl) \times V(HCl) \times M(Na_2B_4O_7 \cdot 10H_2O)}{m_{样品} \times 2 \times 1000} \times 100\%$$

实验流程

精密称取硼砂 2.0g→配制 100mL 溶液→甲基红为指示剂，标准 HCl 溶液滴定→重复 2 次→计算硼砂的含量

实验数据记录与处理

编　号	1	2	3
$c(HCl)/mol \cdot L^{-1}$			
$m(Na_2B_4O_7 \cdot 10H_2O)/g$			
$V_{终}(HCl)/mL$			
$V_{始}(HCl)/mL$			
$V_{消耗}(HCl)/mL$			
$w(Na_2B_4O_7 \cdot 10H_2O)/\%$			
$\bar{w}(Na_2B_4O_7 \cdot 10H_2O)/\%$			
相对平均偏差/%			

实验讨论

物理化学实验示例

实验名称：恒压量热法测定弱酸的中和热和电离热　　室温：________

姓名________学号________班级________同组实验人________日期________

实验目的

1. 熟悉贝克曼温度计的使用。
2. 掌握弱酸中和热和电离热的测定方法。

实验原理

强酸和强碱在足够稀释的情况下中和热几乎是相同的，本质上都是氢离子和氢氧根离子的中和反应，对于弱酸（或弱碱）来说，因为它们在水溶液中只是部分电离，当其和强碱（或强酸）发生中和反应时，其反应的总热效应还包含弱酸（或弱碱）的电离热。例如醋酸和氢氧化钠的反应：

$$HAc \longrightarrow H^+ + Ac^- \qquad \Delta_{电离}H_{弱酸}$$

$$H^+ + OH^- \longrightarrow H_2O \qquad \Delta_{中和}H_{强酸}$$

$$HAc + OH^- \longrightarrow H_2O + Ac^- \qquad \Delta_{中和}H_{弱酸}$$

根据盖斯定律，有 $\Delta_{中和}H_{弱酸} = \Delta_{电离}H_{弱酸} + \Delta_{中和}H_{强酸}$

所以 $\Delta_{电离}H_{弱酸} = \Delta_{中和}H_{弱酸} - \Delta_{中和}H_{强酸}$

实验数据记录与处理

实验号	起始温度 T_1	终了温度 T_2	温差 ΔT	$\Delta \overline{T}$
1				
2				
3				

强酸的中和热　$\Delta_{中和}H_{强酸} = -57111.6 + 209.2(t-25)(J \cdot mol^{-1})$

醋酸的中和热　$\Delta_{中和}H_{弱酸} =$

醋酸的电离热　$\Delta_{电离}H_{弱酸} = \Delta_{中和}H_{弱酸} - \Delta_{中和}H_{强酸} =$

实验讨论

三、实验基本规则

(1) 进入实验室前必须认真预习实验内容，了解实验基本原理、操作及涉及的相关试剂和设备；同时应熟悉并严格遵守有关实验室规定。

(2) 应了解实验室的主要设施及布局，主要仪器设备以及通风实验柜的位置、开关和安全使用方法。熟悉实验室水、电、燃气总开关的位置，熟悉消防器材、急救箱、淋洗器、洗眼装置等的位置和正确使用方法，熟悉安全通道的位置及逃生路线。

(3) 实验进行期间必须穿实验服，佩戴防护镜；过衣领的长发必须扎短或藏于帽内；严禁穿拖鞋、高跟鞋、短裤/裙及背心等进入实验室；不宜留长指甲及佩戴过多的饰品。

(4) 取用化学试剂必须小心，在使用腐蚀性、有毒、易燃、易爆试剂前，必须仔细阅读有关安全说明；使用或产生危险和刺激性气体、挥发性有毒化学品的实验必须在通风柜中进行。

(5) 应注意节约试剂，按量取用，严禁浪费；公用仪器和试剂用毕应及时放回原处；实验室所有的药品不得带出实验室；用剩的有毒药品要及时交还指导教师；一切废弃物必须放在指定的废物收集器内；严禁随意混合化学药品。

(6) 若觉得试剂异常或者发生仪器故障及意外事故时，必须立即报告指导教师以便即时处理。

(7) 在实验过程中应保持安静，注意力集中，认真操作，仔细观察现象，如实记录结果，积极思考问题，严禁嬉闹、喧哗；严禁将食品及饮料带入实验室食用；实验结束后必须及时清洗双手及双臂。

(8) 实验前要将实验仪器清洗干净，关好水、电、气开关和做好台面及室内清洁卫生；实验结束后必须获得指导老师许可方可离开实验室。

四、实验安全守则

1. 消防安全守则

(1) 易燃材料（如苯、钠、乙醚、二硫化碳、磷、硫黄、丙酮等）应远离明火保存在阴凉处并塞紧瓶塞。金属钠、钾应保存在煤油中，白磷保存在水中，以镊子取用。取用完毕后应立即盖紧瓶塞和瓶盖。不能用火直接对易燃液体加热，可使用油浴或水浴加热。

(2) 明火不用时要及时熄灭，不能离开无人看管的明火。

(3) 尽量避免易燃气体和空气进行混合，如需混合，容器要用布围住或在有隔离罩处混合。

(4) 强氧化剂与强还原剂要分开存放。强氧化剂不能研磨。

(5) 化学反应或加热产生气体时，要注意压力的调节；避免对封闭的容器加热，以免引起爆炸。

(6) 使用酒精灯时，应随用随点燃，不用时盖上灯罩。不要用已点燃的酒精灯去点燃别的酒精灯，以免酒精溢出而失火。

2. 防中毒方法

(1) 由于试剂瓶上的标签有可能误标，所以在实验室不要吃、喝、尝任何试剂。

(2) 禁止皮肤直接接触药品试剂，可以利用实验室的移液管、吸量管、药勺等工具移取化学试剂药品。使用移液管转移溶液时，绝不要用嘴吸，应该用洗耳球。

(3) 闻试剂的气味时，不能直接用鼻子闻，可使用扇气入鼻法。

(4) 要特别注意强腐蚀性或剧毒药品，实验室常用的有毒有害试剂如下：浓酸、浓碱、硫化物、四氯化碳和其他的氯化物、铬化合物、碘、溴、氰化物、银盐、铅、汞、砷及其化合物。这些试剂不可以入口或接触伤口，也不能将有毒药品随便倒入下水管道。涉及金属汞的实验应特别小心。若不慎将金属汞洒落，必须尽可能收集起来以硫黄粉处理。

(5) 使用或制备危险和刺激性、挥发性及毒性化学品（如 H_2S、卤素、CO、SO_2 等）的实验以及加热或蒸发盐酸、硫酸、硝酸，溶解可能产生上述物质的试样时必须在通风柜中进行。

3. 防化学灼伤方法

(1) 浓酸和碱是尤其危险的，严重灼伤皮肤和眼睛后有可能无法治愈。移取这些试剂时要加倍小心。在不能确定是否安全的情况下，不要把这些试剂加入其他的化学试剂中。避免所有这些化学试剂与皮肤的直接接触。

(2) 振摇试管和烧瓶时用塞子堵住管口和瓶口，不可以用手指塞堵瓶口。

(3) 白磷、溴、氟化氢是有慢灼烧性的，处理这些试剂时手要做适当的保护。

(4) 浓硫酸的稀释过程产生大量的热容易引起喷溅而灼伤，注意要将浓酸缓慢加入水中而不要将水加入酸中。

(5) 加热试管时，不要将试管口指向自己或别人，不要俯视正在加热的液体，以免液体溅出，受到伤害。

4. 事故处理方法

(1) 着火　衣服起火，寻求帮助的同时躺在地上滚动使火熄灭。若溶剂或化合物起火，应快速用湿布或沙土将其扑灭。若遇电气设备着火，必须先切断电源，再用二氧化碳或四氯化碳灭火器灭火。电器不要使用泡沫灭火器灭火。有机化合物起火不要用水灭火，因为这样只会使火蔓延。若火势无法控制，应立即撤离至安全区域并及时拨打 119 电话报警。听见火警铃响起应立即离开实验室。

(2) 中毒　若吸入（或怀疑吸入）有害的气体，应立刻离开实验区域吸取新鲜空气，情况严重的要立即进行急救。若吸入氯气、氯化氢等气体，可立即吸入少量酒精和乙醚的混合蒸气以解毒；若吸入硫化氢气体，会感到不适或头昏，应立即到室外呼吸新鲜空气。若有毒物质不慎入口，首先应用大量水漱口，用手指插入咽喉处催吐，然后送医院治疗。

(3) 割伤　如果割伤，立即挤出污血，用消毒镊子夹出碎玻璃，用大量冷水冲洗伤口。然后涂上碘酒，用绷带包扎。

(4) 烫伤和灼伤　腐蚀性试剂如浓酸或碱溅到衣服或皮肤上，应脱下衣服，立即用大量水冲洗至少 10min，然后通报指导老师处理。眼睛被灼伤时，立即用大量水洗，然后送往医院治疗，不能加任何中和试剂。如果皮肤被溴烧伤了，立即把溴擦掉，用乙醇或石油醚洗，然后用 2% $Na_2S_2O_3$ 溶液清洗。遇有烫伤事故，可用高锰酸钾溶液或苦味酸溶液揩洗灼伤处，再涂上凡士林或烫伤油膏。遇有触电事故，首先应切断电源，然后在必要时进行人工呼吸。对伤势较重者，应立即送医院医治，任何延误都可能使治疗复杂和困难。

5. 废弃物处理方法

实验中经常会产生实验废渣、废液及废气，需及时排放，应力争在条件许可之下将其进行无毒无害化处理，减少对环境的污染。

(1) 无机废酸、废碱　应把废酸、废碱分别集中回收保存，然后用于处理其他废弃的碱性、酸性物质。最后用中和法使其 pH 值在 5.8～8.6 之间，如果此废液中不含其他有害物质，则可加水稀释至含盐浓度在 5%以下排放。

(2) 废弃重金属　实验中用到的重金属可能有：铬（重铬酸钾，硫酸铬）、汞（氯化汞，氯化亚汞）、铜（硫酸铜）等。可将金属离子以氢氧化物的形式沉淀分离。鉴于重铬酸钾毒性较强，通常采取先用废弃的硫酸酸化，再用淤泥还原的方法处理。

(3) 废气　对于无毒害气体，可直接通过通风设施排放。对于有毒害气体，针对不同的性质进行处理。例如：对于碱性气体（如 NH_3）用回收的废酸进行吸收，对于酸性气体（如 SO_2、NO_2、H_2S 等）用回收的废碱进行吸收处理。在水或其他溶剂中溶解度比较大的气体，只要找到合适的溶剂，就可以把它们完全或大部分溶解掉。对于部分有害的可燃性气体，在排放口点火燃烧消除污染。

(4) 有机废液　对于有机溶剂应尽量回收，反复使用。若无法继续使用，应按照可燃性物质、难燃性物质、含水废液等分类收集。对甲醇、乙醇及醋酸之类溶剂，由于其能被细菌作用而易于分解，故对这类溶剂的稀溶液，经用大量水稀释后，即可排放。

(5) 无毒无害物质　对于分析实验中产生的大量废液，其中大部分是无毒无害的。例如：稀 HCl、稀 NaOH 溶液，固体 NaCl、Na_2SO_4，可采用稀释的方法处理。

五、基本实验知识

1. 玻璃仪器洗涤

(1) 常见洗涤液的配制

① 铬酸洗液　铬酸洗液以重铬酸钾（$K_2Cr_2O_7$）和浓硫酸（H_2SO_4）配成。该洗液具有很强的氧化能力，对玻璃仪器又很少侵蚀，在实验室内被广泛使用。其配制浓度视需求而定，从5%～12%均可。配制基本方法是：取 4g $K_2Cr_2O_7$，先用约 1～2 倍的水加热溶解，稍冷后，将 100mL 浓 H_2SO_4缓慢注入 $K_2Cr_2O_7$溶液中并用玻璃棒搅拌，混匀后冷却，装入容器备用。新配制的洗液为红褐色，氧化能力很强。当洗液用久后变为墨绿色即说明洗液已经失效。

② 碱性高锰酸钾洗液　用碱性高锰酸钾作洗液，作用缓慢，适合用于洗涤有油污的器皿。配制基本方法：取高锰酸钾（$KMnO_4$）固体 4g 加少量水溶解后，再加入 10%氢氧化钠（NaOH）溶液 100mL。

③ 碱性洗液　碱性洗液多用于洗涤有油污（比如有机反应）的仪器，将仪器浸泡于洗液中 24h 以上或者以洗液浸煮仪器。从碱洗液中捞取仪器时，必须要戴乳胶手套，以免灼伤皮肤。常用的碱洗液有碳酸钠（Na_2CO_3，纯碱）液，碳酸氢钠（$NaHCO_3$，小苏打）液，磷酸钠（Na_3PO_4，磷酸三钠）液，磷酸氢二钠（Na_2HPO_4）液等。

(2) 洗涤方法

一般的尘土、难溶性杂质等可直接用水和毛刷刷洗；油污和有机物可用合成洗涤剂、肥皂等清洗，若仍然洗不干净，可用热的碱性洗液清洗，亦可选用碱性高锰酸钾溶液清洗；用于精确定量实验的仪器应采用铬酸洗液清洗。

洗刷仪器时，应首先将手用肥皂洗净，免得手上的油污附在仪器上，增加洗刷的困难。用上述洗液清洗后还应用自来水洗 3～6 次，再用去离子水冲洗 3 次以上。一个洗净的玻璃仪器不应在壁上附着不溶物和油污，应该以挂不住水珠为度。

(3) 干燥方法

洗净的玻璃仪器若不急用，可倒置于洁净的实验台上于室温下自然晾干；亦可将水尽量倒干后放入烘箱烘干。试管可用试管夹夹住在火焰上均匀加热烤干，但须注意管口要低于管底。也可以向洗净的仪器中加少许易挥发的有机溶剂（乙醇、丙酮），充分浸润内壁后倒出，并用电吹风向内吹风以加速干燥。

注意：带有刻度的计量仪器禁止用加热的方法进行干燥。

2. 称量

称量是实验室必不可少的基本操作。根据称量所要求的准确度不同，可分别使用托盘天平和分析天平。本书将在实验二称量的基本操作中专门介绍。

3. 试剂取用

表 1 列出了我国化学试剂的规格、标志及适用范围。在实验中应根据工作的具体要求，选择适当等级的试剂。

表 1　试剂的规格和适用范围

等级	名称	符号	适用范围	标签颜色
一级品	优级纯(保证试剂)	G. R.	纯度很高,适用于精密分析工作	绿色
二级品	分析纯(分析试剂)	A. R.	纯度仅次于一级品,适用于多数分析工作	红色
三级品	纯(化学纯)	C. P.	纯度次于二级品,适用于一般化学实验	蓝色
四级品	实验试剂(化学用)	L. R.	纯度较低,适用于作实验辅助试剂	棕色等
五级品	生物试剂	B. R. ,C. R.	生物实验	

(1) 固体试剂的取用

要使用洗净擦干的药勺取用固体试剂。注意控制每次取用量，超出需要的已取出试剂不能倒回原瓶，可放在指定的容器中以供他用。取完试剂应立刻盖紧试剂瓶盖。腐蚀性、强氧化性或易潮解的固体试剂应置于玻璃容器内称量。特殊试剂需在教师的指导下处理。

(2) 液体试剂的取用

从滴瓶中取液体试剂时要使用滴瓶中自带的滴管，先提起滴管，使管口离开液面，用手指捏紧滴管上部的橡胶滴帽，赶出滴管中的空气，然后把滴管伸入滴瓶中，放松手指，吸入试剂，再提起滴管，将试剂滴入试管或其他容器内；此时应以左手垂直地拿持试管，右手的拇指和食指夹住滴管的橡胶滴帽，中指和无名指夹住橡胶滴帽与下段管的连接处，将滴管垂直或倾斜拿住，放在试管口的正上方，滴管口距试管口约 2～3mm，然后挤捏橡皮头，使试剂滴入试管中，滴管不能伸入试管内，更不能触及试管内壁，否则滴管口很容易被污染；装有药品的滴管不得横置或管口向上斜放，以免液体滴入滴管的胶皮帽中。

通常用倾注法从细口瓶中取出液体试剂。先将瓶塞取下，反置桌面上，手握住试剂瓶上贴标签的一面，逐渐倾斜瓶子，让试剂沿着洁净的试管壁流入试管或沿着洁净的玻璃棒注入烧杯中。取出所需量后，将试剂瓶扣在容器上靠一下，再逐渐竖起瓶子，以免遗留在瓶口的液体滴流到瓶的外壁。

倒入试管里的溶液的量，一般不超过其容积的 1/2，倒入其他反应容器的液体总量一般不能超过其容积的 2/3。

定量取用液体时，视所需精密度不同选用量筒或移液管（吸量管）。移液管（吸量管）的使用见实验一溶液的配制和滴定基本操作。本节仅介绍量筒。

量筒是量度液体体积的仪器。实验中应根据所取溶液的体积，尽量选用能一次量取的最小规格的量筒。向量筒里注入液体时，应用左手拿住量筒，使量筒略倾斜，右手拿试剂瓶，使瓶口紧挨着量筒口，使液体缓缓流入。当注入的量接近实际需要的量时，把量筒放平，改用胶头滴管滴加到所需要的量。观察刻度时应使视线与量筒内液体的凹液面的最低处保持水平，再读出所取液体的体积数。

4. 干燥器的使用

干燥器是用来保持试剂干燥的仪器，由厚质玻璃制成。干燥器上端是一个磨口边的盖子，为了增强密封效果，通常会在干燥器盖子的磨口边缘均匀涂抹凡士林或真空硅脂。干燥器内底部放有干燥剂，中部有一个带孔圆形瓷板，上面可放置装有待干燥物体的容器。干燥剂可选用变色硅胶、无水氯化钙、五氧化二磷等常规干燥剂。打开干燥器时，不能直接把盖子往上提，而应用左手向右扶住干燥器，右手把盖子向左水平方向缓缓推开。打开盖子后，将其翻过来放于桌上，不要使涂有凡士林的磨口边触及桌面。放入或取出物品后，必须将盖子盖好，此时仍应把盖子往水平方向推移，使盖子的磨口边与干燥器口吻合。

搬动干燥器时，应用两手的大拇指同时将盖子按住以防盖子滑落而打碎。烘箱中取出的高温样品须在空气中冷却30～60s后方可放入干燥器内。否则，干燥器内的空气受热膨胀可能将盖子冲掉。即使盖子能盖好，也往往因冷却后干燥器内压力低于干燥器外的空气压力，使盖子难以打开。故放入温热的物体时，应先将盖子留一缝隙，稍等几分钟后再盖严。

5. 加热

实验室常用的热源是酒精灯和电炉。

使用酒精灯时，先要检查灯芯。若灯芯顶端不平或已烧焦，需事先修剪，然后检查灯中酒精体积，应控制在酒精灯容积的1/4至2/3之间。绝对禁止用酒精灯引燃另一盏酒精灯；用毕酒精灯，必须用灯帽盖灭，不可用嘴去吹灭，否则可能将火焰沿灯颈压入灯内，引起着火或爆炸。不要碰倒酒精灯，万一洒出的酒精在桌上燃烧起来，不要惊慌，应立即用湿抹布扑灭。

使用电炉前要检查电线有无破损及短路、电炉丝是否露出炉面。在电炉上放置石棉网，接通电源即可加热，加热过程中应避免液体及水洒在电炉上，并注意安全用电。用后及时拔下电源插头。

加热的方式，根据溶液的性质和盛放溶液的器皿及所需加热的程度，分为直接加热和水/油浴加热。对于高温下稳定的溶液，可将盛放该溶液的烧杯或锥形瓶放在铁架上隔石棉网直接加热，受热易分解的物质或体积甚少的溶液，可采用水/油浴加热。

6. 过滤

过滤是除去溶液里混有不溶于溶剂的杂质的方法。常用过滤方法包括常压过滤和减压过滤两种。本节仅介绍减压过滤法。

减压过滤又称吸滤、抽滤，是利用真空泵将抽滤瓶中的空气抽走产生负压而快速过滤的一种方法。减压过滤装置包括真空泵、布氏漏斗、抽滤瓶。

循环水式真空泵采用射流技术产生负压，以循环水作为工作流体的一种新型真空抽气泵，具有使用方便、节约用水的特点。使用时应注意：①工作时一定要有循环水，否则在无水状态下，将烧坏真空泵；②加水量不能过多，否则水碰到电机亦会烧坏真空泵；③在过滤结束时，先缓缓拔掉抽滤瓶上的橡皮管，再关开关，以防倒吸；④应及时更换循环水以保持抽气效率。

抽滤前应先准备好滤纸。滤纸的直径应略小于布氏漏斗内径但同时要能盖住所有小孔。若滤纸过大，滤纸的边缘不能紧贴漏斗而产生缝隙，过滤时沉淀穿过缝隙，造成沉淀与溶液不能分离；同时空气穿过缝隙，抽滤瓶内不能产生负压，使过滤速度变慢。然后将滤纸放置于漏斗表面，用少量溶剂润湿，用玻璃棒轻压滤纸除去缝隙，使滤纸贴在漏斗上。将漏斗插入橡胶塞并放入抽滤瓶内，塞紧塞子。注意漏斗颈的尖端斜面应正对支管。将抽滤瓶与真空泵相连，打开开关，此时滤纸应紧贴在漏斗底部，如有缝隙，用玻璃棒除去。

过滤时一般先转移溶液，后转移沉淀或晶体，使过滤速度加快。转移溶液时，用玻璃棒引流，倒入溶液的量不要超过漏斗总容量的2/3。转移晶体时先用玻璃棒将晶体转移至烧杯底部，再尽量转移到漏斗。如转移不干净，可加入少量抽滤瓶中的滤液，一边搅动，一边倾倒，让滤液带出晶体。继续抽吸直至晶体干燥，可用干净、干燥的瓶塞压晶体，加速其干燥。判断晶体是否干燥，可以看干燥的晶体是否粘玻璃棒，不粘即视为干燥；或者在1～2min内漏斗颈下无液滴滴下时亦可判断已抽吸干燥；另外，用滤纸压在晶体上，滤纸不湿，也表示晶体已干燥。

若要洗涤晶体，则在晶体抽吸干燥后，拔掉橡皮管，加入洗涤液润湿晶体，再微接真空泵橡皮管，让洗涤液慢慢透过全部晶体。最后接上橡皮管抽吸干燥。如需洗涤多次，则重复以上操作，洗至达到要求为止。

取出晶体时，用玻璃棒掀起滤纸的一角，用手取下滤纸，连同晶体放在称量纸上，或倒置漏斗，手握空拳使漏斗颈在拳内，用嘴吹下。用玻璃棒取下滤纸上的晶体，但要避免刮下纸屑。检查漏斗，如漏斗内有晶体，则尽量转移出。

转移滤液时将支管朝上，从瓶口倒出滤液。注意：支管只用于连接橡皮管，不能作为溶液出口。

当需要除去热、浓溶液中的不溶性杂质，而又不能让溶质析出时，一般采用热过滤。过滤前先把布氏漏斗预热，使热溶液在趁热过滤时，不致于因冷却而在漏斗中析出溶质。

7. 蒸发

为了使溶质从溶液中析出，常采用加热的方法，使溶液逐渐浓缩析出晶体。

蒸发通常在蒸发皿中进行，它的表面积较大，有利于液体蒸发。加入蒸发皿中的液体的量不得超过其体积的2/3，以防液体溅出。如果液体量较多，蒸发皿一次盛不下，可随水的蒸发而继续添加液体。注意不要使蒸发皿骤冷，以免炸裂。根据溶质的热稳定性，可以选用酒精灯直接加热或用水浴间接加热。若溶质的溶解度较大时，应加热到溶液出现晶膜时停止加热；若溶质的溶解度较小，或高温时溶解度较大而室温时溶解度较小，则不必蒸至液面出现晶膜就可以冷却。

8. 离心分离

将少量的沉淀与溶液分离时不宜采用过滤法，应采用离心分离的方法。将混合溶液置于离心试管中，设定离心机适当的转速和时间，充分离心后，用吸管小心地吸出上清液。若沉淀需要洗涤，通常加入少量溶剂（如纯水），用玻璃棒充分搅拌后离心，再将上清液吸出，一般洗涤2～3次即可。

（许贯虹，周萍，姚碧霞）

实验一 溶液的配制和滴定基本操作

一、实验目的

1. 掌握溶液的配制及转移的方法。
2. 掌握滴定分析操作和滴定终点的判断方法。
3. 熟悉容量瓶、移液管、吸量管、滴定管、锥形瓶、容量仪器的洗涤与干燥。

二、实验原理

1. 容量瓶

容量瓶用于配制准确浓度的溶液。容量瓶瓶身标有温度和容积，瓶颈标有刻度线，瓶口磨砂。常用的容量瓶有 10mL、50mL、100mL、250mL、1000mL 等多种规格。

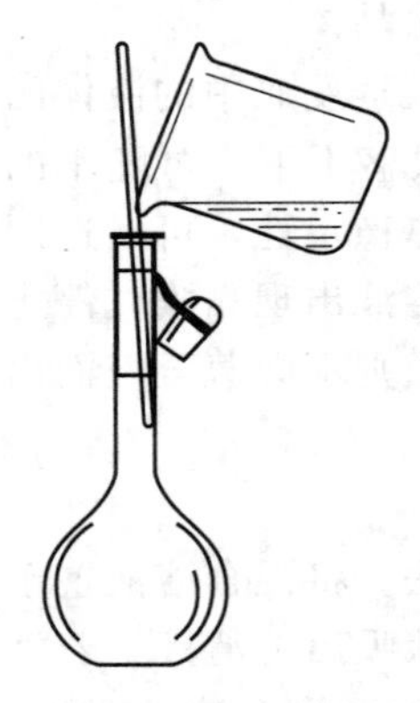

图 1-1 向容量瓶转移溶液

容量瓶在使用前应首先检查是否漏水。向瓶内加入一定量自来水至刻度附近，塞好瓶塞。用食指摁住瓶塞，另一只手托住瓶底，将瓶倒立 2min 观察瓶塞周围是否有水渗出，然后将瓶正立并将瓶塞旋转 180°后塞紧，仍把瓶倒立过来，再检查是否漏水，经检查不漏水的容量瓶才能使用。

配制溶液时，对于固体试剂，称重后应先放在烧杯里用适量的蒸馏水溶解并冷却至室温后，以玻璃棒引流，定量转移到容量瓶中（图 1-1）。烧杯中的样品溶液转移后，需用溶剂洗涤烧杯 3～4 次，将洗涤液一并转入容量瓶中。当溶液稀释至容积 2/3 时，应将容量瓶摇晃，使溶液初步混匀，然后向容量瓶中缓慢地注入水到刻度线以下 1～2cm 处，最后改用滴管滴加水到刻度。观察刻度时，应手持刻度线上方，使瓶自然下垂，视线与标线相平。定容完成后，盖紧瓶塞，用食指摁住瓶塞，用另一只手托住瓶底，倒转容量瓶使气泡上升至顶，然后再倒转仍使气泡上升至顶，重复十余次使溶液充分混合均匀。

如果是液体试剂，可用吸量管移取一定量的试剂放入容量瓶，再以上法稀释定容。但应注意若在溶解或稀释时有明显的热量变化，就必须待溶液的温度恢复到室温后才能定容。

容量瓶使用完毕，应洗净、晾干（严禁加热烘干），并在磨砂瓶口处垫张纸条，以免瓶塞与瓶口粘连。

2. 移液管和吸量管

移液管和吸量管都是用于准确移取一定体积溶液的玻璃量器。移液管属于无分度吸管，常见规格有 5mL、10mL、25mL 等，专用于量取特定体积的溶液。吸量管为有分度吸管，用于移取非固定量的小体积溶液，常用的吸量管有 1mL、2mL、5mL、10 mL 等规格。

移液管和吸量管在使用前应依次用铬酸洗液浸洗、自来水冲洗、蒸馏水润洗，然后用所要移取的溶液再润洗 2～3 次，以保证移取的溶液浓度不变。移液管润洗时需要的溶液以上升到球部为限，吸量管润洗需要的溶液应占总体积的 1/5。吸入溶液后应立即用右手食指按住管口（不要使溶液回流，以免稀释），将管横过来，用两手的拇指及食指分别拿住移液管的两端，转动移液管并使溶液布满全管内壁，当溶液流至距上管口 2～3cm 时，将管直立，使溶液由尖嘴放出，弃去。

用移液管自试剂瓶中移取溶液时，一般用右手的拇指和中指拿住刻度线上方，将移液管插入溶液中，移液管不要插入溶液太深或太浅，太深会使管外沾附溶液过多，太浅会在液面下降时吸空。左手拿洗耳球，排除空气后紧按在移液管口上，慢慢松开手指使溶液吸入管内，移液管应随试剂瓶中液面的下降而下降。

当管口液面上升到刻度线以上时，立即用右手食指堵住管口，将移液管提离液面，然后使管尖端靠着试剂瓶的内壁，左手拿试剂瓶，并使其倾斜 30°。略微放松食指并用拇指和中指轻轻转动管身，使液面平稳下降，直到溶液的弯月面与标线相切时，按紧食指。

取出移液管，用干净滤纸擦拭管外溶液，把准备承接溶液的容器稍倾斜（图 1-2），将移液管移入容器中，使管垂直，管尖靠着容器内壁，松开食指，使溶液自由的沿器壁流下。待下降的液面静止后，再等待 15s，取出移液管。管上未刻有“吹”字的，切勿把残留在管尖内的溶液吹出，因为在校正移液管时，已经考虑了末端所保留溶液的体积。

吸量管的操作方法与移液管相同。

3. 滴定管

滴定管主要用于滴定分析中精确量取一定体积的溶液。滴定管一般分为两种：一种是下端带有玻璃活塞的酸式滴定管，可盛放酸性或氧化性溶液；另一种是碱式滴定管，其下端连接一乳胶管，内置一玻璃球以控制溶液的流出。碱式滴定管可盛放碱性溶液，但不宜盛放能与乳胶管起化学反应的氧化性溶液。常见的滴定管容积为 50mL 或 25mL，最小刻度为 0.1mL，读数可估计到 0.01mL。

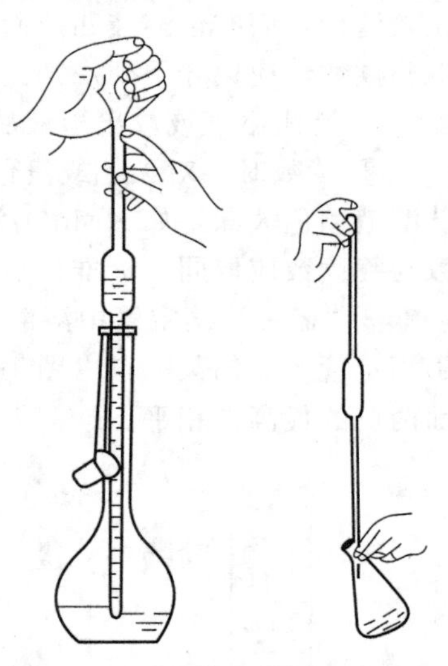

图 1-2　移液管的使用示意图

滴定管使用前必须洗涤干净，要求滴定管洗涤到装满水后再放出时管的内壁全部为一层薄水膜湿润而不挂有水珠。当滴定管没有明显油污时，可以直接用自来水冲洗。若有油污，则可用铬酸洗液 5～10mL 清洗。洗涤酸管时，要预先关闭活塞，倒入洗液后，一手拿住滴定管上端无刻度部分，另一手拿住活塞上部无刻度部分，边转动边将管口倾斜，使洗液流经全管内壁，然后将滴定管竖起，打开活塞使洗液从下端放回原洗液瓶中。洗涤碱管时，应先去掉下端的橡皮管和细嘴玻璃管，接上一小段塞有玻璃棒的橡皮管，再按上法洗涤。

酸式滴定管使用前应检查活塞转动是否灵活或漏液，如不灵活或漏液，则取下活塞，洗净后用吸水纸吸干或吹干活塞和活塞槽，取少许凡士林在活塞的两头涂上薄薄的一层，活塞中部只能涂极少量的凡士林以防堵塞活塞孔。将活塞插入活塞槽内并向同一方向转动，直到其中的油膜变得均匀透明时为止。若活塞转动不灵活或油膜出现纹路，说明凡士林涂得不够，这样会导致漏液，但若凡士林涂得太多，会堵塞活塞孔。此时都必须将活塞取出重新进行处理，最后还应检查活塞是否漏水。

碱式滴定管应选择大小合适的玻璃珠和橡皮管，并检查滴定管是否漏液，流出的液滴是否可以灵活控制，如不合要求需更换玻璃珠或橡皮管。

酸管用自来水冲洗以后，再用蒸馏水洗涤 3 次，每次 5～10mL。每次加入蒸馏水后，要边转动边将管口倾斜，使水布满全管内壁，然后将酸管竖起，打开活塞，使水流出一部分以冲洗滴定管的下端，然后关闭活塞，将其余的水从管口倒出。对碱管，从下面放水洗涤时，要用拇指和食指轻轻往一边挤压玻璃球外面的橡皮管，并随放随转，将残留的自来水全部洗出。最后用操作溶液洗涤 3 次，每次用量为 5～10mL，其洗法同蒸馏水相同。

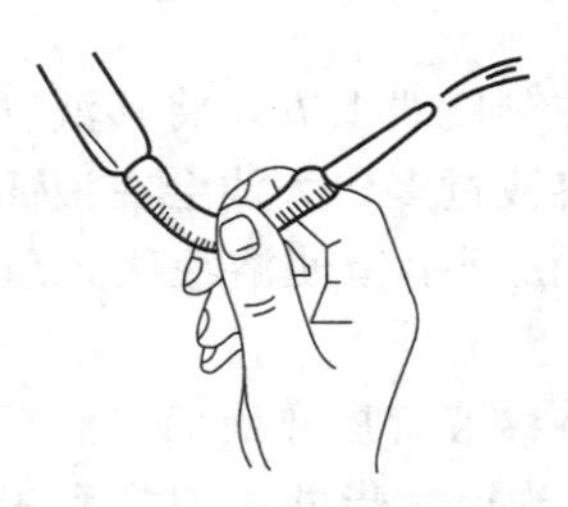

图 1-3　碱式滴定管排气泡手法

当操作溶液装入滴定管后，如下端留有气泡或有未充满的部分，用右手拿住酸管上部无刻度处，将滴定管倾斜 30°，左手迅速打开活塞使溶液冲出（下接一个烧杯），从而使溶液布满滴定管下端。亦可用左手握住酸管上 1/3 处，放开活塞放液，同时用右手敲击左手手腕以排出气体。如使用碱管，则把橡皮管向上弯曲，使之与滴定管呈 120°夹角，同时使滴定管与水平面呈 45°夹角，用两指挤压稍高于玻璃球所在处，使溶液从管尖喷出（图 1-3），这时一边仍挤压橡皮管，一边把橡皮管放直，等到橡皮管放直后，再松开手指，否则末端仍会有气泡。

在读数时，用右手拇指和食指捏住滴定管上部无刻度处，让其自然下垂，否则会造成读数误差。由于界面张力的作用，滴定管内的液面呈凹形，称为凹液面。无色水溶液的凹液面比较清晰，而有色溶液凹液面的清晰度较差。因此，两种情况的读数方法稍有不同。为了能准确读数，应遵守下列规则。

① 装满溶液或放出溶液后，必须等 1～2min，使附着在内壁上的溶液流下后再读数。

② 读数时，对无色或浅色溶液，视线应在凹液面的最低点处，而且要与液面成水平。若溶液颜色太深，如 $KMnO_4$溶液，不能观察到凹液面时，可读两侧最高点（图 1-4）。初读数与终读数应取同一标准。

③“蓝带”滴定管中溶液的读数与上述方法不同。若为无色溶液，将有两个弯月面相交于滴定管蓝线的某一点（图 1-5），读数时视线应与此点相平。若为有色溶液，视线应与液面两侧的最高点相平。

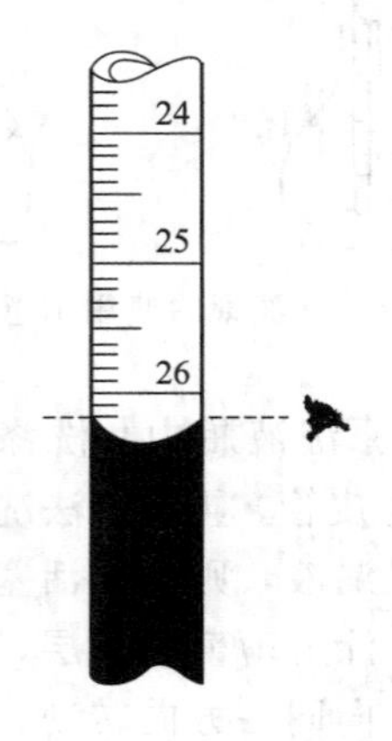

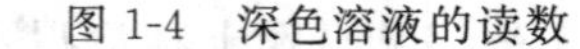

图 1-4　深色溶液的读数

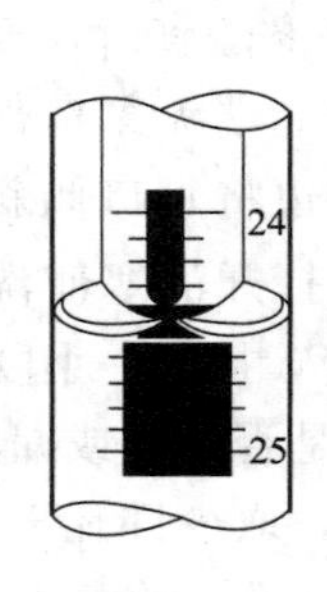

图 1-5　“蓝带”滴定管的读数

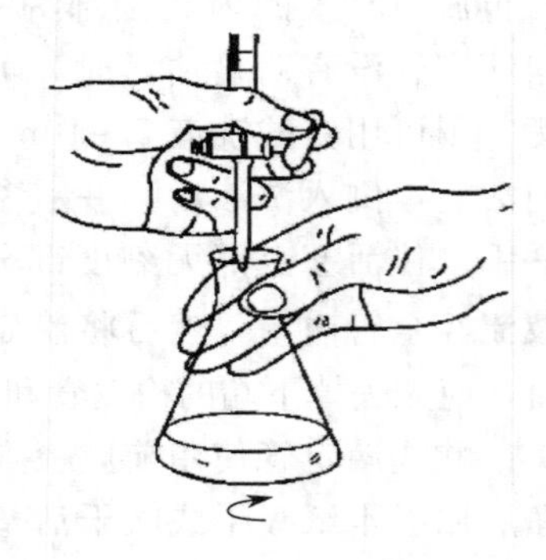

图 1-6　酸式滴定管的操作

④ 对于常量滴定管读数，必须记录到小数点后第二位，即估读到 0.01mL。

⑤ 滴定管最好是在零或接近零的某一刻度开始，并每次都从上端开始，以消除因上下刻度不匀所造成的误差。

滴定时，样品溶液盛于锥形瓶中，锥形瓶置于一白色衬底之上，滴定管下嘴位于锥形瓶颈部。操作者应用左手控制滴定管，右手握持锥形瓶，边滴边向同一方向做圆周旋转摇动。对于酸式滴定管，一般左手控制活塞，大拇指在前，食指、中指在后，手指略微弯曲，轻轻向内扣住活塞，手心空握，以免活塞松动或顶出活塞（图 1-6）。拇指下压开启活塞，不能前后振动，否则会溅出溶液。

使用碱式滴定管时，左手拇指和食指拿住橡皮管中玻璃珠所在部位稍上一些的地方，向外（即向左）或向里（即向右）挤橡皮管，使在玻璃珠旁边形成空隙，使溶液从空隙流出。但要注意，不能使玻璃珠上下移动，更不要按玻璃珠以下的地方，那样会把下部橡皮管按宽，待放开手时，就会有空气进入而形成气泡。

滴定速度一般为 $10mL \cdot min^{-1}$，即每秒 3～4 滴。临近滴定终点时，应采用“半滴”加入法，让滴定剂悬挂在滴定管嘴上，用锥形瓶口轻碰液滴，用洗瓶喷出少量蒸馏水将液滴洗入锥形瓶内，然后摇动锥形瓶。如此继续滴定至准确终点的到达。

4. 溶液的配制

溶液的配制是化学实验的基本操作之一。在配制溶液时，首先应根据所需配制溶液的浓度、体积，计算出溶质和溶剂的用量。在用固体物质配制溶液时，如果物质含结晶水，则应将结晶水计算进去。稀释浓溶液时，应根据稀释前后溶质的量不变的原则，计算出所需浓溶液的体积，然后加水稀释。

在配制溶液时，应根据配制要求选择所用仪器。如果对溶液浓度的准确度要求不高，可用托盘天平、量筒等仪器进行配制；若要求溶液的浓度比较准确，则应用分析天平、移液管、容量瓶等仪器进行配制。

三、仪器与试剂

1. 仪器

托盘天平；酸式滴定管（25mL）；碱式滴定管（25mL）；移液管（20mL）；吸量管（10mL）；容量瓶（500mL）；锥形瓶（250mL）；烧杯（100mL）；洗耳球。

2. 试剂

浓盐酸；NaOH(s)；酚酞指示剂；甲基橙指示剂。

四、实验内容

1. 配制 $0.1mol \cdot L^{-1}$ HCl 溶液 250mL

计算出配制 250mL $0.1mol \cdot L^{-1}$ HCl 溶液所需的浓盐酸的体积。用 10mL 吸量管吸取所需的浓盐酸至 250mL 容量瓶中，用蒸馏水定容。

2. 配制 $0.1mol \cdot L^{-1}$ NaOH 溶液 250mL

计算配制 250mL $0.1mol \cdot L^{-1}$ NaOH 溶液所需的 NaOH 固体的质量。用托盘天平称取所需的 NaOH 固体，并转移至 50mL 烧杯中，加适量蒸馏水，搅拌，使 NaOH 固体完全溶解，定量转移至 250mL 容量瓶中，用蒸馏水定容。

3. 酸碱溶液的相互滴定

用 $0.1mol \cdot L^{-1}$ HCl 溶液润洗酸式滴定管 2～3 次，每次 5～10mL，然后将 HCl 溶液装入酸式滴定管中，排除气泡，调节液面至 0.00mL 刻度处。

用 $0.1mol \cdot L^{-1}$ NaOH 溶液润洗碱式滴定管 2～3 次，每次 5～10mL，然后将 NaOH 溶液装入碱式滴定管中，排除气泡，调节液面至 0.00mL 刻度处。

从碱式滴定管中放出 $0.1mol \cdot L^{-1}$ NaOH 溶液 20.00mL 于洁净的 250mL 锥形瓶中，加

入甲基橙指示剂1～2滴，显黄色。用0.1mol·L^{-1} HCl滴定至橙色即为终点，读数，记录消耗HCl溶液的体积，并计算消耗掉HCl溶液与锥形瓶内NaOH溶液的体积比。平行测定三份。

取20.00mL洁净的移液管，用少量0.1mol·L^{-1} HCl溶液润洗3次，然后移取20.00mL HCl溶液于250mL锥形瓶中，加2滴酚酞指示剂，用0.1mol·L^{-1} NaOH溶液滴定至微红色，红色保持30s不褪色即为终点。记录滴定消耗的NaOH溶液的体积，平行测定三份。

五、思考题

1. 以酚酞作指示剂，滴定至微红色，红色保持30s不褪色即为终点。若经过较长时间，可发现红色会慢慢褪去，为什么？

2. 滴定过程中为冲洗锥形瓶内壁而加入蒸馏水的量是否需要准确记录？

（许贯虹）

实验二 称量的基本操作

一、目的要求

1. 熟悉托盘天平和电子天平的构造，学会正确使用托盘天平和电子天平。
2. 掌握直接称量法、差减称量法。
3. 熟悉称量瓶与干燥器的使用。

二、实验原理

称量是化学实验最基本的操作之一，天平是实验中不可或缺的称量仪器，常用的天平有托盘天平、分析天平和电子天平。

1. 托盘天平

托盘天平（又称台天平，台秤）是根据杠杆原理设计而成，常用于一般称量。能迅速称量物体的质量，但是精确度不高，一般能准确称至0.1g。托盘天平的构造如图2-1所示。托盘天平的横梁架在底座上；横梁的左右各有一个托盘；横梁中部的上方一指针与刻度盘相对，根据指针在刻度盘摆动的情况，可以看出托盘天平是否处于平衡状态。

图2-1 托盘天平

1—横梁；2—托盘；3—刻度盘；4—指针；5—平衡螺丝；6—游码；7—游码标尺；8—砝码

使用托盘天平称量时，可按下述步骤进行。

（1）调整零点

称量物体之前，将游码拨到游码标尺的“0”刻度处，检查托盘天平的指针是否停在刻度盘的中心线位置。若不在，调节托盘下侧的平衡螺丝。当指针在刻度盘中心线左右摆动距离大致相等时，则天平处于平衡状态，此时指针可以停在刻度盘中心线位置，此为托盘天平的零点。

（2）称量

称量时，左盘放称量物，右盘放砝码。添加砝码时应从大到小，一般5g以下质量可通过移动游码添加，直至指针的位置与零点位置相符（两者之间允许偏差1小格之内）。此时，砝码加游码的质量就是称量物的质量。

（3）称量注意事项

① 托盘天平不能称量热的物品；

② 化学药品不能直接放在托盘上，应根据情况确定将称量物放置在已称量的、光洁的称量纸上或者洁净的表面皿或者烧杯等玻璃容器中；

③ 取放砝码时要用镊子夹取，不得用手直接接触砝码，砝码不能放在托盘及砝码盒以外的任何地方；

④ 称量完毕，应将砝码放回砝码盒中，将游码拨到“0”位处，将天平打扫干净。最后

将托盘放在同一侧，或者用橡皮圈架起横梁，以免天平摆动。

2. 电子天平

电子天平的秤盘放在电磁铁上。由于样品的质量和重力加速度的作用使得秤盘向下运动。天平检测到这个运动并通过电磁铁产生一个与此力相对抗的作用力，此作用力与样品的质量成比例，因此可称得样品的质量。

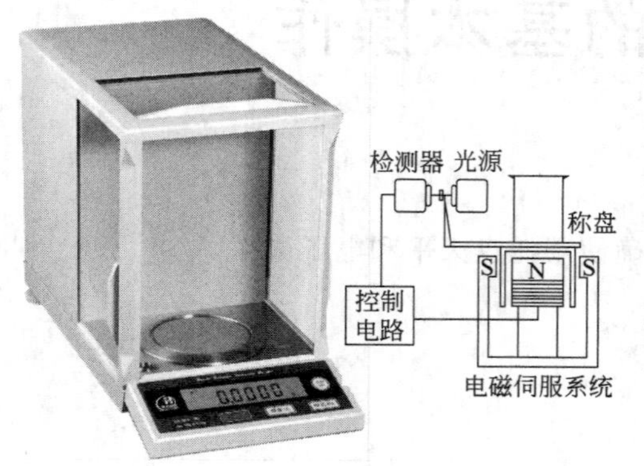

图 2-2　电子天平

电子天平的型号很多，外观类似，如图 2-2 所示，其使用方法也大体相同。电子天平的使用方法如下。

(1) 调整水平

使用前观察水泡是否位于水平仪中心，若位置偏移，则需要调整水平调节螺丝，使水泡位于水平仪中心。

(2) 预热

接通电源预热至所需时间。天平在初次接通电源或长时间断电之后，至少需要预热 30min。

(3) 开机

开机前先检查天平框罩内外是否清洁，天平盘上是否有撒落的药品粉末。若天平较脏，应先用毛刷清扫干净。然后单击“ON/OFF”键（有些型号为“power”键），天平自动实现自检。

(4) 校正

首次使用天平必须进行校正，按校正键“CAL”，天平将显示所需校正砝码质量 100g，放上 100g 标准砝码直至出现“g”，校正结束。

(5) 称量

轻按天平面板上的“TARE”键（除皮键/归零键），除皮清零，电子显示屏上出现“0.0000”闪动，待数字稳定后，表示天平已稳定，可以进行称量。打开天平侧门，将称量物置于天平盘上（化学试剂应放置在已称量的、光洁的称量纸上或者洁净的表面皿、烧杯等玻璃容器中）。关闭天平侧门，待电子显示屏上闪动的数字稳定下来，读取数字，即为样品的质量。

(6) 关机

称量完毕，取出称量物，轻按“ON/OFF”键，使天平处于待命状态。再次称量时按一下“ON/OFF”键即可使用。使用完毕后，用毛刷清扫天平，关好天平侧门，拔下电源插头，盖上防尘罩。

(7) 电子天平使用时注意事项

① 天平箱内应保持清洁，要定期放置和更换吸湿变色硅胶，以保持干燥；

② 称量前要预热 0.5～1h。如一天中多次使用，最好整天接上电源，这样能使天平的内部系统保持一个恒定的操作温度，有利于维持称量准确度的恒定；

③ 注意天平的称量范围，不能超载；

④ 不要称量带磁性的物质，不能直接称量热的或者散发腐蚀性气体的物质；对于具有腐蚀性气体或者吸湿的物体，必须将其置于密闭容器内进行称量；

⑤ 称量时，称量物应放在天平盘的中央。

3. 称量方法

(1) 直接称量法

此法用于称量不易吸水、在空气中性质稳定的试样，如金属、矿石等。可将试样置于称量盘上已称重的表面皿或者称量纸上，直接称量。

(2) 差减称量法

此法适用于称量粉末状样品或者易吸水、易氧化、易与 CO_2 反应的试样。由于称取试样的质量是由两次称量质量之差求得，因此称为差减称量法。

称量时，首先用干净的纸带套在称量瓶上（或用手套），从干燥器中取出称量瓶（图 2-3）。将称量瓶置于天平托盘上，称出称量瓶加试样的准确质量。取出称量瓶，在接收容器的正上方，用小纸片（或用手套）捏住瓶盖，轻轻打开瓶盖（勿使瓶盖离开接收容器口上方）。慢慢倾斜瓶身，一般使称量瓶底高度与瓶口相同或者略低于瓶口，以防试样冲出太多。用瓶盖上部轻敲瓶口上沿，使少量试样缓缓落入容器，如图 2-4 所示。当倾出的试样接近所需量时，慢慢将瓶身竖起，同时继续用瓶盖轻敲瓶口，使附着在瓶口的试样落入称量瓶或者接收容器中，盖好瓶盖，此时方可让称量瓶离开容器上方并放回天平托盘上，再次进行称量。两次称量的质量之差，即为敲出试样的质量。

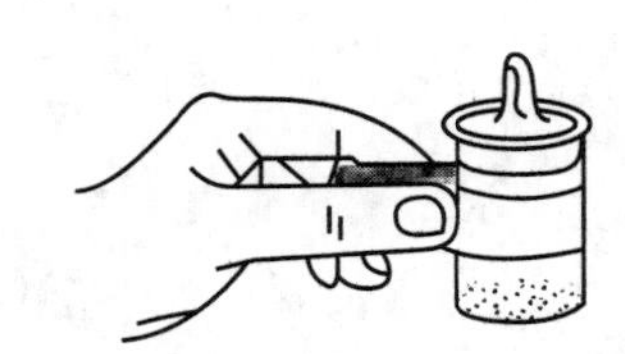

图 2-3 称量瓶拿法

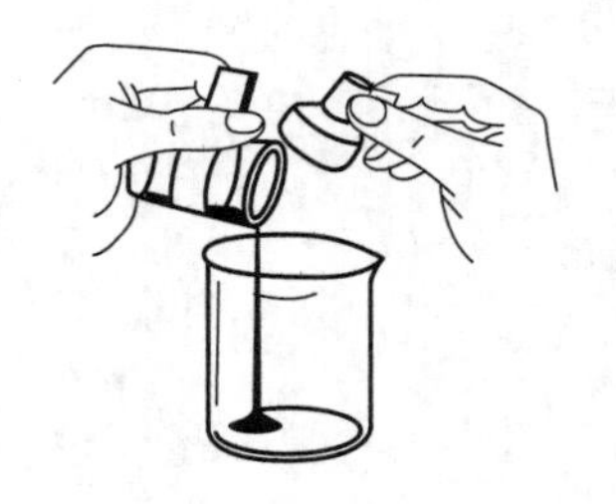

图 2-4 从称量瓶中敲出样品

三、仪器与试剂

1. 仪器

称量瓶；表面皿；烧杯（100mL）；干燥器；托盘天平；电子天平。

2. 试剂

硼砂。

四、实验内容

1. 称量前的准备工作

把天平罩布取下后，检查天平盘上有无灰尘（如有，用软毛刷清扫），天平是否处于水平位置。若有问题，立即请教师处理。接着用标准砝码校准电子天平的零点。

2. 称量练习

(1) 直接法称量

用直接法准确称量约 0.5g 的硼砂两份，放在干燥洁净的表面皿上。

(2) 差减法称量

从干燥器中取出盛有硼砂的称量瓶，按差减称量法准确称量约 0.18～0.22g 硼砂两份，放在干燥洁净的小烧杯里。

五、注意事项

1. 使用过程中保持天平洁净。

2. 称量时天平门要关好。

3. 易吸潮的固体样品在称量前必须将其放入称量瓶，在约105℃的烘箱内干燥1～2h，然后从烘箱中取出，盖上瓶盖连样品一起放入干燥器内冷却至室温。

六、思考题

1. 如何校正电子天平？

2. 用电子天平称量能精确到多少克？

3. 称量的方法有哪些？各有何优缺点？

（顾伟华）

实验三　凝固点降低法测量溶质的摩尔质量

一、实验目的

1. 掌握稀溶液依数性的基本原理。
2. 掌握凝固点降低法测量溶质摩尔质量的原理和方法。

二、实验原理

溶液的依数性是稀溶液本身所具有的一种属性，依数性只与溶质的总浓度有关而与溶质本性无关，溶液的依数性包括溶液蒸气压下降、沸点升高、凝固点下降以及渗透压等。

其中，稀溶液凝固点下降与溶液的质量摩尔浓度（b_B）成正比：

$$\Delta T_f = T_f^0 - T_f = K_f b_B \tag{3-1}$$

式中，T_f^0是纯溶剂的凝固点；T_f是溶液的凝固点；K_f称为摩尔凝固点降低常数。K_f只取决于溶剂的属性，不同的溶剂具有不同的K_f值。

可以通过测定溶液凝固点的下降值来测定溶质的摩尔质量M_B。已知：

$$b_B = \frac{m_B/M_B}{m_A} \times 1000 \tag{3-2}$$

式中，m_B是溶质的质量，g；m_A是溶剂的质量，g。将式(3-2) 代入式(3-1) 可得：

$$M_B = \frac{K_f m_B}{m_A \Delta T_f} \times 1000 \tag{3-3}$$

因此，只要测出溶剂、溶质的质量以及溶液凝固点下降的数值就可以推算出溶质的摩尔质量。

图 3-1 展示了纯溶剂和溶液的冷却过程。其中溶剂从开始凝固到完全凝固这个过程中体系温度不变［图 3-1(a)、(b)］，而溶液的冷却过程中却不会出现温度平台，只能出现温度拐点［图 3-1(c)、(d)］。在测量过程中，会遇到过冷现象［即溶液到达凝固点温度却不凝固的现象，图 3-1(b)、(d)、(e)］。适当过冷对于实验读数是有利的，否则就无法及时判断溶液的凝固点。但严重过冷［图 3-1(e)］会导致体系温度无法回到凝固点温度，造成较大的实验误差。在实验中可通过控制寒剂温度和调节搅拌速度来防止严重过冷。

三、仪器与试剂

1. 仪器

温度计（低量程＜-15℃，0.1℃分度）；移液管（25mL）；分析天平；试管（盛放待测溶液）；空气套管；细铁丝搅拌棒；具孔橡皮塞；粗搅拌棒（搅拌冰水）；烧杯（500mL）。

2. 试剂

蒸馏水；葡萄糖；粗盐；冰。

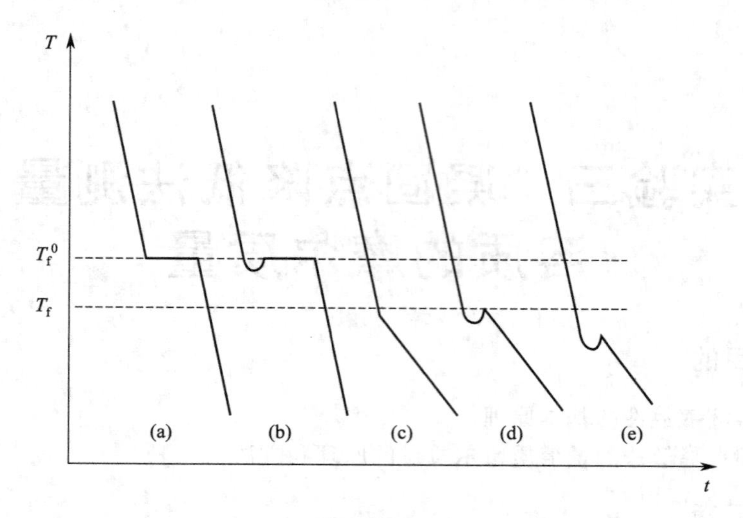

图 3-1 纯溶剂和溶液的冷却曲线

(a) 溶剂理想冷却；(b) 溶剂实验冷却；(c) 溶液理想冷却；

(d) 溶液实验冷却；(e) 溶液严重过冷

四、实验内容

1. 测量葡萄糖溶液的凝固点 T_f

(1) 将适量冰块和水放入烧杯中（两者占烧杯体积的 3/4），然后加入一定量粗盐，使冰盐水混合物的温度达－5℃。在实验中随时补充冰块和取出多余的水，并上下搅拌冰块，以保持温度稳定。

(2) 用分析天平精密称取 5.0g 葡萄糖。

(3) 将葡萄糖全部转移到干燥的凝固点测定管中，顺着管内壁用移液管加入 25mL 蒸馏水，轻轻摇匀（注意不要将溶液溅出）。待葡萄糖完全溶解后，盖上带有温度计和细铁丝搅拌棒的橡皮塞，温度计的水银球全部浸入溶液。将测定管插入空气套管内，放入寒剂温度已经稳定的大烧杯中。用细铁丝慢慢搅拌（每秒 1 次）葡萄糖溶液，搅拌棒尽量避免接触试管内壁和温度计，否则由于摩擦产生的热量将有可能影响测量结果。在低于估计凝固点以下 0.3℃时，急速搅拌，防止过冷严重。当试管中出现少许冰屑时可见温度回升，记录下试管中的温度计回升后的最高温度。取出试管，流水冲洗试管外壁，使冰屑完全融化，重复上述操作一次。取两次温度的平均值（两次测定值相差不应超过 0.02℃），得到葡萄糖的凝固点 T_f。

2. 测定纯溶剂（水）的凝固点 T_f^0

弃去试管内溶液，用自来水洗净，并用蒸馏水洗涤 3 次，用移液管准确吸取 25mL 蒸馏水放入试管中，按照步骤 1 的方法测定纯水的凝固点 T_f^0。

3. 数据记录与处理结果

用式(3-3) 计算葡萄糖的摩尔质量。

五、注意事项

1. 测定试管需要干燥。
2. 葡萄糖需要定量转移至测定管内。
3. 定量溶剂放入测定管时不要溅出试管外。

4. 不要将温度计代替搅拌棒。
5. 如果温度计和溶剂冻在一起，应该等溶剂融化后再取出温度计。
6. 寒剂中水的量不宜过多。
7. 水的密度 $d_{水}=1.000\text{g}\cdot\text{mL}^{-1}$，水的凝固点降低常数 $K_{f(水)}=1.86\text{K}\cdot\text{kg}\cdot\text{mol}^{-1}$。

六、思考题

1. 如果待测的葡萄糖中含有难溶杂质，对结果有何影响？
2. 若定量的溶剂在转移过程中有损失，对结果有何影响？

（许贯虹）

实验四　缓冲溶液的配制与性质

一、实验目的

1. 熟悉缓冲溶液的性质。
2. 掌握缓冲溶液的配制方法。
3. 掌握吸量管使用方法。

二、实验原理

缓冲溶液通常是由足够浓度的弱酸及其共轭碱组成，具有抵抗少量强酸、强碱或稍加稀释仍保持其 pH 值基本不变的作用。缓冲溶液中共轭酸碱对所存在的质子转移平衡为：

$$HB+H_2O \rightleftharpoons H_3O^+ +B^-$$

其 pH 值可用下式计算：

$$pH=pK_a+\lg\frac{c_{B^-}}{c_{HB}}$$

其中，pK_a为共轭酸的酸解离常数的负对数。

上式表明，缓冲溶液的 pH 值取决于共轭酸的解离常数以及平衡时溶液中所含共轭酸和共轭碱的浓度比值，即缓冲比。

必须指出，由上述公式算得的 pH 值是近似值，精确的计算应用活度而不应用浓度。要配制准确 pH 值的缓冲溶液，可参考有关手册和参考书。

缓冲容量 β 可衡量缓冲溶液缓冲能力的大小。β 的大小与缓冲溶液的总浓度及缓冲比有关。缓冲溶液总浓度越大则 β 越大；缓冲比越趋向于 1，则 β 越大，当缓冲比为 1 时，β 达极大值。

三、仪器与试剂

1. 仪器

吸量管（10mL，5mL）；烧杯（100mL）；试管（20mL，10mL）；洗耳球。

2. 试剂

HAc($1.0mol\cdot L^{-1}$，$0.1mol\cdot L^{-1}$)；NaAc($1.0mol\cdot L^{-1}$，$0.1mol\cdot L^{-1}$)；Na_2HPO_4($0.1mol\cdot L^{-1}$)；NaH_2PO_4($0.1mol\cdot L^{-1}$)；NaOH($1.0mol\cdot L^{-1}$，$0.1mol\cdot L^{-1}$)；HCl($1.0mol\cdot L^{-1}$)；NaCl($9g\cdot L^{-1}$)；甲基红；广泛 pH 试纸；精密 pH 试纸 。

四、实验内容

1. 缓冲溶液的配制

用吸量管按表 4-1 中的用量分别在四支大试管中配制 A、B、C 和 D 四种缓冲溶液，摇匀，备用。

表 4-1 缓冲溶液的配制

实验编号	试剂	用量/mL	实验编号	试剂	用量/mL
A	1.0mol·L^{-1} HAc	5.00	C	0.1mol·L^{-1} Na_2HPO_4	5.00
	1.0mol·L^{-1} NaAc	5.00		0.1mol·L^{-1} NaH_2PO_4	5.00
B	0.1mol·L^{-1} HAc	5.00	D	0.1mol·L^{-1} Na_2HPO_4	9.00
	0.1mol·L^{-1} NaAc	5.00		0.1mol·L^{-1} NaH_2PO_4	1.00

2. 缓冲溶液的性质

取六支试管（1～6 号），按表 4-2 依次加入下列溶液，分别用广泛 pH 试纸测各试管中溶液 pH 值。然后在各试管中分别加入 2 滴 1.0mol·L^{-1} HCl 或 1.0mol·L^{-1} NaOH 溶液，再用广泛 pH 试纸测各试管中溶液 pH 值。

另取一支大试管（7 号），加入 2.00mL 缓冲溶液 A，用广泛 pH 试纸测 pH 值后，加入 5.00mL H_2O，再用广泛 pH 试纸测其 pH 值。将所得数据记录于表 4-2 中。

表 4-2 缓冲溶液性质

实验编号	1	2	3	4	5	6	7
缓冲溶液 A/mL	2.00	2.00	0.00	0.00	0.00	0.00	2.00
NaCl/mL	0.00	0.00	0.00	0.00	2.00	2.00	0.00
H_2O/mL	0.00	0.00	2.00	2.00	0.00	0.00	5.00
广泛 pH 试纸测 pH 值							
HCl/滴	2	0	2	0	2	0	0
NaOH/滴	0	2	0	2	0	2	0
滴加试剂后 pH 试纸测 pH 值							
ΔpH							
结论							

3. 缓冲容量与缓冲溶液总浓度及缓冲比的关系

（1）β 与缓冲溶液总浓度的关系

取两支大试管，在一试管中加入 2.00mL 缓冲溶液 A，另一试管中加入 2.00mL 缓冲溶液 B，在每管中分别加入 2 滴甲基红指示剂（甲基红在 pH<4.4 时呈红色，pH>6.2 时呈黄色），摇匀，观察溶液颜色。再分别边摇边滴加 1.0mol·L^{-1} NaOH，记下使溶液刚好变为黄色时所用 NaOH 的滴数。将所得实验结果记录于表 4-3 中，解释所得结果。

表 4-3 缓冲容量与缓冲溶液总浓度关系

实验编号	1	2
缓冲溶液 A/mL	2.00	0.00
缓冲溶液 B/mL	0.00	2.00
甲基红指示剂/滴	2	2
滴加甲基红指示剂后溶液颜色		
NaOH/滴(溶液刚好变黄色)		
结论		

（2）β 与缓冲比的关系

在装有 10.00mL 缓冲溶液 C 和 10.00mL 缓冲溶液 D 的大试管中，分别用精密 pH 试纸测量两试管中溶液的 pH 值。然后用 1mL 吸量管在每试管中各加入 0.90mL 0.1mol·L^{-1} NaOH，混匀后再用精密 pH 试纸分别测量两试管中溶液的 pH 值。每一试管加 NaOH 溶液前后两次的 pH 值是否相同？两支试管比较情况又如何？将实验结果填于表 4-4 中，并解释原因。

表 4-4 缓冲容量与缓冲比关系

实验编号	1	2
缓冲溶液 C/mL	10.00	0.00
缓冲溶液 D/mL	0.00	10.00
溶液的 pH		
加入 0.90mL 0.1mol·L^{-1} NaOH 后溶液 pH 值		
结论		

五、思考题

1. 影响缓冲溶液 pH 值的因素有哪些?
2. 缓冲容量与哪些因素有关，何时缓冲溶液的缓冲容量达最大值?

（杨旭曙）

实验五 电位法测量醋酸的解离常数

一、实验目的

1. 熟悉电位法测定解离平衡常数的方法。
2. 掌握使用 pH 计测定溶液 pH 值的方法。

二、实验原理

醋酸溶液中存在下列解离平衡：

$$HAc + H_2O \rightleftharpoons H_3O^+ + Ac^-$$

一定温度下，解离平衡时：

$$K_a = \frac{[H^+][Ac^-]}{[HAc]}$$

$$-\lg K_a = pH - \lg \frac{[Ac^-]}{[HAc]} \qquad (5\text{-}1)$$

式中，K_a为解离常数；$[H^+]$、$[Ac^-]$、$[HAc]$ 为平衡浓度。在 HAc 溶液中加入一定量的 NaOH，形成 $HAc\text{-}Ac^-$ 缓冲溶液。根据上述关系，用 pH 计直接测定缓冲溶液的 pH 值，并根据该溶液中$\frac{[Ac^-]}{[HAc]}$的比值，计算出 HAc 的解离平衡常数。

三、仪器与试剂

1. 仪器

pH 计；碱式滴定管（25mL）；锥形瓶（250mL）；烧杯（50mL）；移液管（20mL）；温度计。

2. 试剂

NaOH($0.1mol\cdot L^{-1}$，标准溶液)；HAc($0.1mol\cdot L^{-1}$)；酚酞指示剂。

四、实验内容

1. 滴定 HAc 溶液所消耗 NaOH 溶液的体积

用移液管准确移取 20.00mL HAc 溶液于洁净的 250mL 锥形瓶中，加 2 滴酚酞指示剂，用 NaOH 标准溶液滴定至溶液呈微红色，30s 内不褪色为止。记录消耗 NaOH 溶液的体积。重复滴定 2 次，计算消耗 NaOH 溶液的平均体积$\overline{V}$(NaOH)。

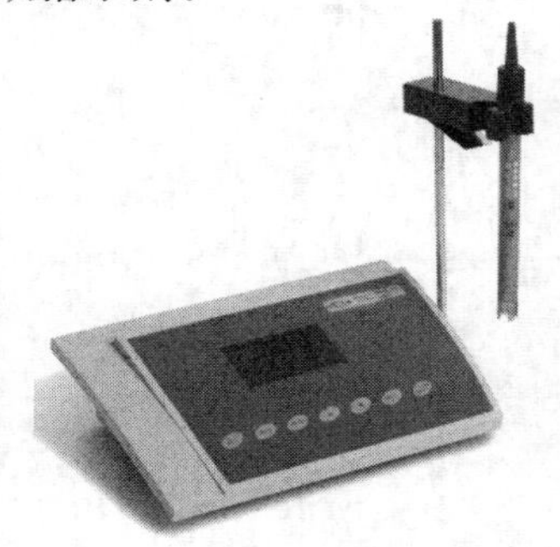

图 5-1 pH 计

2. 校正 pH 计

按照所使用 pH 计（图 5-1）说明书中的操作方法进行安

装，并用标准缓冲溶液校正 pH 计。

3. 测定不同浓度 HAc 溶液的 pH 值

(1) 用移液管准确移取 20.00mL HAc 溶液置于洁净干燥的 50mL 烧杯中，由碱式滴定管中缓慢加入$\frac{1}{4}\overline{V}$(NaOH) 的 NaOH 溶液，摇匀，测定并记录其 pH 值。

(2) 继续向上述烧杯中滴加 NaOH 溶液至其体积分别为$\frac{1}{2}\overline{V}$(NaOH) 和$\frac{3}{4}\overline{V}$(NaOH)，摇匀，分别测定并记录其 pH 值。

4. 测定完毕，洗净电极和烧杯，仪器还原，关闭仪器电源。

5. 根据实验测得的 pH 数据计算 HAc 的解离平衡常数。

五、注意事项

1. 滴定至溶液呈微红色，半分钟内不褪色为止。

2. 注意保护 pH 计的电极，电极下端的玻璃球泡极薄，切忌与硬物接触；电极使用完毕后，应将玻璃球泡浸泡在饱和 KCl 溶液中。

3. 电极在测定时应把上面的小橡皮塞拔开，以保持液位压差，不用时要将其塞上。

4. 电极的玻璃球泡若有裂纹或者老化，应更换新电极。否则反应缓慢，甚至造成较大的测量误差。

六、思考题

1. 实验所使用的 HAc 和 NaOH 溶液的准确浓度是否需要知道？为什么？

2. 用 pH 计测定溶液的 pH 值时，应注意些什么？

(顾伟华)

实验六 氧化还原反应

一、实验目的

1. 掌握电极电位对氧化还原反应的影响。
2. 熟悉浓度和酸度对电极电位的影响。
3. 熟悉氧化还原反应的可逆性。

二、实验原理

氧化还原反应是两个电对之间电子转移的反应。电对得失电子的能力取决于该电对电极电位的高低。原电池所发生的化学反应都是氧化还原反应，电极电位高的电对中氧化态物质是氧化剂，电对作为原电池的正极；电极电位低的电对中还原态物质是还原剂，电对作为原电池的负极。

对于任意电极反应 $a\mathrm{Ox}+n\mathrm{e}^{-} \rightleftharpoons b\mathrm{Red}$

其电极电位 φ 通过 Nernst 方程式表示为

$$\varphi(\mathrm{Ox/Red})=\varphi^{\ominus}(\mathrm{Ox/Red})+\frac{RT}{nF}\ln\frac{c^{a}(\mathrm{Ox})}{c^{b}(\mathrm{Red})} \tag{6-1}$$

$\varphi^{\ominus}$是标准电极电位，其大小取决于氧化还原电对的本性。浓度、温度、溶液的 pH 值以及沉淀和配合物的生成也会对电极电位产生影响。

氧化还原反应自发进行的方向总是强的氧化剂和强的还原剂反应，生成弱的还原剂和弱的氧化剂，即

$$\text{强氧化剂}_1+\text{强还原剂}_2=\text{弱还原剂}_1+\text{弱氧化剂}_2$$

电池电动势 E 为

$$E=\varphi_{+}-\varphi_{-} \tag{6-2}$$

$E>0$，反应正向自发进行。

$E<0$，反应逆向自发进行。

$E=0$，反应达到平衡。

三、仪器与试剂

1. 仪器

试管；滴管；烧杯（50mL）；万能表（伏特计）；导线；酒精灯；石棉网；铁架台；电极（锌片、铜片）；盐桥。

2. 试剂

CCl_4；溴水；碘水；浓氨水；NaOH(6mol·L^{-1})；H_2SO_4(2mol·L^{-1})；HAc(6mol·L^{-1})；$H_2C_2O_4$(0.1mol·L^{-1})；NH_4F(10%)；$CuSO_4$(0.5mol·L^{-1})；$ZnSO_4$(0.5mol·L^{-1})；KI(0.1mol·L^{-1})；KBr(0.1mol·L^{-1})；$FeCl_3$(0.1mol·L^{-1})；$FeSO_4$(0.1mol·L^{-1})；

$K_2Cr_2O_7$(0.1mol·L^{-1})；$KMnO_4$(0.01mol·L^{-1})；Na_2SO_3(0.1mol·L^{-1})；$K_3[Fe(CN)_6]$(0.1mol·L^{-1})；$(NH_4)_2SO_4\cdot FeSO_4$(0.1mol·L^{-1})；$NH_4Fe(SO_4)_2$(0.1mol·L^{-1})；KSCN(0.1mol·L^{-1})。

四、实验内容

1. 定性比较电极电位的高低

(1) 在试管中加入0.1mol·L^{-1} KI溶液10滴和0.1mol·L^{-1} $FeCl_3$ 2滴，摇匀，观察现象。再加入CCl_4 10滴，充分振荡，观察CCl_4层溶液颜色的变化。再往溶液中加入0.1mol·L^{-1} $K_3[Fe(CN)_6]$溶液2滴，观察现象。写出反应方程式。

用0.1mol·L^{-1} KBr溶液代替0.1mol·L^{-1} KI溶液进行相同的实验，现象是否一样？为什么？

(2) 在试管中加入0.1mol·L^{-1} $FeSO_4$溶液10滴，再加入2滴溴水，摇匀后滴加0.1mol·L^{-1} KSCN溶液，观察溶液颜色的变化情况。说明发生了什么反应？

用碘水代替溴水重复实验，能否发生反应？为什么？

根据实验结果，比较Br_2/Br^-、I_2/I^-、Fe^{3+}/Fe^{2+}三个电对电极电位的相对高低，指出其中哪个是最强的氧化剂，哪个是最强的还原剂？

2. 浓度对电极电位的影响

在两个50mL烧杯中分别加入10mL 0.5mol·L^{-1} $CuSO_4$和10mL 0.5mol·L^{-1} $ZnSO_4$溶液。将锌片插入$ZnSO_4$溶液，铜片插入$CuSO_4$溶液中组成两个电极，盐桥连接两个烧杯内溶液，构成原电池。用导线分别连接两个电极和伏特计的正负极，测定两个电极间的电压。

往$CuSO_4$溶液中注入5mL浓氨水至生成的沉淀完全溶解，形成深蓝色$[Cu(NH_3)_4]^{2+}$溶液，观察原电池电压如何变化，为什么？

另取$CuSO_4$溶液10mL，再组成原电池，往$ZnSO_4$溶液中加入5mL浓氨水至生成的沉淀完全溶解，再次观察原电池电压如何变化，为什么？

3. 浓度、pH值、温度对氧化还原反应的影响

(1) 浓度对氧化还原反应的影响

① 试管中加入10滴蒸馏水和10滴CCl_4，然后加入10滴0.1mol·L^{-1} $NH_4Fe(SO_4)_2$溶液，再加入10滴0.1mol·L^{-1} KI溶液，振荡试管，观察CCl_4层溶液的颜色变化。

② 试管中加入2mL 0.1mol·L^{-1} $(NH_4)_2SO_4\cdot FeSO_4$溶液和10滴CCl_4，再加入10滴0.1mol·L^{-1} $NH_4Fe(SO_4)_2$溶液和10滴0.1mol·L^{-1} KI溶液，振荡试管，观察CCl_4层溶液的颜色，并与上面实验中CCl_4层的溶液颜色比较有何变化，为什么？

(2) 溶液pH值对氧化还原反应的影响

① 向三支试管中分别加入5滴0.1mol·L^{-1} Na_2SO_3溶液后，第一支试管中加入5滴6mol·L^{-1} NaOH溶液，第二支试管中加入5滴蒸馏水，第三支试管中加入5滴2mol·L^{-1} H_2SO_4溶液，最后三支试管中再各加入2滴0.01mol·L^{-1} $KMnO_4$溶液，摇匀，观察三支试管中的反应产物有何不同？分别写出反应方程式。

② 向两支试管中各加入5滴0.1mol·L^{-1} KI溶液后，第一支试管中加入5滴2mol·L^{-1} H_2SO_4溶液，另一支试管中加入5滴6mol·L^{-1} HAc溶液，摇匀。再分别向两支试管中滴加1～2滴0.01mol·L^{-1} $KMnO_4$溶液。比较两支试管中溶液颜色褪去的快慢，并解释原因。

(3) 温度对氧化还原反应的影响

向两支试管中分别加入 5 滴 0.1mol·L^{-1} $H_2C_2O_4$ 溶液和 1 滴 0.01mol·L^{-1} $KMnO_4$ 溶液，摇匀。将其中一支试管置于酒精灯上加热几分钟，另一支试管不加热。观察两支试管中颜色褪去的快慢，并解释原因。

五、注意事项

1. 溴水应在通风柜中滴加。
2. 注意滴加试剂的顺序。

六、思考题

1. 影响电极电位的因素有哪些？
2. pH 值如何影响电对的电极电位？
3. 实验室常用 MnO_2 和盐酸反应制备 Cl_2，为何用浓盐酸而不用盐酸？

（顾伟华）

实验七　酸碱平衡与沉淀溶解平衡

一、实验目的

1. 熟悉弱酸、弱碱的解离平衡及其移动的原理。
2. 掌握溶度积规则，了解分步沉淀和沉淀的转化。
3. 熟悉沉淀平衡的移动。

二、实验原理

酸碱质子理论认为：凡能给出质子的物质都是酸，凡能接受质子的物质都是碱。

弱电解质在水溶液中存在解离平衡。在弱电解质溶液中，加入含有相同离子的强电解质，使得弱电解质解离度降低的现象称为同离子效应。

难溶电解质的饱和水溶液中，存在着多相离子平衡，平衡常数为 K_{sp}，称为溶度积常数(简称为溶度积)。

根据溶度积规则，可判断沉淀的生成和溶解：

离子积 $Q>K_{sp}$，为过饱和溶液，有沉淀析出；

离子积 $Q=K_{sp}$，为饱和溶液，处于平衡状态；

离子积 $Q<K_{sp}$，为不饱和溶液，沉淀溶解。

在难溶电解质的溶液中加入含有相同离子的强电解质，使其溶解度显著降低的现象也属于同离子效应。

如果溶液中含有两种或两种以上的离子，且都能与同一种沉淀剂反应生成沉淀，沉淀的先后次序是依据溶度积规则，离子积先达到溶度积的先沉淀，这一过程称为分步沉淀。

使一种难溶电解质转化为另一种难溶电解质称为沉淀的转化。

三、仪器与试剂

1. 仪器

试管；离心机；离心管；水浴烧杯；点滴板；移液管（25mL）；烧杯（50mL）；pH试纸。

2. 试剂

蒸馏水；NaAc(s)；NH_4Cl(s)；NH_4Cl 饱和溶液；$NH_3 \cdot H_2O$($6mol \cdot L^{-1}$，$2mol \cdot L^{-1}$)；HCl($6mol \cdot L^{-1}$，$2mol \cdot L^{-1}$)；NaOH($2mol \cdot L^{-1}$，$0.2mol \cdot L^{-1}$)；HAc($1mol \cdot L^{-1}$)；$NaCO_3$($1mol \cdot L^{-1}$)；$FeCl_3$($1mol \cdot L^{-1}$)；NaCl($0.1mol \cdot L^{-1}$，$1mol \cdot L^{-1}$)；$CaCl_2$($0.1mol \cdot L^{-1}$)；NH_4Ac($1mol \cdot L^{-1}$)；$Al_2(SO_4)_3$($0.1mol \cdot L^{-1}$)；$(NH_4)_2C_2O_4$($0.5mol \cdot L^{-1}$，$0.1mol \cdot L^{-1}$)；$MgCl_2$($1mol \cdot L^{-1}$，$0.1mol \cdot L^{-1}$)；$Pb(NO_3)_2$($0.1mol \cdot L^{-1}$，$0.001mol \cdot L^{-1}$)；KI($0.1mol \cdot L^{-1}$，$0.001mol \cdot L^{-1}$)；$AgNO_3$($0.1mol \cdot L^{-1}$)；K_2CrO_4($0.5mol \cdot L^{-1}$)；HNO_3($6mol \cdot L^{-1}$)；酚酞指示剂；甲基橙指示剂。

四、实验内容

1. 弱酸、弱碱的解离平衡及其移动

（1）向两支试管分别加入 20 滴蒸馏水和 2 滴 $2mol \cdot L^{-1}$ $NH_3 \cdot H_2O$ 溶液，再各加入 1 滴酚酞指示剂，摇匀，观察溶液颜色？在其中一支试管中加入少量 $NH_4Cl(s)$，摇匀，与另一支试管比较，观察试管中溶液的颜色变化，为什么？

（2）试管中加入 1mL $1mol \cdot L^{-1}$ HAc 溶液，加 2 滴甲基橙指示剂，摇匀，观察溶液的颜色。然后向试管中加入少量 NaAc(s)，摇匀并观察颜色变化，说明原因。

（3）两支试管中各加入 5 滴 $0.1mol \cdot L^{-1}$ $MgCl_2$ 溶液，其中一支试管中加入 5 滴 NH_4Cl 饱和溶液，然后向两支试管中分别加入 3 滴 $6mol \cdot L^{-1}$ $NH_3 \cdot H_2O$ 溶液，观察两支试管中现象有何不同，说明原因。

2. $Al(OH)_3$ 的两性

两支试管中各加入 5 滴 $0.1mol \cdot L^{-1}$ $Al_2(SO_4)_3$ 溶液，再各滴加 1～2 滴 $2mol \cdot L^{-1}$ NaOH 溶液至有沉淀生成。然后向其中一支试管中继续滴加 $2mol \cdot L^{-1}$ NaOH 溶液，另一支中滴加 $2mol \cdot L^{-1}$ HCl 溶液，观察两支试管中发生的现象，说明原因。

3. 盐类的水解

（1）点滴板上分别滴加 2～3 滴 $1mol \cdot L^{-1}$ $NaCO_3$、$FeCl_3$、NaCl、NH_4Ac 以及饱和 NH_4Cl 溶液，用 pH 试纸分别测定它们的 pH 值，判断它们的酸碱性，说明哪些物质发生了水解，并写出其离子反应方程式。

（2）小烧杯中加入 20mL 蒸馏水，加热煮沸，再加入 1～2 滴 $1mol \cdot L^{-1}$ $FeCl_3$ 溶液，摇匀观察颜色变化，并用 pH 试纸测定 pH 值，判断酸碱性。静止 10min，观察烧杯中是否有沉淀产生，解释现象。

4. 沉淀的生成和溶解

（1）沉淀的生成　在试管中加 5 滴 $0.1mol \cdot L^{-1}$ $Pb(NO_3)_2$ 溶液和 5 滴 $0.1mol \cdot L^{-1}$ KI 溶液，在另一试管中加入 5 滴 $0.001mol \cdot L^{-1}$ $Pb(NO_3)_2$ 溶液和 5 滴 $0.001mol \cdot L^{-1}$ KI 溶液，观察现象并加以解释。

（2）沉淀的溶解　在一离心管中加入 10 滴 $0.1mol \cdot L^{-1}$ $AgNO_3$ 溶液，加入 $0.1mol \cdot L^{-1}$ NaCl 溶液 10 滴，离心分离，弃去溶液，在沉淀上滴加 $2mol \cdot L^{-1}$ $NH_3 \cdot H_2O$，有何现象？写出反应式。

5. 沉淀溶解平衡的移动

（1）沉淀溶解平衡的移动　向两支试管中各加入 10 滴 $0.1mol \cdot L^{-1}$ $CaCl_2$ 溶液，在其中一支试管中加入 5 滴 $0.1mol \cdot L^{-1}$ $(NH_4)_2C_2O_4$ 溶液，另一支试管中加入 5 滴 $0.1mol \cdot L^{-1}$ $H_2C_2O_4$ 溶液，比较两支试管中的现象有何不同，解释原因。然后在加有 $(NH_4)_2C_2O_4$ 溶液的试管中，加入 5 滴 $6mol \cdot L^{-1}$ HCl 溶液，观察现象。继续向该试管中滴加稍过量的 $6mol \cdot L^{-1}$ $NH_3 \cdot H_2O$ 溶液，观察试管中有何变化？如何确定此时生成的沉淀是 CaC_2O_4 还是 $Ca(OH)_2$？[1]

（2）同离子效应　在试管中加入 1mL PbI_2 饱和溶液，然后向内滴加 $0.1mol \cdot L^{-1}$ KI，振摇试管，观察并解释现象。

---

[1] 为判断沉淀是 $Ca(OH)_2$ 还是 CaC_2O_4，可另外取一支试管，加入等量的 $CaCl_2$ 和 $NH_3 \cdot H_2O$ 溶液，观察沉淀生成的情况，并与前面的试管进行对比。

6. 分步沉淀

在试管中加入5滴0.1mol·L^{-1} NaCl溶液和10滴0.1mol·L^{-1} K_2CrO_4溶液，振荡混匀，然后逐滴加入0.1mol·L^{-1} $AgNO_3$溶液，观察生成沉淀的颜色及变化并加以解释。

7. 沉淀的转化

在离心管中加入5滴0.1mol·L^{-1} $Pb(NO_3)_2$溶液和3滴1mol·L^{-1} NaCl溶液，振荡，离心分离，弃去上层清液，观察沉淀颜色；然后在$PbCl_2$沉淀中加入3滴0.1mol·L^{-1} KI溶液，观察沉淀的转化和颜色变化；按上述操作依次分别再加入3滴0.5mol·L^{-1} $(NH_4)_2C_2O_4$溶液、3滴0.5mol·L^{-1} K_2CrO_4溶液、3滴2mol·L^{-1} Na_2S溶液。观察每一步沉淀的转化和颜色变化，解释实验中出现的现象。

五、注意事项

1. 点滴板使用前必须洗干净。
2. pH试纸不能用手直接拿取，防止污染。
3. 离心机使用要注意安全，完全停止后才能取出离心管。

六、思考题

1. 通过平衡的移动解释同离子效应。
2. 沉淀生成和溶解的条件是什么？
3. 如何根据溶度积规则判断沉淀先后次序？

（顾伟华）

实验八　配合物的合成与性质

一、实验目的

1. 掌握配离子的结构以及它和简单离子的性质的不同。

2. 熟悉有关配离子的生成和解离条件。

3. 了解酸碱平衡、沉淀平衡、氧化还原平衡与配位平衡的相互影响，利用平衡移动来解释实验现象。

二、实验原理

由简单阳离子（或原子）与一定数目的配体以配位键相结合，并按一定的组成和空间结构形成的复杂离子叫配离子；若形成的是复杂分子，则称配分子。由配离子或配分子组成的化合物称为配合物。

配合物和复盐都是由简单化合物结合而成的较复杂的化合物。但配合物在水中解离出的配离子或配分子，性质相当稳定，只有少部分继续解离成简单离子；而复盐则全部解离成简单离子。

配离子的稳定性可用稳定常数（$K_{稳}$ 或 K_s）的大小来衡量。如中心原子 M 和配体 L 及它们所形成的配离子 ML_n 之间，在水溶液中存在如下配位平衡：

$$M+nL \rightleftharpoons ML_n \tag{8-1}$$

$$K_s=\frac{[ML_n]}{[M][L]^n} \tag{8-2}$$

对于配离子类型和配体数都相同的配合物，K_s 越大，表明生成该配离子的倾向越大，配离子的稳定性越强。根据平衡移动原理，增加中心离子或配体浓度，有利于配离子的生成。相反，若减小中心离子或配体的浓度，则有利于配离子的解离。所以配位平衡也是一种动态平衡，它与溶液的酸度、溶液中存在的沉淀平衡、氧化还原平衡密切相关。

螯合物是由一个中心原子和多齿配体形成的一类具有环状结构的配合物。由于螯合环的形成而使螯合物具有特殊的性质。原来物质的某些性质如颜色、溶解度、酸度等会发生变化。例如，硼酸是一种弱酸，但是与多羟基化合物甘油、甘露醇等形成螯合物从而使酸性增强。也可利用生成螯合物的反应来鉴定某些金属离子。

三、仪器与试剂

1. 仪器

试管；试管架。

2. 试剂

HCl($6mol\cdot L^{-1}$)；HNO_3($2mol\cdot L^{-1}$)；$NH_3\cdot H_2O$($6mol\cdot L^{-1}$，$2mol\cdot L^{-1}$)；$NaOH$($0.1mol\cdot L^{-1}$，$1mol\cdot L^{-1}$)；$CuSO_4$($0.1mol\cdot L^{-1}$)；$NaCl$($0.1mol\cdot L^{-1}$)；$NaBr$($0.1mol\cdot L^{-1}$)；

$(NH_4)_2S$(0.1mol·L^{-1})；饱和$(NH_4)_2C_2O_4$；$FeCl_3$(0.1mol·L^{-1})；Na_2SO_3(0.5mol·L^{-1})；KSCN(0.1mol·L^{-1})；EDTA(0.1mol·L^{-1})；$BaCl_2$(0.1mol·L^{-1})；$K_3[Fe(CN)_6]$(0.1mol·L^{-1})；$AgNO_3$(0.1mol·L^{-1})；$NiCl_2$(0.1mol·L^{-1})；1%丁二肟乙醇溶液；KI(0.1mol·L^{-1})；NH_4F(0.1mol·L^{-1})；2%淀粉溶液。

四、实验内容

1. 配合物的生成与组成

在试管中加入0.1mol·L^{-1}的$CuSO_4$溶液10滴，再滴加2mol·L^{-1}的$NH_3·H_2O$溶液1滴，观察现象，继续加入2滴6mol·L^{-1}的$NH_3·H_2O$溶液，观察有何变化。将此溶液分盛于三支试管中，分别加入0.1mol·L^{-1}的$BaCl_2$、0.1mol·L^{-1}的NaOH、0.1mol·L^{-1}的$(NH_4)_2S$溶液各2滴，观察现象。并讨论配合物中Cu^{2+}和SO_4^{2-}所处的位置。

2. 简单离子和配离子的不同性质

取试管两支，分别加入0.1mol·L^{-1} $FeCl_3$和0.1mol·L^{-1} $K_3[Fe(CN)_6]$溶液各3滴，然后再分别加入0.1mol·L^{-1} KSCN溶液各两滴，观察比较两试管中的现象，并写出有关反应方程式。

3. 影响配位平衡移动的因素

(1) 配位平衡与沉淀平衡的转化

① 在试管中加入0.1mol·L^{-1}的$AgNO_3$溶液3滴，再加入0.1mol·L^{-1}的NaCl溶液1滴，观察现象，然后再加入4～5滴过量的6mol·L^{-1}的$NH_3·H_2O$，观察现象。将上述溶液分盛于两支试管中，分别加入0.1mol·L^{-1}的NaCl和0.1mol·L^{-1}的NaBr溶液各2滴，观察现象，解释原因，写出有关反应方程式。

② 在两支试管中分别加入0.1mol·L^{-1}的$(NH_4)_2S$溶液和饱和$(NH_4)_2C_2O_4$溶液各3滴。再加入0.1mol·L^{-1}的$CuSO_4$溶液各5滴，观察现象。然后再分别加入2滴6mol·L^{-1}的$NH_3·H_2O$溶液，观察比较现象。根据实验结果判断CuS和CuC_2O_4两沉淀溶度积的大小。

③ 在两支试管中分别加入0.1mol·L^{-1}的$AgNO_3$溶液4滴，在第一支试管中滴加0.5mol·L^{-1} $Na_2S_2O_3$溶液1滴，可观察到沉淀的产生，立即快速滴加0.5mol·L^{-1} $Na_2S_2O_3$溶液数滴，沉淀消失；在第二支试管中逐滴加入2mol·L^{-1}的$NH_3·H_2O$，边加边振荡，待生成的沉淀溶解后，再继续加入2～3滴2mol·L^{-1}的$NH_3·H_2O$，然后在两支试管中各加入0.1mol·L^{-1}的NaBr溶液1滴，观察现象。写出反应方程式。根据结果比较$[Ag(NH_3)_2]^+$和$[Ag(S_2O_3)_2]^{3-}$的稳定性大小。

(2) 配位平衡与溶液酸碱性

① 在一支试管中加入0.1mol·L^{-1}的$AgNO_3$溶液2滴，6mol·L^{-1}的$NH_3·H_2O$溶液2滴，再依次加入0.1mol·L^{-1}的NaCl溶液2滴和2mol·L^{-1} HNO_3溶液3滴，观察有无AgCl沉淀生成，解释原因。

② 在两支试管中分别加入0.1mol·L^{-1} $FeCl_3$溶液1滴，0.1mol·L^{-1} KSCN溶液3滴。一支试管中加入6mol·L^{-1} HCl溶液2滴，另一支试管中加入1mol·L^{-1} NaOH溶液2滴。观察记录溶液颜色变化。讨论$[Fe(SCN)_6]^{3-}$在酸性和碱性溶液中的稳定性。

(3) 不同配位剂对配位平衡的影响

在试管中加入0.1mol·L^{-1} $FeCl_3$溶液和0.1mol·L^{-1} KSCN溶液各1滴，再加蒸馏水8滴，混合后得血红色溶液，向该试管中滴加0.1mol·L^{-1} EDTA溶液3滴，观察溶液颜色变化，用配位平衡移动加以解释。

（4）配位平衡与氧化还原平衡的关系

① 在试管中加入 1 滴 0.1mol·L^{-1} $FeCl_3$ 溶液和 5 滴 0.1mol·L^{-1} KI 溶液，振荡，加入饱和 $(NH_4)_2C_2O_4$ 溶液 5 滴，观察现象并写出方程式。

② 在试管中加入 1 滴 0.1mol·L^{-1} $FeCl_3$ 溶液和 5 滴 0.1mol·L^{-1} NH_4F 溶液，振荡，然后再加入 1 滴 0.1mol·L^{-1} KI 溶液，振荡后加 2%淀粉溶液 1 滴，观察现象并解释。

4. 螯合物的生成

向试管中加入 0.1mol·L^{-1} $NiCl_2$ 溶液 2 滴及蒸馏水 10 滴，再加入 2mol·L^{-1}的 $NH_3·H_2O$ 溶液 2 滴使呈碱性，然后加入 1%丁二肟乙醇溶液 3 滴，观察红色螯合物的生成。反应方程式如下：

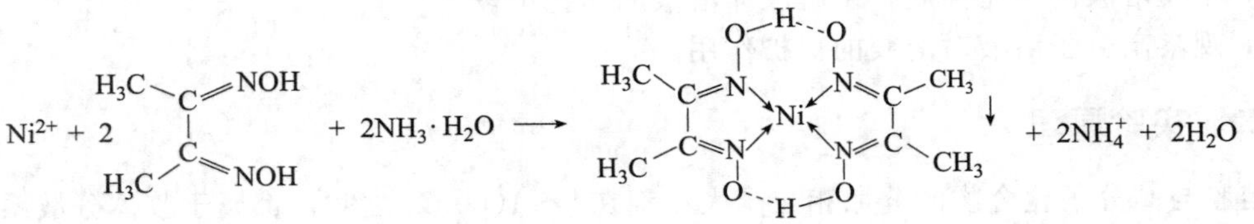

$$Ni^{2+} + 2\,(H_3C)C(=NOH)-C(=NOH)(CH_3) + 2NH_3·H_2O \longrightarrow [Ni(C_4H_7N_2O_2)_2]\downarrow + 2NH_4^+ + 2H_2O \quad (8\text{-}3)$$

此法是检验 Ni^{2+} 的灵敏反应。

五、注意事项

$Ag_2S_2O_3$ 沉淀极易被空气中的氧气氧化，故得到 $Ag_2S_2O_3$ 沉淀后应尽快加入过量的 Na_2SO_3 溶液，使形成配离子，防止氧化。

六、思考题

1. 影响配合物稳定性的主要因素有哪些？

2. 用丁二肟鉴定 Ni^{2+} 时，溶液酸度过高或过低对鉴定反应有何影响？

3. 在检验卤素离子混合物时，用氨水处理卤化银沉淀，处理后所得的溶液用 HNO_3 酸化后得白色沉淀，或加入 KBr 得黄色沉淀，这两种现象均可以证明 Cl^- 的存在。为什么？

（程宝荣）

实验九　溶胶的制备与性质

一、实验目的

1. 掌握溶胶分散系制备、净化及聚沉的方法。
2. 掌握溶胶的常见性质，了解胶体溶液的净化手段。
3. 观察高分子溶液对溶胶的保护作用。

二、实验原理

溶胶与高分子化合物的分散相粒子大小都在1～1000nm之间，都属于胶体分散系。

1. 溶胶的制备

溶胶的制备方法主要有分散法和凝聚法。

(1) 分散法

在有稳定剂存在的条件下，运用恰当的方法使大块物质分散为胶体分散相粒子的大小，常见的有研磨法、胶溶法、超声波分散法、电弧法等。

(2) 凝聚法

该方法是通过先制得难溶物分子（或离子）的过饱和溶液，再使其相互结合为胶体分散相粒子，从而得到溶胶。通常又可分为如下两种。

① 化学凝聚法　通过化学反应（水解反应、复分解反应、氧化或还原反应等）使产物达过饱和状态，然后离子再逐渐结合生成溶胶。例如将几滴 $FeCl_3$ 溶液滴加于沸水中，利用 $FeCl_3$ 的水解反应即可制备 $Fe(OH)_3$ 溶胶；利用酒石酸锑钾与溶解于水中的 H_2S 发生复分解反应制备 Sb_2S_3 溶胶。

② 物理凝聚法　运用适当的物理方法（如蒸气骤冷、更换溶剂等）可使某些物质凝聚至胶体分散相粒子的大小。例如将汞的蒸气通入冷水中即可制得汞溶胶。此外，根据物质在不同溶剂中溶解度相差悬殊的性质，通过改换溶剂的方法也可制备溶胶。例如向水中滴入硫的乙醇饱和溶液，由于硫难溶于水，过饱和的硫原子相互聚集，从而形成硫溶胶。

2. 溶胶的净化

制得的溶胶中常含有一定量的电解质，会影响溶胶的稳定性，因此必须将溶胶净化。一般常利用渗析法对溶胶进行净化。由于溶胶粒子、高分子化合物难以通过半透膜，而小分子、离子等能通过，因此可用半透膜将待净化的溶胶与纯溶剂隔开，溶胶内的杂质就透过半透膜进入纯溶剂，若不断更换新鲜溶剂，即可达到净化溶胶的目的。净化后溶胶可较长时间保持稳定。

3. 溶胶的性质

(1) 溶胶的光学性质

溶胶具有较强的光散射现象，当一束会聚的光线通过溶胶时，在其垂直方向可看到明亮的光柱，此现象称为丁铎尔效应。丁铎尔效应是溶胶区别于真溶液和悬浊液的一个基本特性。

（2）溶胶的电学性质

在外加电场作用下，胶粒将做定向迁移，此为电泳现象。电泳现象证明了胶粒表面带有电荷，研究溶胶的电学性质，能深入了解胶粒的形成过程及其结构。电泳在蛋白质、氨基酸等物质的分离和鉴定方面有极其重要的应用。

（3）溶胶的聚沉

溶胶是热力学不稳定、动力学稳定系统，当使其稳定的因素被破坏或削弱，胶粒易发生聚集而形成较大的颗粒，从分散介质中沉淀下来发生聚沉。加入电解质、加热、辐射等均能引起溶胶聚沉。若在溶胶中加入一定量电解质，可使胶粒所带电荷全部或部分被中和，胶粒易聚集变大而沉降。电解质的聚沉能力，随着引起聚沉的反离子电荷数的增加而加强。此外两种带相反电荷的溶胶相互混合，也可以发生聚沉现象。

4. 高分子溶液对溶胶具有保护作用

溶胶中加入高分子溶液后，高分子化合物吸附在溶胶粒子的表面，形成一层高分子保护膜，使胶粒不易聚集变大而聚沉，从而增加了溶胶的稳定性。

三、仪器与试剂

1. 仪器

丁铎尔效应装置；电泳装置；电磁搅拌器；酒精灯；三脚架；量筒（5mL，10mL，20mL）；烧杯（100mL，250mL，500mL）；锥形瓶（250mL）；大试管；表面皿；滴管；玻璃棒。

2. 试剂

$FeCl_3$（$0.1mol\cdot L^{-1}$）；NaCl（$0.01mol\cdot L^{-1}$，饱和）；$CaCl_2$（$0.01mol\cdot L^{-1}$）；$AlCl_3$（$0.01mol\cdot L^{-1}$）；$CuSO_4$（2%）；KSCN（$0.1mol\cdot L^{-1}$）；$AgNO_3$（$0.05mol\cdot L^{-1}$）；KNO_3（$0.1mol\cdot L^{-1}$）；$NH_3\cdot H_2O$（$0.1mol\cdot L^{-1}$）；酒石酸锑钾溶液（0.4%）；碘液（$0.05mol\cdot L^{-1}$）；新配制的3%动物胶；火棉胶；淀粉溶液；饱和 H_2S 溶液；硫的乙醇饱和溶液；去离子水；pH 试纸。

四、实验内容

1. 溶胶的制备

（1）水解法制备 $Fe(OH)_3$ 溶胶

取100mL蒸馏水于小烧杯中，加热至沸，逐滴加入 $0.1mol\cdot L^{-1}$ $FeCl_3$ 溶液5mL，继续煮沸1～2min，即得 $Fe(OH)_3$ 溶胶，观察溶液颜色变化。写出化学反应式及其胶团结构式。溶胶保留备用。

（2）复分解法制备 Sb_2S_3 溶胶

取10mL 0.4%酒石酸锑钾溶液于大试管中，逐滴加入饱和 H_2S 溶液，边滴边摇匀，直至溶液变为橙红色为止。写出其胶团的结构式。溶胶保留备用。

（3）改变溶剂法制备硫溶胶

往盛有10mL蒸馏水的大试管中逐滴加入硫的乙醇饱和溶液约1mL，振摇试管，观察硫溶胶的生成，并试加以解释。溶胶保留备用。

2. 胶体的净化——渗析

（1）火棉胶袋半透膜的制作

用量筒量取20mL火棉胶缓慢注入干燥洁净的250mL锥形瓶中，慢慢转动锥形瓶使火棉胶均匀布满器壁，形成均匀薄层后，倒出多余的火棉胶，然后将锥形瓶置于铁圈上。待乙醚溶剂蒸发尽后火棉胶固化成膜（此时胶膜已不粘手），然后往瓶中注满去离子水，浸泡两三分钟后倒出瓶中的水。然后轻轻将火棉胶膜与容器口分离，将去离子水注入至瓶壁与膜之间，膜即可脱离瓶壁，慢慢取出，注意不要撕破。注入去离子水检查是否有漏洞，如无，则浸入去离子水中待用。

（2）$Fe(OH)_3$ 溶胶的净化

将上述实验制备的 $Fe(OH)_3$ 溶胶冷却至约50℃后，注入火棉胶袋，袋口用线扎紧，注意不要让溶液沾染透析袋外面，若外部附有溶液，用蒸馏水冲洗干净。浸入盛有50℃蒸馏水的烧杯中（注意袋口不要没入水中）。每隔10min，换水一次。换水5次后，取适量袋外溶液，分别用0.05mol·L^{-1} $AgNO_3$ 溶液和0.1mol·L^{-1} KSCN溶液检查 Cl^- 和 Fe^{3+}，若仍能检出则继续换水渗析，直至不能检出，解释实验结果。

3. 溶胶的性质

（1）溶胶的光学性质——丁铎尔现象

将上述实验制备的溶胶，分别置于丁铎尔效应装置中，对准光束，从垂直于光束方向观察溶胶的丁铎尔现象。再观察硫酸铜溶液和蒸馏水是否具有丁铎尔现象。

（2）溶胶的电学性质——电泳

简单的电泳管是U形管，如图9-1所示。用少量已净化的 $Fe(OH)_3$ 溶胶将U形管润洗3次，然后向U形管中注入 $Fe(OH)_3$ 溶胶。沿U形管两端的内壁慢慢加入蒸馏水，使水与溶胶之间呈明显的界面，水层厚约2cm，并向两边蒸馏水中各加入1滴0.1mol·L^{-1} KNO_3 溶液。将两只金属电极分别插入U形管两侧的水层，接通直流电源，调节电压在30～110V，30min后观察。根据溶胶界面移动的方向，判断胶粒所带电荷的正负。

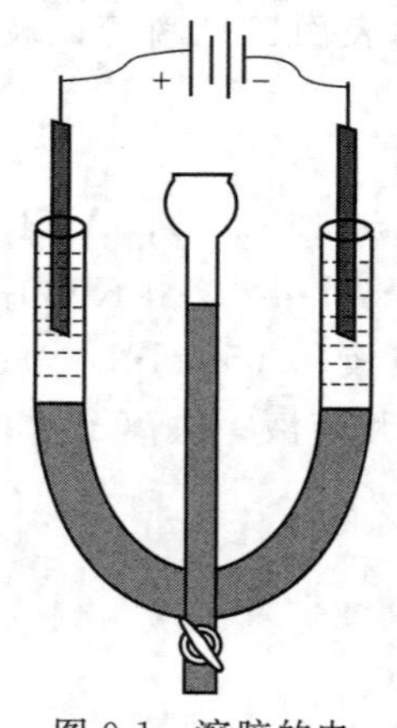

图9-1 溶胶的电泳示意图

（3）溶胶的聚沉

① 取三支干燥试管，各加入2mL Sb_2S_3 溶胶，然后依次向三支试管内逐滴加入0.01mol·L^{-1} NaCl溶液、0.01mol·L^{-1} $CaCl_2$ 溶液、0.01mol·L^{-1} $AlCl_3$ 溶液，每加一滴电解质溶液即刻振荡试管，直至溶液刚呈现浑浊为止。记录各试管中所加电解质溶液的滴数，比较三种电解质聚沉能力的大小，并解释原因。

② 将2mL $Fe(OH)_3$ 溶胶与2mL Sb_2S_3 溶胶混合，振荡，观察现象并解释原因。

③ 将盛有2mL Sb_2S_3 溶胶的试管加热至沸，观察现象并解释原因。

4. 高分子溶液对溶胶的保护作用

取两支试管，一支试管中加入1mL蒸馏水，另一支试管中加入1mL新配制的3%动物胶溶液，然后在每支试管中各加入2mL Sb_2S_3 溶胶，摇匀溶液，放置约3min后，向两支试管中分别滴加饱和NaCl溶液，边滴加边振荡试管，观察两试管中聚沉现象的差别，并解释之。

五、注意事项

1. 制备半透膜所用的锥形瓶务必洗净并烘干，制半透膜时，加水不宜太早，若乙醚未挥发完，则加水后膜呈乳白色，强度差不能用；但亦不可太迟，加水过迟则胶膜变干、脆，不易取出且易破。

2. 在 $Fe(OH)_3$ 溶胶中滴加 $0.1mol \cdot L^{-1}$ $NH_3 \cdot H_2O$ 调节 pH 至 3～4 时，可以观察到较为显著的丁铎尔现象。

六、思考题

1. 试解释丁铎尔效应和电泳现象是怎样产生的？
2. 影响溶胶稳定性的因素主要有哪些，并说明原因。
3. 动物胶为何能使溶胶稳定？

（周萍）

实验十　p 区元素的性质Ⅰ

一、实验目的

1. 掌握卤素氧化还原的递变规律以及卤酸盐、次卤酸盐的氧化性质。

2. 熟悉验证卤化银生成的方法及溶解规律，并学会 Cl^-、Br^-、I^- 混合离子的分离及鉴定方法。

3. 掌握过氧化氢、亚硫酸盐及硫代硫酸盐的性质。

4. 掌握难溶硫化物的生成和溶解规律。

5. 了解过二硫酸盐的强氧化性。

二、实验原理

卤素位于元素周期表第ⅦA 族，价层电子构型为 ns^2np^5，包括氟、氯、溴、碘等元素。卤素易得到一个电子生成氧化值为 -1 的卤素离子，因此卤素单质具有较强的氧化性，其氧化能力强弱顺序为 $F_2>Cl_2>Br_2>I_2$；反之，卤素离子具有一定的还原性，其还原能力强弱顺序为 $I^->Br^->Cl^->F^-$。卤素分子均为非极性分子，因此易溶于非极性溶剂。

氯、溴、碘与电负性更大的元素化合时，只能生成共价化合物。这类化合物中，氯、溴、碘表现为正氧化态，其特征氧化值分别为 $+1$、$+3$、$+5$ 和 $+7$，特征化合物主要为含氧化合物和卤素互化物。

氯、溴、碘的含氧酸根都具有氧化性，其中以次卤酸、卤酸及其盐最具代表性，有强氧化性，在酸性介质中表现尤为显著。

卤素离子除了 F^- 外，均能与 Ag^+ 生成难溶于水的化合物，但是其溶解性又有所不同。其中 $AgCl$ 能溶于稀氨水和 $(NH_4)_2CO_3$，$AgBr$ 和 AgI 则不溶。利用此性质可分离 $AgCl$ 和 $AgBr$、AgI。Br^- 和 I^- 可以用氯水将其氧化为 Br_2 和 I_2 后，再进行鉴定。

氧族元素位于元素周期表第ⅥA 族，价层电子构型为 ns^2np^4，包括氧、硫、硒、碲等元素。其中氧和硫为较活泼的非金属元素。

氧的化合物中，过氧化氢（H_2O_2）分子中氧的氧化值为 -1，处于中间价态，因此 H_2O_2 兼具氧化性和还原性。在酸性介质中，H_2O_2 与 $K_2Cr_2O_7$ 反应生成深蓝色的过氧化铬 $CrO(O)_2$，产物于乙醚中较为稳定，该反应可用于鉴定 H_2O_2。

硫的化合物中，H_2S 和 S^{2-} 具有强还原性。在碱性溶液中，S^{2-} 与亚硝酰铁氰化钠 $Na_2[Fe(CN)_5NO]$ 反应生成紫色配合物 $Na_4[Fe(CN)_5NOS]$，该反应可用于 S^{2-} 的鉴定。

浓 H_2SO_4、$H_2S_2O_8$ 及其盐具有强氧化性，例如在 Ag^+ 催化条件下，$S_2O_8^{2-}$ 能将 Mn^{2+} 氧化为 MnO_4^-。

氧化值位于 -2～$+6$ 之间的含硫化合物，如 H_2SO_3 及其盐、$Na_2S_2O_3$，既具有氧化性又具有还原性，但以还原性为主。SO_3^{2-}、$S_2O_3^{2-}$ 在酸性条件下不稳定，遇酸易分解。

金属硫化物中，碱金属硫化物易溶于水，碱土金属硫化物在水中易发生水解，其他的金属硫化物大多难溶于水，并具有特征的颜色。不同的难溶硫化物其溶度积常数相差甚大，因此溶解条件也不尽相同，例如硫化锌可溶于稀盐酸，硫化铜能溶解于浓硝酸，而硫化汞需在王水中才能溶解。

三、仪器与试剂

1. 仪器

试管；离心管；烧杯（250mL）；滴管；玻璃棒，角匙；镊子；点滴板；酒精灯；离心机。

2. 试剂

HCl($1mol \cdot L^{-1}$，$2mol \cdot L^{-1}$，$6mol \cdot L^{-1}$，浓)；H_2SO_4($2mol \cdot L^{-1}$，$6mol \cdot L^{-1}$，浓)；HNO_3(浓)；NaOH($2mol \cdot L^{-1}$)；$NH_3 \cdot H_2O$($6mol \cdot L^{-1}$，浓)；$BaCl_2$($0.1mol \cdot L^{-1}$)；NaCl($0.1mol \cdot L^{-1}$，晶体)；KBr($0.1mol \cdot L^{-1}$，晶体)；KI($0.1mol \cdot L^{-1}$，晶体)；Na_2S($0.1mol \cdot L^{-1}$)；$KBrO_3$(饱和)；KIO_3($0.1mol \cdot L^{-1}$)；$NaHSO_3$($0.1mol \cdot L^{-1}$)；Na_2SO_3($0.5mol \cdot L^{-1}$)；$Na_2S_2O_3$($0.1mol \cdot L^{-1}$)；$ZnSO_4$($0.1mol \cdot L^{-1}$)；$CdSO_4$($0.1mol \cdot L^{-1}$)；$CuSO_4$($0.1mol \cdot L^{-1}$)；$AgNO_3$($0.1mol \cdot L^{-1}$)；$Hg(NO_3)_2$($0.1mol \cdot L^{-1}$)；$MnSO_4$($0.05mol \cdot L^{-1}$)；$KMnO_4$($0.1mol \cdot L^{-1}$)；$K_2Cr_2O_7$($0.1mol \cdot L^{-1}$)；$Na_2[Fe(CN)_5NO]$(3%)；H_2O_2(3%)；饱和氯水；饱和溴水；饱和碘水；品红(0.1%)；淀粉溶液(0.5%)；CCl_4(l)；乙醚；Mn_2O(s)；$KClO_3$(s)；$(NH_4)_2S_2O_8$(s)；$Pb(Ac)_2$ 试纸；淀粉-碘化钾试纸；石蕊试纸。

四、实验内容

1. 卤素的性质

(1) 卤素单质的性质

① 卤素的置换顺序

a. 取一支试管，加入 2 滴 $0.1mol \cdot L^{-1}$ KBr 溶液、10 滴 CCl_4，再逐滴加入氯水，边加边振荡试管，观察试管中 CCl_4 层的颜色变化。

b. 取一支试管，加入 2 滴 $0.1mol \cdot L^{-1}$ KI 溶液、10 滴 CCl_4，再逐滴加入氯水，边加边振荡试管，观察试管中 CCl_4 层的颜色变化。

c. 取一支试管，加入 5 滴 $0.1mol \cdot L^{-1}$ KI 溶液、10 滴 CCl_4，再逐滴加入溴水，边加边振荡试管，观察试管中 CCl_4 层的颜色变化[1]。

综合上述实验结果，说明卤素的置换顺序，比较卤素单质氧化能力的大小，并写出所有反应方程式。

② 碘的氧化性

a. 取一支试管，加入 5 滴碘水，再加入 1～2 滴 $0.1mol \cdot L^{-1}$ $Na_2S_2O_3$ 溶液，振荡试管，观察试管中溶液颜色的变化，并写出化学反应方程式。

b. 取一支试管，加入 10 滴碘水，再加入 1 滴 $0.1mol \cdot L^{-1}$ Na_2S 溶液，振荡试管，观察试管中溶液发生的变化，并写出化学反应方程式。

③ 氯水对溴、碘离子混合溶液的作用

---

[1] 溴水加入不宜过量，否则过量的 Br_2 将溶解在 CCl_4 中，从而影响 CCl_4 层 I_2 的颜色观察。

取一支试管，分别加入 10 滴 0.1mol·L^{-1} KBr 溶液、2 滴 0.1mol·L^{-1} KI 溶液，摇匀，再加入 10 滴 CCl_4，逐滴加入氯水，边加边振荡试管，仔细观察 CCl_4 层溶液的颜色变化，写出化学反应方程式，试用标准电极电位来进行解释。

（2）卤素离子的还原性

① 向一支干燥试管中加入少许 KI 晶体，再加入 10 滴浓硫酸，观察产物的颜色和状态，并将润湿的 $Pb(Ac)_2$ 试纸置于试管口检验气体产物。

② 向一支干燥试管中加入少许 KBr 晶体，再加入 10 滴浓硫酸，观察产物的颜色和状态，并将润湿的淀粉-KI 试纸置于试管口检验气体产物。

③ 向一支干燥试管中加入少许 NaCl 晶体，再加入 10 滴浓硫酸，观察产物的颜色和状态，并用玻璃棒蘸取浓氨水置于试管口检验气体产物，观察现象并解释之；或者将润湿的蓝色石蕊试纸置于试管口检验气体产物。

比较上述实验的不同产物，说明卤素离子的还原性强弱的变化规律，并写出所有的化学反应方程式。

（3）卤化物的生成及溶解

取三支离心管，分别加入 5 滴 0.1mol·L^{-1} NaCl 溶液、0.1mol·L^{-1} KBr 溶液和 0.1mol·L^{-1} KI 溶液，各加入 5 滴 0.1mol·L^{-1} $AgNO_3$ 溶液，振荡试管，观察沉淀的生成和颜色。离心分离，弃去上层清液。分别向三支离心管中滴加 6mol·L^{-1}氨水，边滴加边振荡，观察三支离心管中沉淀的溶解情况，记录各自加入氨水的滴数。根据实验结果，比较 AgCl、AgBr、AgI 三者溶度积的相对大小，并写出所有化学反应方程式。

（4）次卤酸盐和卤酸盐的性质

① NaClO 的氧化性　在试管中加入 2mL 氯水，再加入 2～3 滴 2mol·L^{-1} NaOH 溶液至试管中溶液呈碱性（可用红色石蕊试纸检验），将所得溶液分装于三支试管中，进行下列实验。

第一支试管中逐滴加入浓 HCl，同时将润湿的淀粉-KI 试纸置于试管口检验产生的气体，写出反应方程式。

第二支试管中加入 2 滴 0.1mol·L^{-1} KI 溶液，并加入 2 滴 2mol·L^{-1} H_2SO_4 溶液酸化，摇匀后再最后加入 2 滴 0.5%淀粉溶液，观察试管中发生的现象（若现象不明显可再加入适量 2mol·L^{-1} H_2SO_4 溶液），并写出反应方程式。

第三支试管中加入 2 滴 0.1%品红试液，观察试管中品红颜色的变化情况，并解释原因。

② $KClO_3$ 的氧化性　试管中加入少许 $KClO_3$ 晶体，加入 10 滴蒸馏水，振荡使晶体溶解，加入 5 滴 0.1mol·L^{-1} KI 溶液和 10 滴 CCl_4，振荡试管，观察 CCl_4 层溶液颜色有何变化。然后加入 5 滴 6mol·L^{-1} H_2SO_4 溶液酸化后再振荡试管，仔细观察 CCl_4 层溶液颜色变化有何不同。解释现象并写出反应方程式。

③ $KBrO_3$ 的氧化性　试管中加入 10 滴饱和 $KBrO_3$ 溶液，滴加 5 滴 2mol·L^{-1} H_2SO_4 溶液和 5 滴 0.1mol·L^{-1} KBr 溶液，振荡，并用润湿的淀粉-KI 试纸置于试管口，检验生成的气体（若现象不明显，可稍稍加热），写出反应方程式。

④ KIO_3 的氧化性　试管中加入 10 滴 0.1mol·L^{-1} KIO_3 溶液，滴加 5 滴 2mol·L^{-1} H_2SO_4 溶液和 2 滴 0.5%淀粉溶液，再滴加 0.1mol·L^{-1} $NaHSO_3$ 溶液，边加边振荡试管，观察试管中溶液的颜色变化，写出反应方程式。

2. 氧、硫的性质

(1) 过氧化氢的性质

① 过氧化氢的氧化性　试管中加入5滴0.1mol·L^{-1} KI溶液和1滴2mol·L^{-1} H_2SO_4溶液，再加入2滴3% H_2O_2溶液，观察试管中溶液变化情况。然后加入2滴0.5%淀粉溶液，仔细观察试管中溶液的颜色变化，写出反应方程式。

② 过氧化氢的还原性　试管中加入5滴0.1mol·L^{-1} $KMnO_4$溶液和1滴2mol·L^{-1} H_2SO_4溶液，再逐滴加入3% H_2O_2溶液，边加边振荡试管，观察试管中溶液颜色变化，写出反应方程式。

③ 过氧化氢的鉴定　试管中加入1mL 3% H_2O_2溶液、10滴乙醚和10滴2mol·L^{-1} H_2SO_4溶液，摇匀后再加入2滴0.1mol·L^{-1} $K_2Cr_2O_7$溶液，观察试管水溶液和乙醚层的颜色变化，写出反应方程式。

(2) 难溶硫化物的生成与溶解

取四支离心管，分别加入10滴0.1mol·L^{-1} $ZnSO_4$、$CdSO_4$、$CuSO_4$和$Hg(NO_3)_2$溶液，然后各加入5滴0.1mol·L^{-1} Na_2S溶液，观察并记录各试管中沉淀的颜色。离心分离，弃去上层清液后进行下列实验。

① 在ZnS沉淀中加入10滴1mol·L^{-1} HCl溶液，振荡试管，观察沉淀是否溶解，写出反应方程式。

② 在CdS沉淀中加入10滴1mol·L^{-1} HCl溶液，振荡试管，观察沉淀是否溶解。若不溶，离心分离，弃去上层清液后，于沉淀中加入10滴6mol·L^{-1} HCl溶液，振荡试管，观察沉淀是否溶解，写出反应方程式。

③ 在CuS沉淀中加入10滴6mol·L^{-1} HCl溶液，振荡试管，观察沉淀是否溶解。若不溶，离心分离，弃去上层清液后，于沉淀中加入10滴浓HNO_3，并在水浴中加热，观察试管中沉淀的变化情况，写出反应方程式。

④ 在HgS[1]沉淀中加入10滴浓HNO_3，观察沉淀是否溶解。如不溶，再加入30滴浓HCl，搅拌（必要时可水浴加热），观察试管中沉淀的变化情况，写出反应方程式。

比较四种金属硫化物与酸作用的情况，结合溶度积的大小，讨论它们的溶解条件。

(3) S^{2-}的鉴定

取1滴Na_2S溶液于白色点滴板上，再加1滴3%亚硝酰铁氰化钠$Na_2[Fe(CN)_5NO]$溶液，溶液显示特殊紫色。若现象不明显，加1滴NaOH溶液。此为鉴定S^{2-}的特征反应。

(4) 亚硫酸盐的性质

① 亚硫酸盐的氧化性　试管中加入10滴0.5mol·L^{-1} Na_2SO_3溶液和5滴2mol·L^{-1} H_2SO_4溶液，摇匀后加入5滴0.1mol·L^{-1} Na_2S溶液，观察试管中溶液的变化，写出反应方程式。

② 亚硫酸盐的还原性　试管中加入10滴0.5mol·L^{-1} Na_2SO_3溶液和5滴2mol·L^{-1} H_2SO_4溶液，摇匀后加入1～2滴0.1mol·L^{-1} $KMnO_4$溶液，观察试管中溶液颜色的变化情况，写出反应方程式。

(5) 硫代硫酸盐的性质

① 试管中加入10滴0.1mol·L^{-1} $Na_2S_2O_3$溶液，再加入5滴2mol·L^{-1} HCl溶液，微热。观察试管中沉淀的生成，写出反应方程式。

---

[1] HgS可溶于过量的浓Na_2S溶液生成$Na_2[HgS_2]$。

② 试管中加入2滴碘水，1滴0.5%淀粉溶液，然后逐滴加入0.1mol·L^{-1} $Na_2S_2O_3$溶液，边加边振荡试管，观察溶液蓝色的消失，写出反应方程式。

③ 试管中加入10滴0.1mol·L^{-1} $Na_2S_2O_3$溶液，再加入1～2滴氯水，振荡试管，并设法验证SO_4^{2-}的生成，写出反应方程式。

(6) 过二硫酸盐的氧化性

① 试管中加入少许$(NH_4)_2S_2O_8$晶体，用1mL水溶解，逐滴加入0.1mol·L^{-1} KI溶液，边加边振荡试管，再加入2滴0.5%淀粉溶液，观察试管中溶液的颜色变化，写出反应方程式。

② 试管中加入1mL 2mol·L^{-1} H_2SO_4溶液和5滴0.05mol·L^{-1} $MnSO_4$溶液，摇匀后加入1滴0.1mol·L^{-1} $AgNO_3$溶液，再加入少许$(NH_4)_2S_2O_8$晶体，微热，观察试管中溶液的颜色变化，写出反应方程式。

五、注意事项

1. 氯气为剧毒并有刺激性气味的气体，人体少量吸入会刺激鼻和喉部，引起咳嗽和喘息，大量吸入甚至会导致死亡。硫化氢为无色且有腐蛋臭味的有毒气体，人体吸入后会引起中枢神经系统中毒，产生头晕、头痛呕吐症状，严重时可导致昏迷、意识丧失，甚至窒息而致死亡。二氧化硫也是一种剧毒刺激性气体。在制备和使用这些有毒气体时，一定要注意做到装置气密性好并收集尾气，操作时在通风柜内进行，并注意室内通风换气和废气的处理。

2. 溴蒸气对人体气管、肺部、眼、鼻、喉等都有强烈的刺激作用，凡涉及溴的实验均应在通风柜内进行。若不慎吸入溴蒸气时，可吸入少量氨气和新鲜空气解毒。液溴具有强烈的腐蚀性，能灼伤皮肤。移取液溴时，需戴橡皮手套。溴水的腐蚀性较液溴弱，在取用时不允许直接倒而应使用滴管。如果不慎将溴水溅到皮肤上，应立即用水冲洗，再用碳酸氢钠溶液或稀硫代硫酸钠溶液冲洗。

3. 氯酸钾是强氧化剂，当与可燃物质接触、加热、摩擦或撞击易引起燃烧和爆炸，因此决不允许将它们混合保存。同时氯酸钾易分解，因此不宜大力研磨、烘干或烤干。实验时，应将洒落的氯酸钾及时清除干净，注意不要倒入废液缸中。

六、思考题

1. 实验中能否用类似制备HCl的方法，用浓硫酸与溴或碘的卤化物反应来制备HBr或HI？说明原因。

2. 在KI溶液中通入氯气，开始可观察到碘析出，但若继续通入过量氯气，碘又会消失，请解释原因。

3. 如何区别HCl、SO_2、H_2S这三种酸性气体？

4. 向一未知溶液中加入Cl^-，未见白色沉淀生成，能否说明该溶液中一定不含有Ag^+？如何证明？

5. $AgNO_3$与$Na_2S_2O_3$在水溶液中发生反应，何种情况下生成黑色Ag_2S沉淀？何种情况下生成$[Ag(S_2O_3)_2]^{3-}$？

（周萍）

实验十一　p 区元素的性质Ⅱ

一、实验目的

1. 掌握亚硝酸盐、硝酸及硝酸盐的性质，了解 NO_2^-、NO_3^-、NH_4^+ 的鉴定方法。
2. 掌握磷酸盐、碳酸盐、硼酸盐等的一些性质。
3. 掌握砷、锑、铋等化合物一些性质的递变规律，熟悉砷的鉴别方法。
4. 了解硼化合物的性质。

二、实验原理

氮族元素位于周期表的第ⅤA 族，包括氮、磷、砷、锑、铋五种元素。氮族元素从典型的非金属元素氮、磷，经准金属元素砷和锑过渡到金属铋。

氮族元素的价电子组态为 ns^2np^3，含 3 个单电子和 1 对孤对电子。氮族元素的电负性比相应的ⅦA 和ⅥA 族元素都要低，所以当氮族元素与电负性较大的元素结合时会显示高氧化值（+5），此外，常见的氧化值还有+3，+1，−3。氮族元素可以与电负性较小的元素如活泼金属及氢结合而呈负氧化值，多数形成了共价化合物。由于氮族元素含孤对电子，与金属结合具有较强的配位倾向，特别是氮、磷常作为配位原子出现在配体中。

氮的含氧酸常见的是亚硝酸和硝酸，亚硝酸不稳定，易分解，仅存在于冷的稀水溶液中，亚硝酸盐较稳定，即具有氧化性，又具有还原性，其氧化能力随溶液酸度增大而增强。硝酸较不稳定，其主要性质是强氧化性，浓度愈大，氧化性愈强，反应产物随硝酸的浓度、还原剂的本性及反应温度等因素的不同，有 NO_2、NO、N_2O 和 NH_4^+。其盐类较稳定，受热可以分解，其产物随金属活泼性而不同可以生成亚硝酸盐、金属氧化物和金属单质。

磷的含氧酸及其盐较多。常见的以磷酸盐较多，包括正磷酸盐和酸式盐。磷酸二氢盐都溶于水，水溶液呈酸性，磷酸一氢盐和正盐除钾盐、钠盐、铵盐等外，一般都难溶于水，正盐的水溶液呈明显的碱性。磷酸盐与硝酸银反应可生成黄色沉淀。此外，磷酸盐在酸性条件下可与 $(NH_4)_2MoO_4$ 反应生成黄色沉淀，用于磷酸盐的鉴定。

砷、锑、铋的氧化物、氢氧化物基本上都是两性，锑盐、铋盐在水溶液中易水解，生成白色沉淀。砷的硫化物易溶于碱中，锑的硫化物属两性，铋的硫化物为碱性，只溶于酸。砷的化合物在酸性条件下可与 Zn 粒反应，产生 AsH_3，与 $AgNO_3$ 反应产生黑色沉淀，用于砷化合物的鉴定。

硼族元素位于周期表ⅢA 族，包括硼、铝、镓、铟、铊五种元素。其中硼是非金属元素，自然界中只以硼砂和硼酸的形式存在。硼酸微溶于水，是极弱的一元酸，可与甘油结合成硼酸甘油，使酸性增强。硼酸在浓硫酸中与乙醇反应生成硼酸酯。硼砂与金属化合物灼烧，可生成有特殊颜色的偏硼酸的复盐，根据此颜色可鉴定金属。

三、仪器与试剂

1. 仪器

离心机；离心管；试管；烧杯；酒精灯；气体发生器。

2. 试剂

硼砂(s)；硼酸(s)；As_2O_3(s)；$SbCl_3$(s)；$Bi(NO_3)_3$(s)；$Ca(OH)_2$(s)；NH_4Cl(s)；$CaCO_3$(s)；$AgNO_3$(s)；$Cu(NO_3)_2$(s)；KNO_3(s)；$FeSO_4$(s)；$Co(NO_3)_2$(s)；Cr_2O_3(s)；Zn粒；Cu片；Sn片；广泛pH试纸；$Pb(Ac)_2$棉花；0.2%甲基红指示剂；0.1%酚酞指示剂；无水乙醇；氨基苯磺酸(l)；α-萘胺(l)；饱和H_2S溶液；氨水($2mol \cdot L^{-1}$，$6mol \cdot L^{-1}$)；NaOH($2mol \cdot L^{-1}$，$6mol \cdot L^{-1}$)；HCl($2mol \cdot L^{-1}$，$6mol \cdot L^{-1}$)；HNO_3($2mol \cdot L^{-1}$，$6mol \cdot L^{-1}$，浓)；H_2SO_4($2mol \cdot L^{-1}$，$6mol \cdot L^{-1}$，浓)；HAc($2mol \cdot L^{-1}$)；$SnCl_2$($0.1mol \cdot L^{-1}$)；$AgNO_3$($0.1mol \cdot L^{-1}$)；Na_2S($0.5mol \cdot L^{-1}$)；Na_3PO_4($0.1mol \cdot L^{-1}$)；Na_2HPO_4($0.1mol \cdot L^{-1}$)；NaH_2PO_4($0.1mol \cdot L^{-1}$)；$CaCl_2$($0.1mol \cdot L^{-1}$)；$NaHCO_3$($0.1mol \cdot L^{-1}$)；$SbCl_3$($0.2mol \cdot L^{-1}$)；$Bi(NO_3)_3$($0.2mol \cdot L^{-1}$)；Na_2CO_3($0.1mol \cdot L^{-1}$)；$Hg(NO_3)_2$($0.1mol \cdot L^{-1}$)；KI($0.1mol \cdot L^{-1}$)；$NaNO_2$($0.5mol \cdot L^{-1}$)；$KMnO_4$($0.01mol \cdot L^{-1}$)；KNO_3($0.1mol \cdot L^{-1}$)；Na_2S($0.1mol \cdot L^{-1}$)；$NaHCO_3$($0.1mol \cdot L^{-1}$)；NH_4Cl($0.1mol \cdot L^{-1}$)；$(NH_4)_2MoO_4$($0.1mol \cdot L^{-1}$)。

四、实验内容

1. 亚硝酸盐的氧化性和还原性

(1) 在10滴$0.5mol \cdot L^{-1}$ $NaNO_2$溶液中滴入2滴$0.1mol \cdot L^{-1}$ KI溶液，观察是否有变化。再加入2滴$2mol \cdot L^{-1}$ H_2SO_4，观察现象，写出反应式。

(2) 在10滴$0.5mol \cdot L^{-1}$ $NaNO_2$溶液中滴入2滴$0.01mol \cdot L^{-1}$ $KMnO_4$溶液，观察是否有变化。再加入2滴$2mol \cdot L^{-1}$ H_2SO_4，观察现象，写出反应式。

2. 硝酸及硝酸盐

(1) 硝酸的性质　在两支试管中分别加入一小片铜片，一支试管中加入4滴浓HNO_3，另一支试管中加入4滴$2mol \cdot L^{-1}$ HNO_3（现象不明显时，可水浴稍加热），观察溶液和气体的颜色，写出反应式。

(2) 硝酸盐的热分解反应　在三支试管中分别加入少量固体$AgNO_3$、$Cu(NO_3)_2$、KNO_3，酒精灯加热，观察反应产物的状态和颜色，并比较反应的难易程度，写出反应式。

3. NO_2^-、NO_3^-、NH_4^+ 的鉴定

(1) NO_2^- 的鉴定　取3滴$0.5mol \cdot L^{-1}$ $NaNO_2$于试管中，加入2滴$2mol \cdot L^{-1}$ HAc酸化，再加入氨基苯磺酸和α-萘胺各3滴，若有红色出现，证明有NO_2^-存在。

(2) NO_3^- 的鉴定　取1mL $0.1mol \cdot L^{-1}$ KNO_3于试管中，加入1～2粒$FeSO_4$晶体，振荡溶解后，将试管斜持，沿试管壁慢慢滴加4～5滴浓H_2SO_4。在浓H_2SO_4和溶液两个液层交界处，有棕色环出现，证明有NO_3^-存在（溶液中若有NO_2^-需加NH_4Cl并加热以除去）。

(3) NH_4^+ 的鉴定　在试管中加入1滴$0.1mol \cdot L^{-1}$ $Hg(NO_3)_2$溶液，逐滴加入$0.1mol \cdot L^{-1}$ KI溶液至沉淀溶解，然后加入10滴$6mol \cdot L^{-1}$ NaOH，即得到奈斯勒试剂。取2滴$0.1mol \cdot L^{-1}$ NH_4Cl于点滴板上，滴加2滴奈斯勒试剂，观察是否有红棕色沉淀产生，写出反应方程式。

4. 磷酸盐的性质

(1) 向三支试管中分别加入10滴0.1mol·L^{-1} Na_3PO_4、Na_2HPO_4和NaH_2PO_4溶液，用pH试纸测定各管溶液的酸碱性。然后向每支试管中各加入10滴0.1mol·L^{-1} $CaCl_2$溶液并充分振荡，观察是否有沉淀产生。再向每支试管中各加入5滴2mol·L^{-1}氨水，观察是否有沉淀产生。最后，向每支试管中分别滴加2mol·L^{-1} HCl，观察沉淀的溶解，解释现象并写出有关反应式。

(2) 在两支试管中分别加入1mL 0.1mol·L^{-1} Na_2HPO_4和0.1mol·L^{-1} NaH_2PO_4溶液，再分别滴加3～5滴0.1mol·L^{-1} $AgNO_3$溶液，观察是否有沉淀产生，解释现象并写出反应式。

(3) PO_4^{3-}的鉴定　向试管中加入0.1mol·L^{-1} Na_3PO_4 3滴，然后加入3滴6mol·L^{-1} HCl及8～10滴0.1mol·L^{-1} $(NH_4)_2MoO_4$，稍加热，观察是否有沉淀产生，写出反应式。

5. 砷、锑、铋化合物的一些性质

(1) 氢氧化物的酸碱性

① 在两支试管中各加入少量As_2O_3粉末，向其中一支试管中滴加2mol·L^{-1} NaOH溶液，振荡溶解备用；另一支试管中滴加6mol·L^{-1} HCl溶液，振荡溶解（若不溶解，可稍加热），写出有关反应式。

② 试管中加入5滴0.2mol·L^{-1} $SbCl_3$溶液，滴加2mol·L^{-1} NaOH溶液至沉淀完全，将沉淀分成两份，分别滴加6mol·L^{-1} NaOH溶液和6mol·L^{-1} HCl溶液，观察是否有沉淀溶解，解释现象并写出反应式。

③ 用$Bi(NO_3)_3$代替$SbCl_3$重复上面②之实验，观察并比较沉淀溶解情况。

(2) 锑、铋盐的水解性

在两支试管中分别取绿豆大小的$SbCl_3$、$Bi(NO_3)_3$，加入1mL水，观察现象。然后分别滴加6mol·L^{-1} HCl至沉淀恰好溶解，再稀释，观察并解释现象，写出反应式。

(3) 硫化物

① 取1mL实验内容5(1)①中制备的亚砷酸钠溶液于离心管中，加入1mL 6mol·L^{-1}盐酸溶液酸化，滴入饱和H_2S溶液至沉淀完全，观察沉淀颜色。离心分离，弃去上清液，把沉淀分成三份，分别滴加浓盐酸、2mol·L^{-1} NaOH和0.5mol·L^{-1} Na_2S溶液并振摇，观察沉淀溶解，写出反应式。

② 用0.2mol·L^{-1} $SbCl_3$溶液代替亚砷酸钠溶液进行上面①项实验。

③ 用0.2mol·L^{-1} $Bi(NO_3)_3$溶液代替亚砷酸钠溶液进行上面①项实验。

比较上述硫化物的溶解性。

(4) 砷的鉴定

在试管加入含有砷的试液2滴，Zn粒少许，滴加6mol·L^{-1} HCl 10滴，在试管上半部放$Pb(Ac)_2$棉花一小团，在棉花上放一小片沾有$AgNO_3$溶液的滤纸，管口用纸套罩住，数分钟后，$AgNO_3$滤纸变为黄褐或黑色，证明砷的存在。试样中如有硫化物存在时，遇酸产生H_2S能使$AgNO_3$变为黑色Ag_2S，为了清除H_2S的干扰，需用$Pb(Ac)_2$棉花吸收H_2S。

(5) Sb^{3+}、Bi^{3+}的鉴定

在一小片擦亮的锡片上滴加0.2mol·L^{-1} $SbCl_3$溶液，锡片上出现黑色，证明有Sb^{3+}存在。写出反应式。

在1mL新制的0.2mol·L^{-1} $SnCl_2$溶液中，滴加2mol·L^{-1} NaOH溶液至沉淀溶解，滴

加5滴0.2mol·L^{-1} $Bi(NO_3)_3$溶液，有黑色沉淀生成，证明有Bi^{3+}存在。写出反应式。

6. 碳酸和碳酸盐的性质

(1) 向试管中加入3mL水，2滴0.2%甲基红指示剂，从气体发生器中通入CO_2，观察指示剂颜色的变化，加热溶液至沸腾后指示剂颜色又发生了怎样的变化？解释此现象。

(2) 向试管中加入3mL饱和$Ca(OH)_2$溶液，从气体发生器中平稳通入CO_2，观察过程中沉淀的生成和溶解，写出反应式。

(3) 在两支试管中，分别加入10滴0.1mol·L^{-1} Na_2CO_3和0.1mol·L^{-1} $NaHCO_3$溶液，各加入0.1%酚酞指示剂1滴，比较二者颜色的差异并解释现象。

7. 硼酸和硼酸盐的性质

(1) 试管中加入0.5g $Na_2B_4O_7 \cdot 10H_2O$晶体和3mL水，微热使之溶解，用pH试纸测其酸碱性，然后加入1mL 6mol·L^{-1} H_2SO_4溶液，振荡后，把试管放在冰水中冷却，观察硼酸结晶的析出，写出反应式。

(2) 试管中加入少量H_3BO_4晶体和3mL水，待固体溶解后滴加1滴甲基红指示剂，把溶液分成两份，一份作参照物，另一份加入甘油5滴，观察指示剂颜色的变化并解释此现象。

(3) 硼的焰色反应：在蒸发皿中加入少量硼酸固体，1mL乙醇和3～5滴浓H_2SO_4，混合均匀，点燃，观察火焰颜色，写出反应式。

(4) 硼砂珠试验：用带有顶端弯成小圈的铂丝（实验前用砂纸清洁处理）蘸取少许硼砂固体，在氧化火焰中灼烧并熔融成圆珠。观察硼砂珠的颜色和状态。用烧红的硼砂珠分别蘸取少量硝酸钴，三氧化二铬固体熔融，冷却后观察硼砂珠颜色。

五、注意事项

1. 硝酸的分解产物或还原产物多为含氮的氧化物，除N_2O外所有的含氮氧化物均有毒，尤其以NO_2最甚且尚无特效治疗药，因此涉及硝酸的反应均应在通风柜内进行。

2. 砷、锑、铋及其化合物都为有毒物质。特别是三氧化二砷（俗称砒霜）和胂(AsH_3)及其他可溶性的砷化物都是剧毒物质，必须要在教师指导下使用。取用量要少，切勿进入口内或与有伤口的地方接触。实验后立刻交还未用的试剂并及时洗手；若万一中毒，可用乙二硫醇解毒。

3. 硼的焰色反应可用来鉴定硼酸、硼砂等含硼化合物。

4. 硼砂珠实验可用于鉴别钴盐，铬盐。

六、思考题

1. 不同浓度的硝酸与金属反应，反应产物有什么不同？为什么？

2. 磷酸钙和磷酸二氢钙相互转变的条件是什么？

3. 从实验结果总结出氧化值为3的砷、锑、铋的氢氧化物和硫化物的酸碱性递变规律。

（许贯虹）

实验十二 d区元素性质Ⅰ

一、实验目的

1. 熟悉铜、银、锌、汞的氢氧化物、配合物和硫化物的性质。
2. 熟悉铜、银、汞化合物的氧化还原性。
3. 掌握铜、银、锌、汞离子的分离与鉴定方法。

二、实验原理

铜(Cu)、银(Ag) 属于ⅠB族，价层电子构型为 $(n-1)d^{10}ns^1$。由于ⅠB族 ns 电子和次外层 $(n-1)d$ 电子能量相近，与其他元素反应时，ns 和 $(n-1)d$ 电子都可参与，呈现变价（+1，+2）。氧化值为+1的铜和银的氢氧化物都不稳定，会脱水形成 M_2O 型氧化物。锌(Zn)、汞(Hg) 为ⅡB族元素，价层电子构型为 $(n-1)d^{10}ns^2$。ⅡB族元素易失去最外层2个电子形成 M^{2+}，Hg^{2+} 具有较高的极化率和变形性，所以 Hg^{2+} 等与易变形的 S^{2-}、I^- 等离子形成的化合物有显著的共价性，具有很深的颜色和较低的溶解度。

$Cu(OH)_2$ 呈现两性，在加热时易脱水而分解为黑色的 CuO。AgOH 在常温下极易脱水而转化为棕色的 Ag_2O。$Zn(OH)_2$ 呈两性。Hg(Ⅰ,Ⅱ) 的氢氧化物极易脱水而转变为黄色的 HgO(Ⅱ) 和黑色的 Hg_2O(Ⅰ)。Cu^{2+}、Ag^+、Zn^{2+} 与过量的氨水反应时分别生成 $[Cu(NH_3)_4]^{2+}$、$[Ag(NH_3)_2]^+$、$[Zn(NH_3)_4]^{2+}$，但是 Hg^{2+} 和 Hg_2^{2+} 与过量氨水反应时，如果没有大量的 NH_4^+ 存在，并不生成氨配离子。Cu^{2+} 具有氧化性，与 I^- 反应，产物不是 CuI_2，而是白色的 CuI。卤化银难溶于水，但可利用形成配合物而使之溶解。黄绿色 Hg_2I_2 与过量 KI 反应时，发生歧化反应，生成 $[HgI_4]^{2-}$ 和 Hg。

三、仪器与试剂

1. 仪器

试管；离心管；酒精灯；离心机。

2. 试剂

NaOH($1mol \cdot L^{-1}$，$6mol \cdot L^{-1}$)；氨水($2mol \cdot L^{-1}$，$6mol \cdot L^{-1}$)；H_2SO_4($2mol \cdot L^{-1}$，$6mol \cdot L^{-1}$)；HNO_3($2mol \cdot L^{-1}$，$6mol \cdot L^{-1}$)；HCl($2mol \cdot L^{-1}$，$6mol \cdot L^{-1}$)；HAc($2mol \cdot L^{-1}$)；$CuSO_4$($0.1mol \cdot L^{-1}$)；$AgNO_3$($0.1mol \cdot L^{-1}$)；KI($0.1mol \cdot L^{-1}$)；$ZnSO_4$($0.2mol \cdot L^{-1}$)；$CdSO_4$($0.2mol \cdot L^{-1}$)；$Hg(NO_3)_2$($0.1mol \cdot L^{-1}$)；$Hg_2(NO_3)_2$($0.1mol \cdot L^{-1}$)；$SnCl_2$($0.1mol \cdot L^{-1}$)；NaCl($0.1mol \cdot L^{-1}$)；10%甲醛；$K_4[Fe(CN)_6]$($0.1mol \cdot L^{-1}$)；1%淀粉溶液。

四、实验内容

1. 铜和银化合物的性质

(1) 氢氧化物的生成和性质

① 向三支试管中分别加入10滴0.1mol·L^{-1} $CuSO_4$溶液，再分别滴加1mol·L^{-1} NaOH溶液至沉淀完全。然后向第一支试管中滴加2mol·L^{-1} H_2SO_4溶液；第二支试管中滴加过量的6mol·L^{-1} NaOH溶液；第三支试管于酒精灯上加热至固体变黑，再加入2mol·L^{-1} HCl。观察试管中各有何现象？写出反应方程式。

② 向两支试管中分别加入10滴0.1mol·L^{-1} $AgNO_3$溶液，再分别滴加1mol·L^{-1} NaOH溶液至沉淀完全。然后向第一支试管中滴加2mol·L^{-1} HNO_3溶液；第二支试管中加入过量的6mol·L^{-1} NaOH溶液，观察各有何现象？写出反应方程式。

(2) 氨合物的生成

取两支试管，一支加入10滴0.1mol·L^{-1} $CuSO_4$溶液，另一支加入10滴0.1mol·L^{-1} $AgNO_3$溶液，然后分别缓慢滴入2mol·L^{-1}氨水，边滴边振摇试管，观察沉淀的生成和溶解，写出反应方程式。

(3) 与碘化钾的反应

① 在离心管中滴入5滴0.1mol·L^{-1} $CuSO_4$溶液和10滴0.1mol·L^{-1} KI溶液，摇匀，离心分离，吸出上层清液，用淀粉检验上层清液中是否含有I_2，沉淀用水洗两次后，观察沉淀的颜色，写出反应式。

② 用0.1mol·L^{-1} $AgNO_3$溶液代替$CuSO_4$，重复①项实验，比较两者反应有何不同？

(4) 铜、银化合物的氧化还原性

① 在试管中加入10滴0.1mol·L^{-1} $CuSO_4$溶液，再加入过量6mol·L^{-1} NaOH溶液，振荡试管，然后加入10滴10%甲醛溶液，摇匀后在水浴上加热，观察沉淀颜色的变化。离心分离，用蒸馏水洗沉淀两次，然后向沉淀中滴加6mol·L^{-1} H_2SO_4溶液，振摇至沉淀溶解，观察沉淀颜色的变化，写出反应方程式。

② 在洁净的试管中加入1mL 0.1 mol·L^{-1} $AgNO_3$溶液，再加入2mol·L^{-1}氨水溶液，边加边振荡试管，至生成的沉淀溶解后再多滴加2滴。然后，滴加5滴10%甲醛溶液，摇匀后在60℃水浴中加热，观察现象。写出反应方程式。

(5) 铜离子的鉴定

取1滴待鉴定的铜溶液，加入1滴2mol·L^{-1} HAc溶液，再加入2滴0.1mol·L^{-1} $K_4[Fe(CN)_6]$溶液，有红棕色沉淀生成，在沉淀中加入6mol·L^{-1}氨水，沉淀溶解呈蓝色溶液，说明有Cu^{2+}存在。

2. 锌和汞化合物的性质

(1) 氢氧化物的生成和性质

① 向两支试管中各加入10滴0.2mol·L^{-1} $ZnSO_4$溶液，再分别滴加1～2滴1mol·L^{-1} NaOH溶液至沉淀完全（NaOH不要过量）。然后向第一支试管中滴加2mol·L^{-1} H_2SO_4溶液；第二支试管中滴加6mol·L^{-1} NaOH溶液，观察各有何现象？写出反应方程式。

② 向两支试管中各加入10滴0.1mol·L^{-1} $Hg(NO_3)_2$溶液，再分别加入5滴1mol·L^{-1} NaOH溶液，观察沉淀的颜色和形态。然后向第一支试管中滴加6mol·L^{-1} HNO_3溶液；第二支试管中滴加6mol·L^{-1} NaOH溶液，观察各有何现象？写出反应方程式。

③ 用0.1mol·L^{-1} $Hg_2(NO_3)_2$溶液替代$Hg(NO_3)_2$溶液，重复②项实验，比较两者有何不同？

(2) 氨合物的生成

① 向试管中加入10滴0.2mol·L^{-1} $ZnSO_4$溶液，缓慢滴入2mol·L^{-1}氨水，边滴边振

摇试管，观察沉淀的生成和溶解，写出反应方程式。

② 取两支试管，一支试管中加入 $HgCl_2$ 晶体少许，另一支试管中加入 Hg_2Cl_2 晶体少许，然后分别逐滴加入 2mol·L^{-1}氨水至过量，边滴边振摇试管，观察现象，注意两者的区别，写出反应方程式。

（3）锌、汞硫化物的生成和性质

① 往盛有 10 滴 0.2mol·L^{-1} $ZnSO_4$ 溶液的离心管中，加入 5 滴 1mol·L^{-1} Na_2S 溶液，观察沉淀的生成和颜色。将沉淀离心分离，在沉淀中加入 2mol·L^{-1} HCl 溶液，观察沉淀是否溶解，写出反应方程式。

② 取三支离心管，分别加入 10 滴 0.1mol·L^{-1} $Hg(NO_3)_2$ 溶液，再各加入 2 滴 1mol·L^{-1} Na_2S 溶液，观察沉淀的生成和颜色。将沉淀离心分离，第一支试管加入 2mol·L^{-1}盐酸，第二支试管中加入浓 HCl，第三支试管中加入王水[1]（自配），观察沉淀是否溶解，写出反应方程式。

（4）汞化合物与 KI 的反应

取两支试管，一支试管中加入 10 滴 0.1mol·L^{-1} $Hg(NO_3)_2$ 溶液，另一支试管中加入 10 滴 0.1mol·L^{-1} $Hg_2(NO_3)_2$ 溶液，然后分别逐滴加入 0.1mol·L^{-1} KI 溶液至过量，观察反应过程中两者变化的区别，写出反应方程式。

（5）汞化合物与 $SnCl_2$ 的反应

取两支试管，一支试管中加入 5 滴 0.1mol·L^{-1} $Hg(NO_3)_2$ 溶液，另一支试管中加入 5 滴 0.1mol·L^{-1} $Hg_2(NO_3)_2$ 溶液，然后各加入 0.1mol·L^{-1} NaCl 溶液，观察现象。再分别加入适量 6mol·L^{-1} HCl 溶液后，继续各加入 0.1mol·L^{-1} $SnCl_2$ 溶液，边加边振摇试管，观察现象，注意两者的区别，写出反应方程式。

五、注意事项

1. Fe^{3+} 能与 $K_4[Fe(CN)_6]$ 反应生成蓝色沉淀，此沉淀对鉴定 Cu^{2+} 会产生干扰，因此常需要预先除去 Fe^{3+}。除去的方法是先加入氨水，使 Fe^{3+} 生成氢氧化铁沉淀，而 Cu^{2+} 则与氨水形成可溶性配合物留在溶液中。

2. 涉及汞的实验毒性较大，做好回收工作。

六、思考题

1. Cu(Ⅰ) 和 Cu(Ⅱ) 稳定存在和转化的条件是什么？

2. 试设计区分 $HgCl_2$ 和 Hg_2Cl_2 的实验方法。

3. 使用汞时应注意什么？为什么储存汞时要用水封？

（杨旭曙）

[1] 王水的配比为三份浓 HCl 加一份浓 HNO_3。

实验十三　d区元素的性质Ⅱ

一、实验目的

1. 掌握低氧化态铬和锰的还原性，高氧化态铬和锰的氧化性。
2. 掌握铬和锰各种氧化态化合物之间的转化条件。
3. 掌握铁、钴、镍化合物的氧化还原性和配位性。
4. 掌握 Mn^{2+}、Fe^{2+}、Fe^{3+}、Co^{2+}、Ni^{2+} 的鉴定。

二、实验原理

铬和锰分别属于第四周期中的ⅥB族和ⅦB族。它们的原子结构极其相近，次外层 d 能级均为半充满状态。铬和锰的高氧化值化合物的氧化性较强。

向 Cr^{3+} 盐溶液中加碱可以生成蓝灰色的 $Cr(OH)_3$ 沉淀。这是一种两性氢氧化物，既溶于酸也溶于碱，无论是 Cr^{3+} 或亚铬酸盐在水溶液中都有水解作用。Cr^{3+} 有很强的生成配合物的能力。在碱性溶液中，CrO_2^- 还原性较强，可被 H_2O_2、Cl_2、Br_2 等氧化为 CrO_4^{2-}。重铬酸盐在酸性溶液中是强氧化剂，例如在酸溶液中 K_2CrO_7 可以氧化 H_2S、H_2SO_3、Fe^{2+} 和 HI。在重铬酸盐的水溶液中存在铬酸根与重铬酸根离子间的平衡，除了加酸或加碱可以使平衡移动外，向这个溶液中加入 Ba^{2+}、Pb^{2+} 或 Ag^+ 都能使平衡移动，因为这些离子的铬酸盐均为难溶盐，且溶度积较小。

锰可以表现为＋2、＋3、＋4、＋6、＋7 多种氧化态，其中以＋2、＋4、＋7 氧化态的化合物较重要。在碱性溶液中，Mn^{2+} 易被空气中的氧气所氧化。在 Mn^{2+} 溶液中，加入强碱，可得到白色的 Mn $(OH)_2$ 沉淀。它在碱性介质中很不稳定，与空气接触，即被氧化为棕色的 $MnO(OH)_2$ 沉淀。把 Mn^{2+} 氧化成 MnO_4^- 较困难，但是某些极强的氧化剂如过硫酸铵、铋酸钠等在酸性溶液中是可以进行的。这些反应是 Mn^{2+} 的特征反应，常利用紫红色的 MnO_4^- 出现来检验溶液中微量 Mn^{2+} 的存在。高锰酸钾是一种很强的氧化剂，可以氧化 Fe^{2+}、$C_2O_4^{2-}$、Cl^-、I^- 等。在酸性溶液中还原产物为 Mn^{2+}，在微酸性、中性和微碱性溶液中，还原产物为褐色 MnO_2 沉淀，在强碱性溶液中，则生成绿色锰酸盐。

铁族元素属Ⅷ族，包括铁、钴、镍三种元素。由于它们是同一周期的相邻元素，其原子结构相似（$[Ar]3d^{6\sim8}4s^2$）、原子半径相近（115～117pm），故它们的很多物理和化学性质相似（表 13-1）。

铁族元素的阳离子是配合物的较好形成体，能形成很多配合物。因 Fe^{3+}、Fe^{2+} 与 OH^- 的结合能力较强，它们在氨水中形成稳定的氨合离子较难。由于配合物的形成，使溶解度和颜色等性质发生改变，常用于离子的分析和鉴定。例如，无色 $[FeF_6]^{3-}$ 的形成可以“掩蔽” Fe^{3+}，避免形成 $Fe(OH)_3$ 沉淀或棕红色 $[Fe(OH)_n]^{3-n}$ 离子的干扰；血红色 $[Fe(NCS)_n]^{3-n}$ 的形成可用于鉴定 Fe^{3+}；蓝色 $[Co(NCS)_4]^{2-}$ 的形成可用于鉴定 Co^{2+}；丁二肟与 Ni^{2+} 形成鲜红色螯合物沉淀可用于鉴定 Ni^{2+}。

表 13-1 铁、钴、镍氢氧化物的性质

还原性增强 ←

$Fe(OH)_2$	$Co(OH)_2$	$Ni(OH)_2$
白色	粉红色	绿色
难溶于水	难溶于水	难溶于水
$Fe(OH)_3$	$Co(OH)_3$	$Ni(OH)_3$
棕红色	棕色	黑色
难溶于水	难溶于水	难溶于水

→ 氧化性增强

三、仪器与试剂

1. 仪器

试管；试管架；酒精灯。

2. 试剂

HCl($2mol\cdot L^{-1}$，浓)；HNO_3($6mol\cdot L^{-1}$)；H_2SO_4($1mol\cdot L^{-1}$，$2mol\cdot L^{-1}$，$6mol\cdot L^{-1}$，浓)；NaOH($2mol\cdot L^{-1}$，$6mol\cdot L^{-1}$)；浓 $NH_3\cdot H_2O$；$NaBiO_3$(s)；KSCN(s)；NH_4Cl(s)；$(NH_4)_2Fe(SO_4)_2$(s)；MnO_2(s)；$Cr_2(SO_4)_3$($0.1mol\cdot L^{-1}$)；3% H_2O_2；$K_2Cr_2O_7$($0.1mol\cdot L^{-1}$)；$NaNO_2$($0.2mol\cdot L^{-1}$)；K_2CrO_4($0.1mol\cdot L^{-1}$)；$AgNO_3$($0.1mol\cdot L^{-1}$)；$Pb(NO_3)_2$($0.1mol\cdot L^{-1}$)；$BaCl_2$($0.1mol\cdot L^{-1}$)；$MnSO_4$($0.2mol\cdot L^{-1}$)；Na_2SO_3($0.1mol\cdot L^{-1}$)；$KMnO_4$($0.01mol\cdot L^{-1}$)；NH_4Cl($2mol\cdot L^{-1}$)；$(NH_4)_2Fe(SO_4)_2$($2mol\cdot L^{-1}$)；$CoCl_2$($0.2mol\cdot L^{-1}$)；$NiSO_4$($0.2mol\cdot L^{-1}$)；$FeCl_3$($0.2mol\cdot L^{-1}$)；KI($0.2mol\cdot L^{-1}$)；$K_3[Fe(CN)_6]$($0.5mol\cdot L^{-1}$)；$K_4[Fe(CN)_6]$($0.5mol\cdot L^{-1}$)；KCNS($0.5mol\cdot L^{-1}$)；溴水；CCl_4(l)；丙酮；戊醇；1%丁二肟；淀粉碘化钾试纸；pH 试纸。

四、实验内容

1. 铬的化合物

(1) 氢氧化铬(Ⅲ) 的生成与性质

取 0.5mL $0.1mol\cdot L^{-1}$ 的 $Cr_2(SO_4)_3$ 溶液于试管中，逐滴加入 $2mol\cdot L^{-1}$ NaOH 溶液直至沉淀生成。用实验证明此沉淀具有两性性质，观察现象，写出有关反应式。

(2) 铬(Ⅲ) 化合物的还原性

取 5 滴 $0.1mol\cdot L^{-1}$ 的 $Cr_2(SO_4)_3$ 溶液于试管中，滴入 $6mol\cdot L^{-1}$ NaOH 溶液直至生成的沉淀又溶解为止。然后，滴入数滴 3% H_2O_2 溶液，在水浴中加热，观察溶液颜色的变化，写出有关反应式。

(3) 铬(Ⅵ) 化合物的氧化性

取 5 滴 $0.1mol\cdot L^{-1}$ 的 $K_2Cr_2O_7$ 溶液于试管中，滴入 2 滴 $2mol\cdot L^{-1}$ 的 H_2SO_4 溶液酸化。然后，滴入数滴 $0.2mol\cdot L^{-1}$ $NaNO_2$ 溶液，观察溶液颜色的变化，写出反应式。

(4) 铬酸根离子和重铬酸根离子在溶液中的平衡与转化

取一支试管，滴加 5 滴 $0.1mol\cdot L^{-1}$ 的 $K_2Cr_2O_7$ 溶液，滴入 2 滴 $2mol\cdot L^{-1}$ NaOH 溶液

使呈碱性，观察溶液颜色有何变化？再滴入 $2mol\cdot L^{-1}$ 的 H_2SO_4 使呈酸性，溶液颜色又有何变化？写出反应式，用平衡移动原理解释。

(5) 铬酸盐的生成

在三支试管中，分别加入 5 滴 $0.1mol\cdot L^{-1}$ K_2CrO_4 溶液，再分别加入 3 滴 $0.1mol\cdot L^{-1}$ $AgNO_3$、$0.1mol\cdot L^{-1}$ $BaCl_2$、$0.1mol\cdot L^{-1}$ $Pb(NO_3)_2$ 溶液，观察沉淀颜色，写出反应式。

按上述用量，用 $K_2Cr_2O_7$ 溶液和 $0.1mol\cdot L^{-1}$ $BaCl_2$ 溶液反应，有什么现象？用 pH 试纸检测反应前后溶液 pH 值的变化。试用 CrO_4^{2-} 与 $Cr_2O_7^{2-}$ 间的平衡关系及平衡移动来说明这一实验结果并写出反应式。

2. 锰的化合物

(1) $Mn(OH)_2$ 的生成与性质

往 2mL $0.2mol\cdot L^{-1}$ $MnSO_4$ 溶液中，逐滴滴入 $2mol\cdot L^{-1}$ NaOH 溶液使呈碱性，观察沉淀的生成，写出反应式。将沉淀分成四份分别进行如下实验操作。

① 振荡，静置，有何变化？

② 滴加 $2mol\cdot L^{-1}$ 的 HCl 使呈酸性，有何变化？

③ 滴加 $2mol\cdot L^{-1}$ NaOH 溶液，观察现象。

④ 加入 $2mol\cdot L^{-1}$ NH_4Cl 溶液，沉淀是否溶解？写出反应式。

(2) Mn^{2+} 的还原性

取 5 滴 $0.2mol\cdot L^{-1}$ $MnSO_4$ 溶液于一支试管中，加入 5 滴 $6mol\cdot L^{-1}$ 的 HNO_3 溶液酸化，再加少量 $NaBiO_3$ 固体，微热，观察溶液颜色的变化，写出反应式。此法可鉴定 Mn^{2+} 的存在。

(3) 二氧化锰的生成与性质

① 往数滴 $0.01mol\cdot L^{-1}$ $KMnO_4$ 溶液中逐滴加入 $0.2mol\cdot L^{-1}$ $MnSO_4$ 溶液，观察现象，写出反应式。

② 往上述试管中滴入数滴 $1mol\cdot L^{-1}$ 的 H_2SO_4，再逐滴加入 $0.1mol\cdot L^{-1}$ 的 Na_2SO_3 溶液，观察现象，写出反应式。

③ 在盛有少量 MnO_2 固体的试管中加入 2mL 浓 H_2SO_4，加热，观察反应前后的颜色和状态，有何气体产生？写出反应式。

(4) 高锰酸钾的氧化性

在三支试管中，各加入 10 滴 $0.1mol\cdot L^{-1}$ Na_2SO_3 溶液，然后分别加入 $2mol\cdot L^{-1}$ H_2SO_4、$6mol\cdot L^{-1}$ NaOH 和蒸馏水各 10 滴，再各滴入 $0.01mol\cdot L^{-1}$ $KMnO_4$ 溶液 2 滴，观察各试管中的现象，比较 $KMnO_4$ 溶液在不同酸碱性介质中的还原产物，写出有关反应式。

3. 铁(Ⅱ)、钴(Ⅱ)、镍(Ⅱ) 化合物的还原性

(1) Fe^{2+} 的还原性

往盛有 0.5mL 溴水的试管中加入 $6mol\cdot L^{-1}$ H_2SO_4 溶液 3～4 滴，然后逐滴加入 $2mol\cdot L^{-1}$ $(NH_4)_2Fe(SO_4)_2$ 溶液，观察现象，写出反应式。

(2) 氢氧化亚铁的生成和还原性

在一支试管中加入 1mL 蒸馏水，再加 2 滴 $2mol\cdot L^{-1}$ H_2SO_4 溶液，煮沸（除去空气），然后加入少量硫酸亚铁铵晶体，振摇使之完全溶解；另取一试管，加入 1mL $6mol\cdot L^{-1}$ NaOH 溶液，煮沸冷却后，用长滴管吸取此 NaOH 溶液，插入前一支试管底部，慢慢放出

NaOH 溶液（整个操作都要避免将空气带入溶液中），观察 $Fe(OH)_2$ 沉淀的生成与颜色，振荡后静置，观察沉淀颜色的变化（留待下面实验用），写出反应式。

（3）钴(Ⅱ)、镍(Ⅱ）化合物的还原性

在两支试管中，分别加入 5 滴 0.2mol·L^{-1} $CoCl_2$ 溶液，再各滴入 2mol·L^{-1} NaOH 溶液 3 滴，观察沉淀的生成；然后，在一支试管中加入溴水（此管留待下面实验用），另一支试管静置于空气中，观察变化情况，写出反应式。

用 $NiSO_4$ 溶液代替 $CoCl_2$ 溶液，重复上述实验，比较两者有何不同？

4. 铁(Ⅲ)、钴(Ⅲ)、镍(Ⅲ）化合物的氧化性

（1）在上面实验保留下来的铁、钴、镍氢氧化物沉淀里，各加入 5 滴浓 HCl，振荡后用湿的淀粉碘化钾试纸检验所放出的气体，写出有关反应式。

（2）在试管中加入 5 滴 0.2mol·L^{-1} $FeCl_3$ 溶液和 3 滴 0.2mol·L^{-1} KI 溶液，再加入 10 滴 CCl_4 充分振荡后，静置，观察 CCl_4 层的颜色，写出反应式。

5. 铁、钴、镍配合物的生成

（1）铁的配合物

① 在试管中加入 1mL 蒸馏水，再加入极少量的硫酸亚铁铵晶体，溶解后，加 2 滴 0.5mol·L^{-1} $K_3[Fe(CN)_6]$ 溶液，观察现象，写出反应式。这是鉴定 Fe^{2+} 的特征反应。

② 在两支试管中，各加入 1mL 蒸馏水，4 滴 0.2mol·L^{-1} $FeCl_3$ 溶液和 2 滴 2mol·L^{-1} 硫酸酸化，然后在一支试管中加入 0.5mol·L^{-1} $K_4[Fe(CN)_6]$ 溶液 2 滴，在另一支试管中加入 0.5mol·L^{-1} KSCN 溶液 2 滴，振摇后，观察现象，分别写出反应式。这是鉴定 Fe^{3+} 的特征反应。

③ 取 0.5mol·L^{-1} $K_3[Fe(CN)_6]$ 溶液 10 滴于一支试管中，滴加 2mol·L^{-1} NaOH 溶液数滴，是否有 $Fe(OH)_3$ 沉淀产生？为什么？

（2）钴的配合物

取 1mL 0.2mol·L^{-1} $CoCl_2$ 溶液于试管中，小心加入少量的 KSCN 固体（不振摇），观察固体周围的颜色，再加入 1mL 丙酮或 1mL 戊醇振摇，观察水相和有机相的颜色。

取 5 滴 0.2mol·L^{-1} $CoCl_2$ 溶液于试管中，加入少量固体 NH_4Cl 振摇至溶解。然后滴入浓氨水，边滴边振荡，至生成的沉淀刚好溶解为止，静置一段时间，观察溶液颜色有何变化，写出反应式。

（3）镍的配合物

取 5 滴 0.2mol·L^{-1} $NiSO_4$ 溶液于试管中，逐滴加入浓氨水，观察现象，写出反应式。然后滴加几滴丁二肟试剂，是否有鲜红色沉淀生成？这是鉴定 Ni^{2+} 的特征反应。

五、注意事项

硫酸亚铁铵溶于水时，必须先加酸进行酸化，再加硫酸亚铁铵晶体溶解，否则 Fe^{2+} 易水解。

六、思考题

1. 总结铬的各种氧化态之间相互转化的条件，注明反应是在何种介质中进行的，何者是氧化剂，何者是还原剂。

2. 绘出表示锰的各种氧化态之间相互转化的示意图，注明反应是在什么介质中进行的，何者是氧化剂，何者是还原剂。

3. 你所用过的试剂中，有几种可以将 Mn^{2+} 氧化为 MnO_4^-？在由 Mn^{2+} 转化为 MnO_4^- 的反应中，为什么要控制 Mn^{2+} 的量？

4. 在碱性介质中，氯水（或溴水）能把二价钴氧化成三价钴，而在酸性介质中，三价钴又能把氯离子氧化成氯气，二者有无矛盾？为什么？

5. 怎样鉴定 Fe^{3+}、Co^{2+}、Ni^{2+}？

（程宝荣）

实验十四　常见无机阳离子的鉴别

一、实验目的

1. 掌握系统分析法对常见阳离子进行分组分离的原理和方法。
2. 掌握阳离子分离、鉴定的基本流程与操作。

二、实验原理

离子鉴别是指通过化学方法确定样品中某种元素或离子是否存在。离子的鉴别反应通常选择在水溶液进行，反应均要求具有高度的选择性，灵敏迅速且现象明显。

在样品成分分析中常涉及多种离子的混合溶液检测，由于离子间相互干扰，往往难以直接鉴定混合物中的某一种离子。因此对于混合组分，需要先分离再鉴别，有时还需对干扰离子进行掩蔽。

常见阳离子有二十余种，在进行分离鉴别时，为避免个别检出时的相互干扰，通常先利用阳离子的某些共同特性进行分组，然后再根据阳离子的个别特性加以鉴别。将能使一组阳离子在适当的反应条件下生成沉淀而与其他组阳离子分离的试剂称为组试剂，利用不同的组试剂就可以将阳离子按组分离并依次检出，这种方法称为阳离子系统分析法。在阳离子系统分离中利用不同的组试剂可以得到多种分组方案。本实验将以 HCl、H_2SO_4、$NH_3 \cdot H_2O$、NaOH、$(NH_4)_2S$ 为组试剂的两酸三碱系统分析法对未知混合离子溶液进行分离和鉴别。此法将常见的二十余种阳离子分为六组。

第一组（易溶组）：Na^+，NH_4^+，Mg^{2+}，K^+

第二组（氯化物组）：Ag^+，Hg_2^{2+}，Pb^{2+}

第三组（硫酸盐组）：Ba^{2+}，Ca^{2+}，Pb^{2+}

第四组（氨合物组）：Cu^{2+}，Cd^{2+}，Zn^{2+}，Co^{2+}，Ni^{2+}

第五组（两性组）：Al^{3+}，Cr^{3+}，Sb(Ⅲ、Ⅴ)，Sn(Ⅱ、Ⅳ)

第六组（氢氧化物组）：Fe^{2+}，Fe^{3+}，Bi^{3+}，Mn^{2+}，Hg^{2+}

用系统分析法分析阳离子时，须按照特定的顺序加入组试剂，将离子逐组沉淀，其流程见图 14-1，具体分离和鉴定方法如下。

1. 第一组（易溶组）阳离子的鉴别

本组阳离子包括 NH_4^+、K^+、Na^+、Mg^{2+}，它们的盐大多数可溶于水，没有一种共同的试剂可以作为组试剂，而是采用个别鉴定的方法，将它们加以检出。

(1) NH_4^+ 的鉴定

参见实验十一。在试管中加入 1 滴 0.1mol·L^{-1} $Hg(NO_3)_2$ 溶液，逐滴加入 0.1mol·L^{-1} KI 溶液至沉淀溶解，然后加入 10 滴 6mol·L^{-1} NaOH，即得到奈斯勒试剂。取 2 滴 0.1mol·L^{-1} NH_4Cl 于点滴板上，滴加 2 滴奈斯勒试剂，观察是否有红棕色沉淀产生。

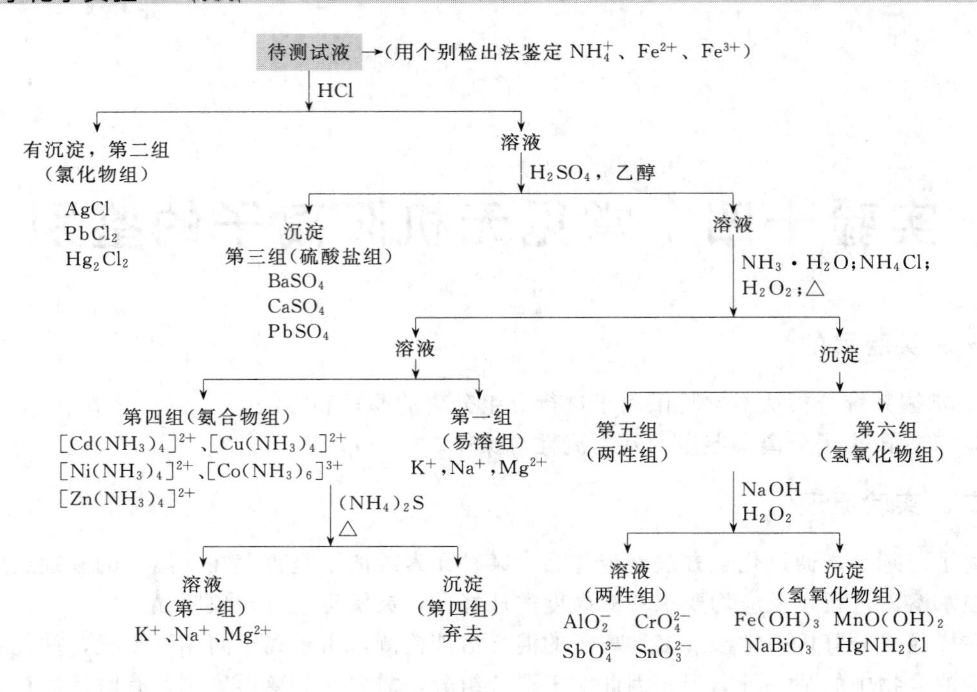

图 14-1 常见无机阳离子鉴定基本流程

(2) K^+ 的鉴定

取试液 3～4 滴，加入 4～5 滴 $Na_3[Co(NO_2)_6]$ 溶液，用玻棒搅拌，并摩擦试管内壁，片刻后，如有黄色沉淀生成，示有 K^+ 存在。NH_4^+ 与 $Na_3[Co(NO_2)_6]$ 作用也能生成黄色沉淀，干扰 K^+ 的鉴定，应预先用灼烧法除去。

(3) Na^+ 的鉴定

取试液 3～4 滴，加 $6mol \cdot L^{-1}$ HAc 1 滴及醋酸铀酰锌溶液 7～8 滴，用玻璃棒在试管内壁摩擦，如有黄色晶体沉淀，表示有 Na^+ 存在。

(4) Mg^{2+} 的鉴定

取试液 1 滴，加入 $6mol \cdot L^{-1}$ NaOH 及镁试剂各 1～2 滴，搅匀后，如有天蓝色沉淀生成，表示有 Mg^{2+} 存在。

2. 第二组（氯化物组）阳离子的鉴别

本组阳离子包括 Ag^+、Hg_2^{2+}、Pb^{2+}，它们的氯化物难溶于水，其中 $PbCl_2$ 可溶于 NH_4Ac 和热水中，而 AgCl 可溶于 $NH_3 \cdot H_2O$ 中，因此检出这三种离子时，可先把这些离子沉淀为氯化物，然后再进行鉴定反应。

取分析试液 20 滴，加入 $2mol \cdot L^{-1}$ HCl 至沉淀完全（若无沉淀，表示无本组阳离子存在），离心分离。沉淀用 $1mol \cdot L^{-1}$ HCl 数滴洗涤后按下法鉴定 Ag^+、Hg_2^{2+}、Pb^{2+} 的存在（离心液保留作其他离子的分离鉴定用）。

(1) Pb^{2+} 的鉴定

将上面得到的沉淀加入 $3mol \cdot L^{-1}$ NH_4Ac 溶液 5 滴，在水浴中加热搅拌，趁热离心分离，在离心液中加入 $K_2Cr_2O_7$ 或 K_2CrO_4 溶液 2～3 滴，黄色沉淀表示有 Pb^{2+} 存在。沉淀用 $3mol \cdot L^{-1}$ NH_4Ac 溶液数滴加热洗涤除去 Pb^{2+}，离心分离后，保留沉淀作 Ag^+ 和 Hg_2^{2+} 的鉴定。

(2) Ag^+ 和 Hg_2^{2+} 的分离和鉴定

取上面保留的沉淀，滴加 $NH_3 \cdot H_2O$ 5～6 滴，不断搅拌，沉淀变为灰黑色，表示有 Hg_2^{2+} 存在。

离心分离，在离心液中滴加 HNO_3 酸化，如有白色沉淀产生，表示有 Ag^+ 存在。

3. 第三组（硫酸盐组）阳离子的分析

第三组阳离子包括 Ba^{2+}、Ca^{2+}、Pb^{2+}，其硫酸盐在水中的溶解度差异较大，Ba^{2+} 能立即析出 $BaSO_4$ 沉淀，Pb^{2+} 比较缓慢地生成 $PbSO_4$ 沉淀，$CaSO_4$ 溶解度稍大，Ca^{2+} 只有在浓的 Na_2SO_4 溶液中生成 $CaSO_4$ 沉淀，但加入乙醇后溶解度显著降低。

虽然 $BaSO_4$ 的溶解度小于 $BaCO_3$，但经饱和 Na_2CO_3 加热处理后大部分 $BaSO_4$ 也可转化为 $BaCO_3$，这三种离子的碳酸盐都能溶于 HAc 中。

第三组阳离子与可溶性草酸盐如 $(NH_4)_2C_2O_4$ 作用生成白色沉淀，其中 BaC_2O_4 的溶解度较大，能溶于 HAc。在 EDTA 存在时（pH 为 4.5～5.5 条件下），Ca^{2+} 仍可与 $C_2O_4^{2-}$ 生成 CaC_2O_4 沉淀，而 Pb^{2+} 因与 EDTA 生成稳定的配合物而不能产生沉淀，利用这个性质可以使 Pb^{2+} 和 Ca^{2+} 分离。

取 Ba^{2+}、Ca^{2+}、Pb^{2+} 混合试液 20 滴（或上面分离第二组后保留的溶液）在水浴中加热，逐滴加入 $1mol \cdot L^{-1}$ H_2SO_4 溶液至沉淀完全，再过量滴入硫酸溶液数滴（若无沉淀，表示无本组离子存在），加入 95% 乙醇 4～5 滴，静置 3～5min，冷却后离心分离（离心液保留作其他组阳离子的分析）。沉淀用硫酸乙醇溶液（10 滴 $1mol \cdot L^{-1}$ H_2SO_4 溶液加入乙醇3～4 滴）洗涤 1～2 次后，弃去洗涤液，在沉淀中加入 $3mol \cdot L^{-1}$ NH_4Ac 溶液 7～8 滴，加热搅拌，离心分离，离心液按第二组鉴定 Pb^{2+} 的方法鉴定 Pb^{2+} 的存在。

沉淀中加入 10 滴饱和 Na_2CO_3 溶液，置沸水浴中加热搅拌 1～2min，离心分离，弃去离心液，沉淀再用饱和 Na_2CO_3 同样处理 2 次后，用约 10 滴蒸馏水洗涤一次，弃去洗涤液，沉淀用数滴 HAc 溶解后，加入 $NH_3 \cdot H_2O$ 调节 pH=4～5，加入 $K_2Cr_2O_7$ 2～3 滴，加热搅拌，生成黄色沉淀，表示有 Ba^{2+} 存在。

离心分离，在离心液中，加入饱和 $(NH_4)_2C_2O_4$ 溶液 2～3 滴，温热后，慢慢生成白色沉淀，表示有 Ca^{2+} 存在。

4. 第四组（氨合物组）阳离子的分析

氨合物组阳离子包括 Cu^{2+}、Cd^{2+}、Zn^{2+}、Co^{2+}、Ni^{2+} 等离子，它们和过量的氨水都能生成相应的氨合物，故本组称为氨合物组。Fe^{3+}、Al^{3+}、Mn^{2+}、Cr^{3+}、Bi^{3+}、Sb^{3+}、Sn^{2+}、Sn^{4+}、Hg^{2+} 等离子在过量氨水中因生成氢氧化物沉淀而与本组阳离子分离（Hg^{2+} 在大量铵离子存在时，将和氨水形成汞氨配离子 $[Hg(NH_3)_4]^{2+}$ 而进入氨合物组）。由于 $Al(OH)_3$ 是典型的两性氢氧化物，能部分溶解在过量氨水中，因此加入铵盐如 NH_4Cl 使 OH^- 的浓度降低，可以防止 $Al(OH)_3$ 的溶解。但是由于降低了 OH^- 的浓度，Mn^{2+} 也不能形成氢氧化物沉淀，如在溶液中加入 H_2O_2，则 Mn^{2+} 可被氧化而生成溶解度小的 $MnO(OH)_2$ 棕色沉淀。因此本组阳离子的分离条件为：在适量 NH_4Cl 存在时，加入过量氨水和适量 H_2O_2，这时本组阳离子因形成氨合物而和其他阳离子分离。

取本组混合试液 20 滴（或上面分离第三组后保留的离心液），加入 $3mol \cdot L^{-1}$ NH_4Cl 2 滴，3% H_2O_2 3～4 滴，用浓氨水碱化后，在水浴中加热，再滴加浓氨水，每加一滴即搅拌，注意有无沉淀生成，如有沉淀，再加入浓氨水并过量 4～5 滴，搅拌后注意沉淀是否溶解（如果沉淀溶解或氨水碱化时不生成沉淀，则表示 Bi^{3+}、Sb^{3+}、Sn^{2+}、Cr^{3+}、Fe^{3+}、

Al^{3+}等离子不存在），继续在水浴中加热 1min，取出，冷却后离心分离（沉淀保留作其他组阳离子的分析），离心液按下法鉴定Cu^{2+}、Cd^{2+}、Co^{2+}、Ni^{2+}、Zn^{2+}等离子。

(1) Cu^{2+}的鉴定

取离心液 2～3 滴，加入 HAc 酸化后，加入$K_4[Fe(CN)_6]$溶液 1～2 滴，生成红棕色沉淀，表示有Cu^{2+}存在。

(2) Co^{2+}的鉴定

取离心液 2～3 滴，用 HCl 酸化，加入新配制的$SnCl_2$ 2～3 滴，饱和NH_4SCN溶液2～3 滴，戊醇 5～6 滴，搅拌后，有机层显蓝色，表示有Co^{2+}存在。

(3) Ni^{2+}的鉴定

取离心液 2 滴，加二乙酰二肟溶液 1 滴，戊醇 5 滴，搅拌后，出现红色，表示有Ni^{2+}存在。

(4) Zn^{2+}、Cd^{2+}的分离和鉴定

取离心液 15 滴，在沸水浴中加热近沸，加入$(NH_4)_2S$溶液 5～6 滴，搅拌，加热至沉淀凝聚再继续加热 3～4min，离心分离（离心液可保留用来鉴定第一组阳离子K^+、Na^+、Mg^{2+}的存在）。

沉淀用 0.1mol·L^{-1} NH_4Cl溶液数滴洗涤 2 次，离心分离，弃去洗涤液，在沉淀中加入 2mol·L^{-1} HCl 4～5 滴，充分搅拌片刻，离心分离，将离心液在沸水中加热，除尽H_2S后，用 6mol·L^{-1} NaOH 碱化并过量 2～3 滴，搅拌，离心分离。

取离心液 5 滴加入二苯硫腙 10 滴，搅拌，并在水浴中加热，水溶液呈粉红色，表示有Zn^{2+}存在。

沉淀用蒸馏水数滴洗涤 1～2 次后，离心分离，弃去洗涤液，沉淀用 2mol·L^{-1} HCl 3～4 滴搅拌溶解，然后加入等体积的饱和H_2S溶液，如有黄色沉淀生成，表示有Cd^{2+}存在。

5. 第五组（两性组）和第六组（氢氧化物组）阳离子的分析

第五组（两性组）阳离子有 Al、Cr、Sb、Sn 等元素的离子，第六组（氢氧化物组）阳离子有 Fe、Mn、Bi、Hg 等元素的离子。这两组的阳离子主要存在于分离第四组（氨合物组）后的沉淀中，利用 Al、Cr、Sb、Sn 的氢氧化物的两性性质，用过量碱可将这两组的元素分离。

(1) 第五组（两性组）和第六组（氢氧化物组）阳离子的分离

取第五、六两组混合试液 20 滴在水浴中加热，加入 3mol·L^{-1}NH_4Cl 2 滴，3% H_2O_2 3～4 滴，逐滴加入浓氨水至沉淀完全，离心分离弃去离心液。

在所得的沉淀（或分离第四组阳离子后保留的沉淀）中加入 3% H_2O_2 3～4 滴，6mol·L^{-1} NaOH 溶液 15 滴，搅拌后，在沸水浴中加热搅拌 3～5min，使CrO_2^-氧化为CrO_4^{2-}并破坏过量的H_2O_2，离心分离，离心液作鉴定第五组阳离子用，沉淀作第六组阳离子用。

(2) 第五组阳离子Cr^{3+}、Al^{3+}、Sb(Ⅴ)、Sn(Ⅳ)的鉴定

① Cr^{3+}的鉴定　取离心液 2 滴，加入乙醚 5 滴，逐滴加入浓HNO_3酸化，加 3% H_2O_2 2～3 滴，振荡试管，乙醚层出现蓝色，表示有Cr^{3+}存在。

② Al^{3+}、Sb(Ⅴ) 和 Sn(Ⅳ) 将剩余离心液用H_2SO_4酸化，然后用氨水碱化并多加几滴，离心分离，弃去离心液，沉淀用 0.1mol·L^{-1} NH_4Cl数滴洗涤，加入 3mol·L^{-1} NH_4Cl及浓NH_3水各 2 滴，$(NH_4)_2S$溶液 7～8 滴，在水浴中加热至沉淀凝聚，离心分离。

沉淀用含数滴 0.1mol·L^{-1} NH_4Cl溶液洗涤 1～2 次后，加入H_2SO_4 2～3 滴，加热使

沉淀溶解，然后加入 $3mol \cdot L^{-1}$ NaAc 溶液 3 滴，铝试剂溶液 2 滴，搅拌，在沸水浴中加热 1～2min，如有红色絮状沉淀出现，表示有 Al^{3+} 存在。

③ 离心液用 HCl 逐滴中和至呈酸性后，离心分离，弃去离心液。在沉淀中加入浓 HCl 15 滴，在沸水浴中加热充分搅拌，除尽 H_2S 后，离心分离弃去不溶物（可能为硫），离心液供鉴定 Sb 和 Sn 用。

取上述离心液 10 滴，加入 Al 片或少许 Mg 粉，在水浴中加热使之溶解完全后，再加浓盐酸 1 滴，加 $HgCl_2$ 溶液 2 滴，搅拌，若有白色或灰黑色沉淀析出，表示有 Sn(Ⅳ)存在。

取上述离心液 1 滴，于光亮的锡箔上放置约 2～3min，如锡片上出现黑色斑点，表示有 Sb(Ⅴ) 存在。

(3) 第六组阳离子的鉴定。

取第五组步骤 (1) 中所得的沉淀，加入 $3mol \cdot L^{-1}$ H_2SO_4 10 滴，3% H_2O_2 2～3 滴，在充分搅拌下，加热 3～5min，以溶解沉淀和破坏过量的 H_2O_2，离心分离，弃去不溶物，离心液供下面 Mn^{2+}、Bi^{3+} 和 Hg^{2+} 的鉴定。

① Mn^{2+} 的鉴定　取离心液 2 滴，加入 HNO_3 数滴，加入少量 $NaBiO_3$ 固体（约火柴头大小），搅拌，离心沉降，如溶液呈现紫红色，表示有 Mn^{2+} 存在。

② Bi^{3+} 的鉴定　取离心液 2 滴，加入亚锡酸钠溶液（自己配制）数滴，若有黑色沉淀，表示有 Bi^{3+} 存在。

③ Hg^{2+} 的鉴定　取离心液 2 滴，加入新鲜配制的 $SnCl_2$ 数滴，白色或灰黑色沉淀析出，表示有 Hg^{2+} 存在。

④ Fe^{3+} 的鉴定　取离心液 1 滴，加入 KSCN 溶液，如溶液显红色，表示有 Fe^{3+} 存在。

三、仪器与试剂

1. 仪器

离心机；烧杯；酒精灯；试管。

2. 试剂

HCl($2mol \cdot L^{-1}$)；HNO_3($6mol \cdot L^{-1}$)；浓 HNO_3；HAc($6mol \cdot L^{-1}$)；H_2SO_4($1mol \cdot L^{-1}$、$3mol \cdot L^{-1}$)；$NH_3 \cdot H_2O$($6mol \cdot L^{-1}$，浓)；浓 $NH_3 \cdot H_2O$；NaOH($6mol \cdot L^{-1}$)；$K_2Cr_2O_7$($0.1mol \cdot L^{-1}$)；K_2CrO_4($0.1mol \cdot L^{-1}$)；$K_4[Fe(CN)_6]$($0.1mol \cdot L^{-1}$)；$SnCl_2$($0.1mol \cdot L^{-1}$)；KNCS($0.1mol \cdot L^{-1}$)；$HgCl_2$($0.1mol \cdot L^{-1}$)；KNCS(饱和)；NH_4Ac($3mol \cdot L^{-1}$)；NaAc($3mol \cdot L^{-1}$)；NH_4Cl($3mol \cdot L^{-1}$)；$(NH_4)_2S$($6mol \cdot L^{-1}$)；H_2O_2(3%)；H_2S(饱和)；乙醇(95%)；戊醇；二乙酰二肟；二苯硫腙；乙醚；丙酮；铝试剂；镁试剂；pH 试纸。

四、实验内容

抽签领取未知离子的混合溶液一份，自行设计方案，鉴定混合物中的阳离子成分。

五、注意事项

实验前应先设计好方案，并以简图形式表示，详细注明试剂名称、用量以及实验条件。

六、思考题

1. 在分离五、六组离子时，加入过量 NaOH、H_2O_2 以及加热的作用是什么？
2. 以 NH_4SCN 法鉴定 Co^{2+} 时，Fe^{3+} 的存在有无干扰？如有干扰，应如何消除？
3. 从氨合物组中鉴定 Co^{2+} 时，为什么先要加 HCl 酸化，并加入数滴 $SnCl_2$ 溶液？

（许贯虹）

实验十五　常见无机阴离子的鉴别

一、实验目的

1. 学习常见阴离子的基本性质。
2. 掌握常见阴离子的分离、鉴定方法。
3. 学习实验方案的设计，掌握离子检出的基本操作。

二、实验原理

ⅢA 族到ⅦA 族的 22 中非金属元素常常以阴离子的形式形成无机化合物。虽然形成阴离子的元素并不多，同一种元素却常常形成多种不同形式的阴离子，如 S 元素可以形成 S^{2-}、SO_3^{2-}、SO_4^{2-}、$S_2O_3{}^{2-}$、$S_2O_8^{2-}$ 等阴离子，N 元素可以形成 NO_2^-、NO_3^- 等阴离子。因此，对阴离子的鉴定分析，不仅要鉴定出试样中是否含有非金属元素，还要鉴定出其存在形态。

非金属阴离子中，有些可与酸反应生成挥发性物质，有些能与某些试剂反应生成沉淀，还有的表现出一定的氧化还原性质。利用这些特征，根据溶液中离子的共存情况，应先通过初步试验或者分组试验，以排除不可能存在的离子。

初步性质试验一般包括试样的酸碱性试验，与酸反应生成气体的试验，与某些特定试剂反应生成沉淀的试验，各种阴离子的氧化还原性质等。通过做初步性质试验，可以首先排除一些离子存在的可能性，从而简化分析过程。

表 15-1 列出了常见阴离子的初步性质试验结果。

表 15-1　常见阴离子与一些试剂反应的现象

项目	稀 H_2SO_4	$KMnO_4$（稀 H_2SO_4）	I_2-淀粉（稀 H_2SO_4）	KI-淀粉（稀 H_2SO_4）	$BaCl_2$（中性或弱碱性）	$AgNO_3$（稀 HNO_3）
CO_3^{2-}	CO_2↑	—①	—	—	白色↓	—
NO_3^-	—	—	—	—	—	—
NO_2^-	NO↑，NO_2↑	褪色	—	变蓝	—	—
SO_4^{2-}	—	—	—	—	白色↓	—
SO_3^{2-}	SO_2↑*②	褪色	褪色	—	白色↓	—
$S_2O_3^{2-}$	SO_2↑，S↓*	褪色	褪色	—	白色↓*	溶液或沉淀
PO_4^{3-}	—	—	—	—	白色↓	—
S^{2-}	H_2S↑，S↓	褪色	褪色	—	—	黑色↓
Cl^-	—	—	—	—	—	白色↓
Br^-	—	褪色	—	—	—	淡黄色↓
I^-	—	褪色	—	—	—	黄色↓

①“—”表示无现象；

②“*”表示试验现象不明显，只有在适当条件下（如溶液浓度较大）才有较明显的现象。

根据初步试验的结果，判断出试液中可能存在的阴离子，然后再选择合适的试剂或方法加以确定。

三、仪器与试剂

1. 仪器

试管；离心管；玻璃棒；点滴板；离心机；加热装置；滴管；角匙。

2. 试剂

HCl(2mol·L^{-1},6mol·L^{-1})；H_2SO_4（浓，1mol·L^{-1})；HNO_3（浓，6mol·L^{-1})；NaOH(2mol·L^{-1},6mol·L^{-1})；HAc(2mol·L^{-1})；$Ba(OH)_2$(饱和)；氨水(6mol·L^{-1})；Na_2S(0.1mol·L^{-1})；Na_2SO_3(0.1mol·L^{-1})；$Na_2S_2O_3$(0.1mol·L^{-1})；$NaSO_4$(0.1mol·L^{-1})；Na_3PO_4(0.1mol·L^{-1})；NaCl(0.1mol·L^{-1})；NaBr(0.1mol·L^{-1})；KI(0.1mol·L^{-1})；$NaNO_3$(0.1mol·L^{-1})；$NaNO_2$(0.1mol·L^{-1})；Na_2CO_3(0.1mol·L^{-1})；$BaCl_2$(0.1mol·L^{-1})；$KMnO_4$(0.01mol·L^{-1})；$AgNO_3$(0.1mol·L^{-1})；$Sr(NO_3)_2$(0.1mol·L^{-1})；$(NH_4)_2MoO_4$(0.1mol·L^{-1})；$ZnSO_4$(饱和)；$(NH_4)_2CO_3$(12%)；$Na_2[Fe(CN)_5NO]$(1%新配)；对氨基苯磺酸（1%)；α-萘酚(0.4%)；H_2O_2(3%)；碘试液；淀粉溶液(0.5%)；氯水(饱和)；CCl_4；Zn 粉；$Pb(Ac)_2$试纸；pH 试纸。

四、实验内容

领取阴离子混合溶液一份，按以下步骤鉴定出试液中的阴离子成分。

1. 初步性质试验

(1) 试液的酸碱性试验

先用 pH 试纸检测试液的酸碱性。若试液呈强酸性，则易被酸分解的离子如 CO_3^{2-}、NO_2^-、$S_2O_3^{2-}$、SO_3^{2-} 等不存在。若试液呈碱性，可加入 2mol·L^{-1} H_2SO_4溶液酸化，进行下一步是否生成气体的试验。若酸化后试液中出现乳白色浑浊，则 $S_2O_3^{2-}$、S^{2-} 可能存在。

(2) 是否生成气体的试验

试液中加入 2mol·L^{-1} H_2SO_4 溶液（或稀 HCl 溶液)，若有气体生成，则可能存在 CO_3^{2-}、NO_2^-、$S_2O_3^{2-}$、SO_3^{2-}、S^{2-} 等阴离子。根据产生气体的颜色、气味以及气体具有的某些特征反应，从而确证试液中含有的阴离子，如 NO_2^- 遇酸分解生成红棕色 NO_2 气体，能使润湿的淀粉-KI 试纸变蓝；S^{2-} 遇酸生成具有腐蛋气味的气体 H_2S 能使润湿的 PbAc 试纸变黑。

(3) 氧化性阴离子的试验

取 5 滴试液，加入 2mol·L^{-1} H_2SO_4溶液酸化，再加入 5 滴 KI 溶液和 10 滴 CCl_4，振荡试管，若 CCl_4层显紫红色，则表示试液中有氧化性阴离子存在，如 NO_2^-。

(4) 还原性阴离子的试验

取 5 滴试液，加入 2 mol·L^{-1} H_2SO_4溶液酸化，再加入 2 滴 0.01mol·L^{-1} $KMnO_4$溶液，若紫色褪去，则可能存在 NO_2^-、$S_2O_3^{2-}$、SO_3^{2-}、S^{2-}、Br^-、I^- 等；若紫色不褪，则上述离子不存在。

当检出还原性阴离子后，可在酸化后的试液中，再加入 I_2淀粉溶液，若蓝色褪去，则试液中存在 $S_2O_3^{2-}$、SO_3^{2-}、S^{2-} 等离子。

(5) 难溶盐阴离子试验

若加入一种阳离子（如 Ba^{2+}）就可以试验整组阴离子是否存在，这种试剂就是该组阴离子相应的组试剂。

① 钡组阴离子　取5滴试液，必要时加入6mol·L^{-1}氨水少许，使溶液呈中性或弱碱性，再加2滴0.1mol·L^{-1} $BaCl_2$溶液，若有白色沉淀生成，则可能存在CO_3^{2-}、$S_2O_3^{2-}$、SO_3^{2-}、SO_4^{2-}、PO_4^{3-}等阴离子。继续滴加数滴2mol·L^{-1} HCl溶液，观察沉淀是否溶解。若沉淀不溶解，则试液中有SO_4^{2-}存在。

② 银组阴离子　取5滴试液，加入3滴0.1mol·L^{-1} $AgNO_3$溶液，观察有无沉淀生成。若有沉淀生成，观察沉淀的颜色，并滴加5滴2mol·L^{-1} HNO_3溶液，观察沉淀是否溶解。若沉淀不溶解，则可能存在Cl^-、Br^-、I^-、S^{2-}、$S_2O_3^{2-}$等阴离子；若沉淀溶解，则CO_3^{2-}、NO_2^-、SO_4^{2-}、SO_3^{2-}、PO_4^{3-}等阴离子可能存在。

2. 阴离子的鉴定

(1) CO_3^{2-}的鉴定

取下一洁净滴瓶的滴管，向滴瓶内加入少许待测试液，从滴管上口向滴管内加入1滴新配制的饱和$Ba(OH)_2$溶液。然后向滴瓶内加入5滴6mol·L^{-1}HCl溶液，立即将滴管插入滴瓶并塞紧。轻敲瓶底，放置2min。若$Ba(OH)_2$溶液变浑浊，则试液中存在CO_3^{2-}。

(2) NO_3^-的鉴定

取2滴试液于点滴板上，在溶液中央放置一小粒$FeSO_4$晶体，然后在晶体上加1滴浓H_2SO_4，若晶体周围有棕色出现，则试液中存在NO_3^-。

(3) NO_2^-的鉴定

取2滴试液于点滴板上，加1滴2mol·L^{-1} HAc溶液酸化，再加入1滴对氨基苯磺酸溶液和1滴α-萘酚溶液。若有红色出现，则试液中存在NO_2^-。

(4) SO_4^{2-}的鉴定

取5滴试液于试管中，加入2滴6mol·L^{-1}HCl溶液和1滴0.1mol·L^{-1}$BaCl_2$溶液，如生成白色沉淀，则试液中存在SO_4^{2-}。

(5) S^{2-}的鉴定

取2滴试液于点滴板上，加入1滴2mol·L^{-1}NaOH溶液碱化，再加入1滴$Na_2[Fe(CN)_5NO]$溶液，若溶液变为紫色，则试液中存在S^{2-}。

(6) $S_2O_3^{2-}$的鉴定

将试液中的S^{2-}除去后，取5滴试液于试管中，加入10滴0.1mol·L^{-1} $AgNO_3$溶液，振荡试管，若产生的白色沉淀逐渐变黄变橙变棕，最后变为黑色，则试液中有$S_2O_3^{2-}$存在。

(7) SO_3^{2-}的鉴定

取2滴饱和$ZnSO_4$溶液于点滴板上，然后加入1滴0.1mol·L^{-1} $K_4[Fe(CN)_6]$溶液和1滴1% $Na_2[Fe(CN)_5NO]$溶液，并加入$NH_3 \cdot H_2O$使溶液呈中性，再滴加1～2滴待检试液，若溶液出现红色沉淀则表示试液中存在SO_3^{2-}。

(8) PO_4^{3-}的鉴定

取5滴试液于试管中，加入5滴6mol·L^{-1} HNO_3溶液，再加8～10滴$(NH_4)_2MoO_4$溶液，温热，如有黄色沉淀生成，则试液中存在PO_4^{3-}。

(9) Cl^-的鉴定

取5滴试液于离心管中，加入1滴6mol·L^{-1} HNO_3溶液酸化，再加入1滴0.1mol·L^{-1} $AgNO_3$溶液。若有白色沉淀生成，则试液中可能存在Cl^-。将离心管置于水浴上微热，离心分离，弃去上层清液，逐滴向沉淀中加入6mol·L^{-1}氨水，用细玻璃棒搅拌，沉淀溶解，再加入数滴6mol·L^{-1} HNO_3溶液酸化，若重新产生白色沉淀，则试液中存在Cl^-。

(10) Br^-的鉴定

取5滴试液于试管中，加入3滴$2mol \cdot L^{-1}$ H_2SO_4溶液及5滴CCl_4，然后逐滴加入5滴饱和氯水，边加边振荡试管，若CCl_4层出现黄色或者橙红色，则试液中存在Br^-。

(11) I^-的鉴定

取5滴试液于试管中，加入2滴$2mol \cdot L^{-1}$ H_2SO_4溶液及5滴CCl_4，然后逐滴加入饱和氯水，边加边振荡试管，若CCl_4层出现紫红色(I_2)，氯水过量后，CCl_4层紫红色又褪去(生成IO_3^-)，则试液中存在I^-。

(12) 混合离子的分离和鉴定

① Cl^-、Br^-、I^-混合离子的分离和鉴定

由于强还原性阴离子会干扰Br^-、I^-的鉴定，因此一般先将卤离子转化为卤化银沉淀，然后向沉淀中加入$(NH_4)_2CO_3$溶液或者氨水，将AgCl溶解与AgBr、AgI分离，在所得银氨溶液中先鉴定出Cl^-。

在余下的AgBr、AgI混合沉淀中，加入稀H_2SO_4酸化，再加入少许锌粉或镁粉，并加热将Br^-、I^-转移入溶液。酸化后，在所得溶液中逐滴加入饱和氯水和CCl_4，边加边振荡试管，根据Br^-、I^-的还原能力不同，先鉴定出I^-，再鉴定出Br^-。

图15-1所示为分离和鉴定含有Cl^-、Br^-、I^-混合离子溶液的分析方案。

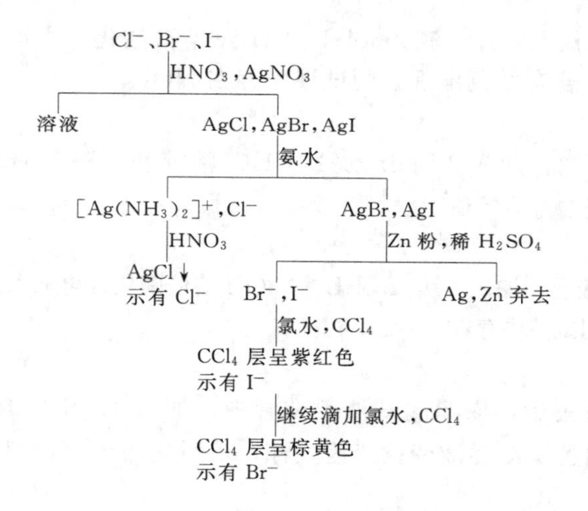

图15-1 分离和鉴定Cl^-、Br^-、I^-混合离子的分析方案

② S^{2-}、SO_3^{2-}、$S_2O_3^{2-}$混合离子的分离和鉴定

取少量试液，加入NaOH碱化后，再加入亚硝酰铁氰化钠，若有特殊紫红色出现，则存在S^{2-}。

向试液中加入$CdCO_3$固体以除去S^{2-}后，再进行其他离子的分离鉴定。

将滤液分成两份，分别用于鉴定SO_3^{2-}和$S_2O_3^{2-}$。向其中一份滤液中加入亚硝酰铁氰化钠、过量饱和$ZnSO_4$溶液以及$K_4[Fe(CN)_6]$溶液，若产生红色沉淀，则试液中存在SO_3^{2-}。另一份滤液中滴加过量$AgNO_3$溶液，若生成沉淀，且沉淀颜色由白色→黄色→橙红色→棕色→黑色转化，则试液中存在$S_2O_3^{2-}$。

图15-2所示为分离和鉴定含有S^{2-}、SO_3^{2-}、$S_2O_3^{2-}$混合离子溶液的分析方案。

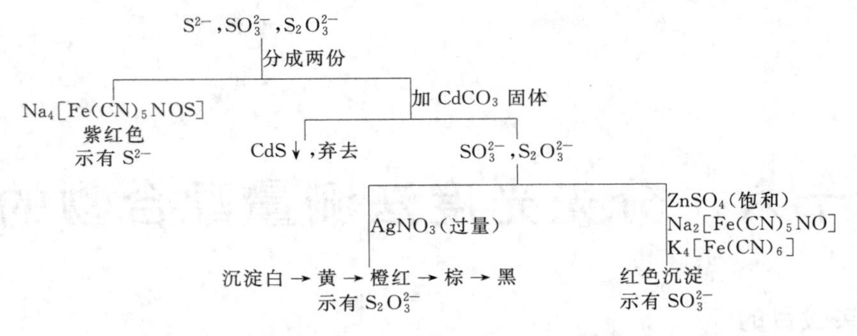

图 15-2　分离和鉴定 S^{2-}、SO_3^{2-}、$S_2O_3^{2-}$ 混合离子的分析方案

五、注意事项

1. CO_3^{2-} 的鉴定中，若试液中含有 $S_2O_3^{2-}$ 或 SO_3^{2-}，会干扰其检出，因为酸化时产生的 SO_2 能与 $Ba(OH)_2$ 反应生成 $BaSO_3$ 沉淀，使 $Ba(OH)_2$ 溶液浑浊。因此初步试验时若检出试液中含有 $S_2O_3^{2-}$ 或 SO_3^{2-}，需在酸化前先加入 3% H_2O_2 将其氧化。

2. NO_3^- 的鉴定中，若试液中存在 NO_2^- 也能产生棕色环反应，因此若初步试验检出试液中有 NO_2^- 存在，可先向待测试液中加入饱和 NH_4Cl 溶液并加热，除去 NO_2^-。

3. S^{2-} 对 SO_3^{2-}、$S_2O_3^{2-}$ 的鉴定有干扰，因此若初步试验检出试液中含有 S^{2-}，则在 SO_3^{2-}、$S_2O_3^{2-}$ 的鉴定前需将 S^{2-} 除去。方法是在试液中加入 $CdCO_3$ 固体，利用沉淀的转化使之生成 CdS 沉淀，从而除去 S^{2-}。

4. 在 Br^-、I^- 的分离鉴定时，若试液中 I^- 浓度较大，则 I_2 在 CCl_4 层中的紫红色会掩盖 Br_2 在 CCl_4 层的黄色或棕红色，从而干扰溴的检出。此时，可在溶液中加入 H_2SO_4 和 KNO_2 溶液并加热，使 I^- 氧化为 I_2，加热蒸发除去 I_2 后，再对 Br^- 进行鉴定。

六、思考题

1. 现有五种溶液：$NaNO_2$、Na_2S、NaCl、Na_2SO_3、Na_2HPO_4，请只选择一种试剂将它们区分开来。

2. 某阴离子试液，用稀 HNO_3 酸化后，加入 $AgNO_3$ 试剂，发现无沉淀生成，则可以确定试液中哪些阴离子不存在？

3. 某碱性无色试液，加入 HCl 溶液调节至酸性后变浑浊，试预判试液中可能存在哪些阴离子？

4. 在酸性溶液中能使 I_2-淀粉溶液褪色的阴离子有哪些？

（周萍）

实验十六　分光光度法测量配合物的组成

一、实验目的

1. 熟悉利用分光光度法测量配合物组成的基本原理与方法。
2. 掌握 721 型分光光度计的使用方法。
3. 熟悉有关实验数据的处理方法。

二、实验原理

配合物组成的测定是配位平衡反应研究的基本内容之一。金属离子 M 和配体 L 形成配合物的反应为

$$M+nL \rightleftharpoons ML_n$$

上述反应中 n 为配合物的配体数，可用等物质的量系列法进行测定，即配制一系列不同浓度的溶液，使各溶液中的金属离子与配体的总浓度一致，但两者的摩尔分数（x）不同，在配合物的最大吸收波长处测定各溶液的吸光度。理论上，当金属离子与配体恰好完全反应全部形成配合物 ML_n时，溶液的吸光度将达到最大值。若以吸光度（A）对配体的摩尔分数（x_L）作图，如图 16-1 所示。将曲线的线性部分延长相交于一点，由该点对应的 x 值可计算出配位数 n。等物质的量系列法通常适用于稳定性较高的配合物组成的测定。若配合物的解离度较大则无明显转折点，不适宜准确测定。

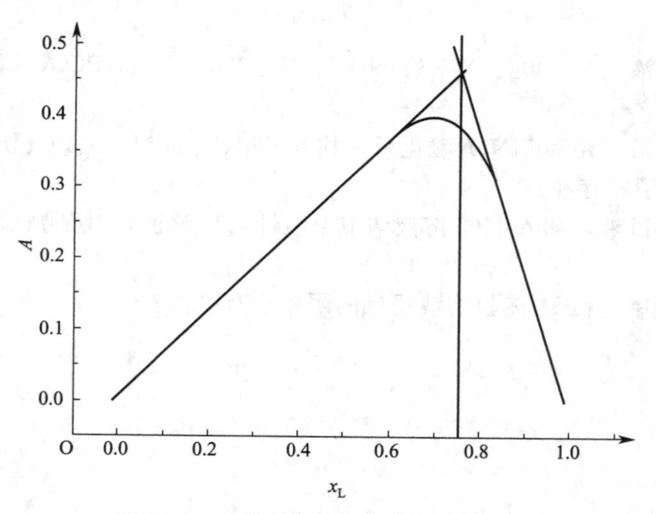

图 16-1　吸光度与配体摩尔分数的关系

如图 16-1 所示，过曲线的两线性部分延长线的交点作一直线垂直于横坐标，该点即为此时配体的摩尔分数。设此点摩尔分数值为 0.75，则 $x_L=\dfrac{n_L}{n_L+n_M}=0.75$，由此可求出 $n_M/n_L=1:3$，即

该配合物组成为 ML_3。

本实验将通过上述方法测定验证邻二氮菲合铁（Ⅱ）配离子的组成。考虑到 Fe^{2+} 不稳定，故先配制 Fe^{3+} 标准液，以醋酸钠调节 pH 值至 6 左右，再以盐酸羟胺将 Fe^{3+} 还原为 Fe^{2+}，进而与邻二氮菲反应生成红色配合物，其最大吸收波长为 510nm。反应式如下：

$$Fe^{2+} + 3\,\text{phen} \rightleftharpoons [Fe(\text{phen})_3]^{2+}$$

三、仪器与试剂

1. 仪器

721 或 722 型分光光度计；容量瓶（50mL）；吸量管（10mL）。

2. 试剂

铁标准溶液（4.48×10^{-4} mol·L^{-1}）；盐酸羟胺溶液（0.719mol·L^{-1}）；邻二氮菲溶液（4.48×10^{-4} mol·L^{-1}）；醋酸钠溶液（1.00mol·L^{-1}）；蒸馏水。

四、实验内容

1. 取 13 个 50mL 容量瓶，用吸量管分别加入铁标准溶液 10mL、9mL、8mL、7mL、6mL、5mL、4mL、3mL、2mL、1.5mL、1mL、0.5mL、0mL，分别加入醋酸钠溶液各 5mL，盐酸羟胺溶液各 4mL，然后依次分别加入邻二氮菲溶液 0mL、1mL、2mL、3mL、4mL、5mL、6mL、7mL、8mL、8.5mL、9mL、9.5mL、10mL，最后均以蒸馏水稀释定容至 50mL。

2. 用分光光度仪在 510nm 波长下，以蒸馏水为空白溶液，以 2cm 吸收池分别测量各样品的吸光度。

3. 以邻二氮菲的摩尔分数 x 为横坐标，吸光度 A 为纵坐标作图，将曲线的线性部分延长相交于一点，该点所对应的纵坐标为最大吸光度，其横坐标即为此时配体的摩尔分数，并以此计算出配体数。

五、注意事项

1. 注意试剂的添加顺序：醋酸钠溶液用以调节 pH 值，盐酸羟胺作为还原剂用来还原 Fe^{3+}，必须要在这两种试剂加完后才能加邻二氮菲。

2. 铁标准溶液（4.48×10^{-4} mol·L^{-1}）的配制方法：精密称取 0.2g 分析纯$Fe(NH_4)(SO_4)_2\cdot12H_2O$ 晶体，加入 34mL 6mol·L^{-1}盐酸，蒸馏水 20mL，定量转移至 1000mL 容量瓶定容。

3. 邻二氮菲溶液（4.48×10^{-4} mol·L^{-1}）的配制方法：精密称取 0.024g 分析纯邻二氮菲，加少许水溶解，定量转移至 250mL 容量瓶定容。

六、思考题

1. 使用等物质的量系列法对配合物的稳定性有何要求？

2. 本实验中醋酸钠及盐酸羟胺的作用是什么？

（许贯虹）

实验十七　酸碱标准溶液的配制与标定

一、实验目的

1. 掌握配制酸碱标准溶液和用基准物质标定标准溶液浓度的方法。
2. 掌握酸式和碱式滴定管的准备、使用及滴定操作。
3. 熟悉甲基橙和酚酞指示剂的使用和终点的确定。
4. 学习用减量法称量固体物质。

二、实验原理

酸碱滴定法中最常用的标准溶液是 HCl 和 NaOH，浓度一般为 $0.01\sim1\text{mol}\cdot\text{L}^{-1}$，最常用的浓度是 $0.1\text{mol}\cdot\text{L}^{-1}$。由于浓盐酸容易挥发，氢氧化钠易吸收空气中的水分和 CO_2，不符合直接法配制的要求，只能先配制近似浓度的溶液，再用基准物质或另一种物质的标准溶液来测定它的准确浓度，即标定法。

NaOH 易吸收空气中的 CO_2，使部分 NaOH 变成 Na_2CO_3。用经过标定的含有 Na_2CO_3 的 NaOH 标准溶液来测定酸含量时，若使用与标定时相同的指示剂，则所含 Na_2CO_3 对测定结果无影响。若标定与测定时使用不同指示剂，则将产生误差。因此应配制不含 Na_2CO_3 的 NaOH 标准溶液。

配制不含 Na_2CO_3 的 NaOH 标准溶液最常用的是用 NaOH 的饱和水溶液（120：100）配制，Na_2CO_3 在饱和 NaOH 中不溶解，待 Na_2CO_3 下沉后，量取一定体积的上层澄清溶液，再稀释至所需浓度，即可得到不含 Na_2CO_3 的 NaOH 标准溶液。

饱和 NaOH 溶液的比重约为 1.56，含量约为 52%（质量分数），故其摩尔浓度为：

$$c(\text{饱和 NaOH})=\frac{1000\times1.56\times0.52}{40}\text{mol}\cdot\text{L}^{-1}\approx20\text{mol}\cdot\text{L}^{-1}$$

取 5mL NaOH 饱和水溶液，加水稀释至 1000mL，即得 $0.1\text{mol}\cdot\text{L}^{-1}$ 的 NaOH 标准溶液。为保证其浓度略大于 $0.1\text{mol}\cdot\text{L}^{-1}$，故规定取 5.6mL。

标定碱溶液的基准物质有邻苯二甲酸氢钾、草酸、苯甲酸等。邻苯二甲酸氢钾易制得纯品，溶于水，摩尔质量大，不潮解，加热至 135℃不分解，是一种很好的标定碱溶液的基准物质。邻苯二甲酸氢钾与 NaOH 的反应为：

$$C_6H_4(COOH)(COOK)+NaOH \rightleftharpoons C_6H_4(COONa)(COOK)+H_2O$$

化学计量点时，由于弱酸盐的水解，溶液呈微碱性，应选用酚酞为指示剂。

根据邻苯二甲酸氢钾的称取量和所消耗的 NaOH 标准溶液的体积，按式（17-1）计算 NaOH 标准溶液的物质的量浓度：

$$c(\text{NaOH})=\frac{m(KC_8H_5O_4)}{M(KC_8H_5O_4)\times\frac{V(\text{NaOH})}{1000}} \tag{17-1}$$

$$M(KC_8H_5O_4)=204.22g\cdot mol^{-1}$$

标定酸溶液的基准物质有无水碳酸钠（Na_2CO_3）和硼砂（$Na_2B_4O_7\cdot 10H_2O$）。硼砂由于摩尔质量大，称量误差小，比较常用。硼砂因含有结晶水，需要保存在含有饱和 NaCl 和蔗糖的密闭恒湿容器中。用硼砂标定 HCl 溶液的反应为：

$$Na_2B_4O_7\cdot 10H_2O+2HCl=\!=\!=2NaCl+4H_3BO_3+5H_2O$$

反应产物是硼酸（$K_a=5.7\times 10^{-10}$），溶液呈微酸性，因此选用甲基红为指示剂。

根据硼砂的称取量和所消耗的 HCl 标准溶液的体积，按式（17-2）计算 HCl 标准溶液的物质的量浓度：

$$c(HCl)=\frac{2\times m(Na_2B_4O_7\cdot 10H_2O)}{M(Na_2B_4O_7\cdot 10H_2O)\times \frac{V(HCl)}{1000}} \quad (17\text{-}2)$$

$$M(Na_2B_4O_7\cdot 10H_2O)=381.37g\cdot mol^{-1}$$

三、仪器与试剂

1. 仪器

分析天平（0.1mg）；托盘天平；电炉；酸式滴定管（25mL）；碱式滴定管（25mL）；锥形瓶（250mL×3）；烧杯（100mL）；量筒（10mL，100mL，1000mL）；试剂瓶（1000mL，具玻璃塞、橡皮塞各 1 个）；聚乙烯塑料瓶；玻璃棒。

2. 试剂

浓盐酸；固体 NaOH；硼砂（基准级）；邻苯二甲酸氢钾（基准级）；甲基红指示液（0.1%乙醇溶液）；酚酞指示液（0.1%乙醇溶液）；甲基橙指示液（0.1%水溶液）。

四、实验步骤

1. 0.1mol·L⁻¹NaOH 标准溶液的配制与标定

（1）NaOH 标准溶液的配制　称取 NaOH 约 120g 于烧杯中，加蒸馏水 100mL，搅拌使成饱和溶液。冷却后，置聚乙烯塑料瓶中，静置数日，澄清后作贮备液。量取上述贮备液 5.6mL，置于带有橡皮塞的试剂瓶中，加新煮沸放冷的蒸馏水至 1000mL，摇匀即得。

（2）NaOH 标准溶液的标定　精密称取 3 份已在 105～110℃干燥至恒重的基准物质邻苯二甲酸氢钾 0.38～0.40g，分别置于 250mL 锥形瓶中，加新煮沸放冷的蒸馏水 50mL，小心摇动，使其溶解（若没有完全溶解，可稍微加热加速溶解），加酚酞指示液 2 滴，用 NaOH 标准溶液滴定至微红色 30s 内不褪色，即为终点。平行操作 3 次。根据式（17-1），计算 NaOH 溶液的浓度。测定结果相对平均偏差应不大于 0.2%。

2. 0.1mol·L⁻¹HCl 标准溶液的配制与标定

（1）HCl 标准溶液的配制　用 10mL 量筒量取浓盐酸 9mL，倒入一个洁净的具有玻璃塞的试剂瓶中，加蒸馏水稀释至 1000mL，摇匀即得。

（2）HCl 标准溶液的标定　精密称取硼砂 0.36～0.40g 3 份，分别置于 250mL 锥形瓶中，加蒸馏水 50mL 使之溶解（在 20℃时，100g 水中可溶解 5g 硼砂，如果温度太低，可适量加入温热的蒸馏水，加速溶解，但滴定时一定要冷却至室温）。加甲基红指示液 2 滴，用 HCl 标准溶液滴定至溶液由黄色恰变为橙色，即为终点。平行操作 3 次。根据式（17-2），计算 HCl 溶液的浓度。测定结果相对平均偏差应不大于 0.2%。

（3）HCl 标准溶液的标定（比较法）　从碱式滴定管中准确放取 NaOH 标准溶液

20.00mL 于锥形瓶中，加入甲基橙指示剂2滴，用待标定的HCl标准溶液滴定至溶液由黄色恰变为橙色即为终点，记下读数。平行操作3次，根据式（17-3）计算HCl溶液的浓度。测定结果相对平均偏差应不大于0.2%。

$$c(\mathrm{HCl})=\frac{c(\mathrm{NaOH})V(\mathrm{NaOH})}{V(\mathrm{HCl})} \tag{17-3}$$

五、注意事项

1. 固体氢氧化钠应在表面皿上或在小烧杯中称量，不能在称量纸上称量。

2. 盛放基准物质的3个锥形瓶应编号，以免张冠李戴。

3. 滴定管在装满标准溶液之前，要用该溶液荡洗滴定管内壁3次，以免改变标准溶液的浓度。

4. 在每次滴定结束后，要将标准溶液加至滴定管零点，以减少误差。

5. 正确使用酸式和碱式滴定管，如检查是否漏液、气泡是否除尽、近终点时1滴和半滴的正确操作。

六、思考题

1. 标定 $0.1\mathrm{mol \cdot L^{-1}}$ HCl和NaOH标准溶液时，基准物质硼砂和邻苯二甲酸氢钾的称取量如何计算？

2. 溶解基准物质时加入50mL蒸馏水，应使用移液管还是量筒？为什么？

3. 称取NaOH及邻苯二甲酸氢钾分别用什么天平？为什么？

4. 滴定管在盛装标准溶液前为什么要用该溶液荡洗内壁3次？用于滴定的锥形瓶是否需要干燥？是否要用标准溶液荡洗？为什么？

5. 酚酞指示剂由无色变为微红色时，溶液的pH值为多少？变红的溶液在空气中放置后又会变为无色的原因是什么？

6. 溶解邻苯二甲酸氢钾时，为什么要用新煮沸放冷的蒸馏水？

（魏芳弟，姚碧霞）

实验十八　酸碱滴定法测定硼砂的含量

一、实验目的

1. 掌握酸碱滴定分析的基本原理和操作步骤。
2. 掌握 HCl 标准溶液的配制和标定方法。
3. 熟悉硼砂含量的测定方法。

二、实验原理

硼砂，又称为四硼酸钠，分子中含有 10 个结晶水（$Na_2B_4O_7 \cdot 10H_2O$）。本品为无色半透明的结晶或白色结晶性粉末，易溶于水，解离后释放出 Na^+ 和 $B_4O_7^{2-}$。药用硼砂具有清热解毒、消炎防腐、活血化瘀之功效。由于 $B_4O_7^{2-}$ 在水溶液中呈碱性，可以用酸碱滴定法测定含量。如果用 HCl 标准溶液滴定，反应如下：

$$Na_2B_4O_7 \cdot 10H_2O + 2HCl = 2NaCl + 4H_3BO_3 + 5H_2O$$

在化学计量点时，有

$$n(HCl) = 2n(Na_2B_4O_7 \cdot 10H_2O)$$

$$w(Na_2B_4O_7 \cdot 10H_2O) = \frac{c(HCl) \times V(HCl) \times M(Na_2B_4O_7 \cdot 10H_2O)}{m_{样品} \times 2 \times 1000} \times 100\% \quad (18\text{-}1)$$

式中，$c(HCl)$ 为滴定所消耗的 HCl 的浓度，$mol \cdot L^{-1}$；$V(HCl)$ 为消耗的 HCl 标准溶液的体积，mL；$M(Na_2B_4O_7 \cdot 10H_2O)$ 为硼砂的摩尔质量，$381.37g \cdot mol^{-1}$；$m_{样品}$ 为每次滴定中硼砂的质量，g。

用盐酸标准溶液滴定硼砂溶液，滴定终点溶液的 pH 值为 5.1，可以选用甲基红作为指示剂。

盐酸标准溶液的配制和标定方法详见实验十七。

三、仪器与试剂

1. 仪器

分析天平；酸式滴定管（25mL）；容量瓶（100mL）；移液管（20.00mL×2）；锥形瓶（250mL×3）；烧杯（100mL）；量筒（10mL，1000mL）；称量瓶；玻璃棒；试剂瓶（1000mL）。

2. 试剂

硼砂样品；无水 Na_2CO_3 固体；浓盐酸；甲基橙指示剂；甲基红指示剂；0.1%乙醇溶液。

四、实验内容

1. HCl 标准溶液的标定

按照实验十七的方法标定盐酸标准溶液。

2. 硼砂含量测定

(1) 精密称定硼砂2.0g，置于100mL小烧杯中，加入20～30mL蒸馏水，加热搅拌至全溶，定量转移至100mL容量瓶中，用少量水洗涤烧杯3次一并移入容量瓶，定容，摇匀。

(2) 用少量待测硼砂溶液润洗移液管3次，然后移取硼砂溶液20.00mL置于250mL锥形瓶中，用少许蒸馏水冲洗锥形瓶内壁，加入1～2滴甲基红，摇匀，溶液呈黄色。

(3) 用标准HCl溶液滴定至溶液变为橙色，即为滴定终点。记录消耗的标准HCl溶液的体积。

(4) 重复2次，测定结果相对平均偏差不应大于0.2%。

(5) 计算硼砂的含量（质量分数）。

五、注意事项

1. 硼砂含有结晶水，应保存于恒湿器中。若硼砂的结晶水有损失，可能导致测量结果偏高。

2. 硼砂量大且不易溶解，必要时可电炉加热，放冷后滴定。

六、思考题

1. 是否所有的锥形瓶都需无水处理？蒸馏水是否需要精确量取？

2. 测量硼砂含量时指示剂选用甲基橙好还是甲基红好？

（许贯虹）

实验十九　药物阿司匹林的含量测定

一、实验目的

1. 掌握用酸碱滴定法测定阿司匹林含量的原理和操作。

2. 掌握滴定终点的判断。

二、实验原理

阿司匹林也叫乙酰水杨酸，是一种历史悠久的解热镇痛药。乙酰水杨酸是有机弱酸（$K_a=1\times10^{-3}$），故可用 NaOH 标准溶液直接滴定，其滴定反应为：

$$C_6H_4(COOH)(OCOCH_3) + NaOH \rightleftharpoons C_6H_4(COONa)(OCOCH_3) + H_2O$$

化学计量点时，生成物是强碱弱酸盐，溶液呈微碱性，应选用碱性区域变色的指示剂，本实验选用酚酞，终点颜色由无色变为淡红色。

根据试样量和 NaOH 标准溶液的浓度及其用量，按式（19-1）计算阿司匹林的含量：

$$w(C_9H_8O_4)=\frac{c(NaOH)V(NaOH)\times\frac{M(C_9H_8O_4)}{1000}}{m}\times100\% \tag{19-1}$$

$$M(C_9H_8O_4)=180.16g\cdot mol^{-1}$$

三、仪器与试剂

1. 仪器

分析天平（0.1mg）；碱式滴定管（25mL）；锥形瓶（100mL×2）；烧杯（100mL）；量筒（100mL，10mL）。

2. 试剂

阿司匹林（原料药）；NaOH 标准溶液（$0.1mol\cdot L^{-1}$）；酚酞指示液（0.1%乙醇溶液）；乙醇（95%）。

四、实验内容

1. 配制中性乙醇

取 40mL 95%乙醇于 100mL 烧杯中，加酚酞指示液 8 滴，用 NaOH 标准溶液滴定至淡红色。

2. 阿司匹林含量测定

精密称取阿司匹林原料药 0.38～0.40g，置于 100mL 锥形瓶中，加中性乙醇 10mL 溶解后，在不超过 10℃的温度下，用 NaOH 标准溶液滴定至淡红色，且 30s 内不褪色，即为终点。平行测定 3 次，按式（19-1）计算阿司匹林的百分含量，求平均值和相对平均偏差。

五、注意事项

1. 样品为极细粉末，称量时应防止飞散。

2. 盛放样品的 3 个锥形瓶应编号，以免张冠李戴。

3. 阿司匹林在水中微溶，在乙醇中易溶，故选用乙醇为溶剂。但市售乙醇含有微量酸，若不经过处理直接作为溶剂，滴定时必定多消耗氢氧化钠，使测定结果偏高，故实验中应先配制中性乙醇。

4. 阿司匹林的分子结构中含有酯键，易发生水解反应而多消耗 NaOH 标准溶液，使分析结果偏高。

$$C_6H_4(COOH)(OCOCH_3) + 2NaOH \rightleftharpoons C_6H_4(COONa)(OH) + CH_3COONa + H_2O$$

实验中采取如下措施来防止上述水解反应：①滴定前，在冰水浴中充分冷却；滴定时，速度稍快；将操作温度控制在 10℃ 以下；②实验中尽可能少用水；洗净的锥形瓶应倒置沥干，近终点时，不用水而用中性乙醇荡洗锥形瓶的内壁；③用乙醇作溶剂，可降低阿司匹林的水解程度。

5. 使用碱式滴定管时，应捏挤玻璃珠稍上部的橡皮管。

六、思考题

1. 以 NaOH 溶液滴定阿司匹林，属于哪一类滴定？怎样选择指示剂？

2. 本实验所用乙醇，为什么要加 NaOH 溶液至对酚酞指示剂显中性？如果直接使用乙醇，对测定结果有何影响？

3. 如果阿司匹林结构中的酯键发生水解反应，对测定结果有何影响？如何防止水解反应的发生？

（魏芳弟）

实验二十　混合碱的含量测定

一、实验目的

1. 掌握用双指示剂法测定混合碱的组成及其含量的原理和方法。
2. 熟悉移液管的使用方法。

二、实验原理

混合碱是指 Na_2CO_3 与 NaOH 或 Na_2CO_3 与 $NaHCO_3$ 的混合物，可采用“双指示剂法”测定混合碱的各个组分及其含量。常用的两种指示剂是酚酞和甲基橙。在混合碱试液中先加入酚酞指示剂，以 HCl 标准溶液滴定至红色刚好褪去，到达第一个化学计量点，此时的反应可能为：

$$HCl + NaOH = NaCl + H_2O$$

$$HCl + Na_2CO_3 = NaCl + NaHCO_3$$

反应产物为 NaCl 和 $NaHCO_3$，溶液的 pH 值大约为 8.3，记下消耗的 HCl 标准溶液的体积 V_1(mL)。再加入甲基橙指示剂，继续用 HCl 标准溶液滴定至橙色即为终点。此时反应为：

$$HCl + NaHCO_3 = NaCl + CO_2 \uparrow + H_2O$$

在第二个化学计量点时，溶液的 pH 值在 3.8 左右，记下用去 HCl 标准溶液的体积 V_2(mL)。根据 V_1 和 V_2 的用量来判断混合碱的组成。

若 $V_1 > V_2$，试液由 NaOH 和 Na_2CO_3 的混合液构成，各自的含量可由下式计算：

$$c(NaOH) = \frac{(V_1 - V_2) \times c(HCl) \times M(NaOH)}{V_{样}} \tag{20-1}$$

$$c(Na_2CO_3) = \frac{V_2 \times c(HCl) \times M(Na_2CO_3)}{V_{样}} \tag{20-2}$$

$M(NaOH) = 40.00 g \cdot mol^{-1}$　　　$M(Na_2CO_3) = 105.99 g \cdot mol^{-1}$

若 $V_1 < V_2$，试液为 Na_2CO_3 与 $NaHCO_3$ 的混合液，各自的含量计算公式如下：

$$c(Na_2CO_3) = \frac{V_1 \times c(HCl) \times M(Na_2CO_3)}{V_{样}} \tag{20-3}$$

$$c(NaHCO_3) = \frac{(V_2 - V_1) \times c(HCl) \times M(NaHCO_3)}{V_{样}} \tag{20-4}$$

$M(Na_2CO_3) = 105.99 g \cdot mol^{-1}$　　　$M(NaHCO_3) = 84.01 g \cdot mol^{-1}$

三、仪器与试剂

1. 仪器

酸式滴定管（25mL）；锥形瓶（250mL×2）；移液管（10mL）；量筒（100mL）。

2. 试剂

HCl标准溶液（0.1mol·L^{-1}）；混合碱试液（每10mL约含NaOH 0.036g，Na_2CO_3 0.14g）；酚酞指示液（0.1%乙醇溶液）；甲基橙指示液（0.1%水溶液）。

四、实验内容

精密吸取混合碱溶液10.00mL于250mL锥形瓶中，加15mL蒸馏水，加酚酞指示液1～2滴，用HCl标准溶液滴定至红色恰好褪去，记下所消耗的HCl标准溶液的体积V_1。然后，在此溶液中加入1～2滴甲基橙指示剂，继续用HCl标准溶液滴定至溶液由黄色变为橙色，记下所消耗的HCl标准溶液的体积V_2。平行测定3次。根据V_1、V_2的关系，判断该混合碱的组成并计算各组分的浓度。

五、注意事项

1. 近终点时，一定要充分摇动，以防止形成CO_2的过饱和溶液而使终点提前到达。

2. 本实验先以酚酞为指示剂，终点时红色恰好褪去，不易判断，要细心观察。

3. 在双指示剂法中，也可使用一定比例的百里酚酞和甲酚红的混合指示剂代替酚酞指示剂。该混合指示剂的变色点pH值为8.3，用盐酸滴定时终点颜色由紫色变为粉红色，变色较为敏锐，实验中易于观察。

六、思考题

1. 用HCl标准溶液测定混合碱溶液时，取完1份试液要立即滴定，若在空气中放置一段时间后再滴定，将会给测定结果带来什么影响？

2. 采用双指示剂法测定碱溶液，在同一份溶液中测定，V_1和V_2可能有下列5种情况。试判断碱溶液中的组成是什么？如何计算它们的含量？试写出计算式。

① $V_1=0$　② $V_1=V_2$　③ $V_2=0$　④ $V_1<V_2$　⑤ $V_1>V_2$

（魏芳弟）

实验二十一 非水碱量法测定枸橼酸钠的含量

一、实验目的

1. 掌握有机酸碱金属盐的非水酸碱滴定原理和操作。

2. 熟悉微量滴定管的使用方法。

二、实验原理

枸橼酸钠是一种临床上常用的抗凝血药物。从化学结构上看，它是有机酸的碱金属盐，在水中是一种很弱的碱，其 $cK_{b1}<10^{-8}$，不能直接在水中用强酸标准溶液准确滴定。选用醋酐-冰醋酸（1∶4）混合溶剂，则增强了枸橼酸钠的碱性，可用结晶紫为指示剂，用高氯酸的冰醋酸标准溶液滴定，其滴定反应如下：

$$\begin{array}{l}CH_2COONa\\ |\\ C(OH)COONa\\ |\\ CH_2COONa\end{array} + 3HClO_4 \xrightleftharpoons[\text{紫→蓝绿}]{\text{结晶紫}} \begin{array}{l}CH_2COOH\\ |\\ C(OH)COOH\\ |\\ CH_2COOH\end{array} + 3NaClO_4$$

在冰醋酸中，高氯酸的酸性最强，因此在非水滴定中常用高氯酸的冰醋酸溶液为滴定碱的标准溶液。在非水碱量法中，水（$K_a=K_b=1\times10^{-7}$）相当于一弱碱，水的存在影响滴定突跃，使指示剂变色不敏锐，所用试剂必须除去水分。市售高氯酸、冰醋酸均含有水分，需加入计算量的醋酐，以除去水分，反应方程式如下：

$$(CH_3CO)_2O + H_2O \rightleftharpoons 2CH_3COOH$$

标定高氯酸标准溶液，常用邻苯二甲酸氢钾为基准物质，结晶紫为指示剂，滴定反应如下：

$$C_6H_4(COOH)(COOK) + HClO_4 = C_6H_4(COOH)_2 + KClO_4$$

由于测定和标定的产物是 $NaClO_4$ 和 $KClO_4$，它们在非水介质中的溶解度都较小，所以滴定过程中随着 $HClO_4$-HAc 标准溶液不断加入，慢慢会有白色浑浊物产生，但并不影响定结果。

三、仪器与试剂

1. 仪器

微量滴定管（10mL）；锥形瓶（50mL）；量杯（10mL）

2. 试剂

枸橼酸钠（$C_6H_5O_7\cdot 2H_2O$，市售）；冰醋酸（A. R.）；高氯酸（A. R.，70%～72%，相对密度 1.75）；醋酐（A. R.，97%，相对密度 1.08）；结晶紫指示剂（0.5%冰醋酸溶液）。

四、实验内容

1. 0.1mol·L^{-1}高氯酸标准溶液的配制和标定

取无水冰醋酸750mL，加入高氯酸（70%～72%）8.5mL，摇匀。在室温下缓缓加入醋酐24mL，边加边摇，加完后再振荡摇匀，放冷至室温。加适量的无水冰醋酸使成1000mL，摇匀，放置24h。若待测样品含有芳香伯胺或仲胺基，过量醋酐存在时易发生乙酰化反应，则醋酐的加入量要严格控制。须用Karl Fischer水分滴定法先测定本溶液中的含水量，再用水和醋酐反复调节至本溶液的含水量为0.01%～0.02%。

取105～110℃干燥至恒重的基准物质邻苯二甲酸氢钾约0.16g，精密称定，置于洗净且已干燥的锥形瓶中。加入醋酐-冰醋酸（1∶4）混合溶剂10mL使之溶解，加入结晶紫指示剂1滴，用0.1mol·L^{-1}高氯酸标准溶液滴定至溶液显蓝色，即为终点，并将滴定的结果用空白试验校正。

平行测定3次，按式（21-1）计算高氯酸标准溶液的浓度［$V(HClO_4)$为空白校正后的体积］，求算平均值及相对平均偏差。

$$c(HClO_4)=\frac{m(KHC_8H_4O_4)}{M(KHC_8H_4O_4)\times\frac{V(HClO_4)}{1000}} \tag{21-1}$$

$$M(KHC_8H_4O_4)=204.2g\cdot mol^{-1}$$

2. 枸橼酸钠的含量测定

称取枸橼酸钠约80mg，精密称定，置于洗净且已干燥的锥形瓶中，加冰醋酸5mL，加热溶解后，放冷，加醋酐10mL和结晶紫指示剂1滴，用0.1mol·L^{-1}高氯酸标准溶液滴定至溶液显蓝绿色，即为终点，并将滴定的结果用空白试验校正。

平行测定3次，按式（21-2）计算枸橼酸钠的百分含量［$V(HClO_4)$为空白校正后的体积］，求平均值及相对平均偏差。

$$w(C_6H_5Na_3O_7\cdot 2H_2O)=\frac{\frac{c(HClO_4)\times V(HClO_4)}{3}\times\frac{M(C_6H_5Na_3O_7\cdot 2H_2O)}{1000}}{m}\times 100\% \tag{21-2}$$

$$M(C_6H_5Na_3O_7\cdot 2H_2O)=294.10g\cdot mol^{-1}$$

五、注意事项

1. 非水滴定过程中不能带入水，否则会影响测定结果。锥形瓶、量杯等所用仪器必须洗净烘干，使用的微量滴定管应预先洗净，倒置沥干。

2. 非水滴定一般采用微量滴定管（10mL），读数可读至小数点后三位，最后一位估读为“5”或“0”。如需进行样品重量估算，一般按消耗标准溶液体积8mL计算。

3. 在滴定不同强度的碱时，结晶紫指示剂终点颜色变化不同。滴定较强的碱应以蓝色或天蓝色为终点；滴定较弱的碱应以蓝绿色或绿色为终点。实验过程中最好以电位滴定法作对照，以便确定终点的颜色。

4. 冰醋酸的体积膨胀系数较大（是水的5倍），即温度每改变1℃，体积就有0.11%的变化，使得高氯酸标准溶液的体积随室温变化而变化。所以，高氯酸冰醋酸标准溶液测定时和标定时温度若超过10℃，则应重新标定；若未超过10℃，可按下式加以校正：

$$c_1=\frac{c_0}{1+0.0011(t_1-t_0)} \tag{21-3}$$

式中，t_0，t_1分别为标定和测定时的温度；c_1，c_0分别为标定和测定时的浓度。

5. 冰醋酸在温度低于15℃时会凝固结冰而影响使用，可加入10%～15%丙酸防冻。

6. 高氯酸、冰醋酸能腐蚀皮肤、刺激黏膜，应注意防护。溶剂价格昂贵，实验过程中注意节约试剂，实验结束后需回收试剂。

六、思考题

1. 在非水酸碱滴定中，若容器、试剂含有微量水分，对测定结果有什么影响？

2. 水杨酸钠能否在水中用盐酸标准溶液直接滴定，为什么？能否用非水碱量法测定其含量？若能测定，试设计实验操作步骤。

3. 基准物邻苯二甲酸氢钾为什么既能标定碱（NaOH），又能标定酸（$HClO_4$）？

（杨静）

实验二十二　硫酸铝的含量测定

一、实验目的

1. 掌握配位滴定中返滴定法测定铝含量的原理和方法。
2. 熟悉二甲酚橙指示剂和铬黑 T 指示剂的变色原理和应用条件。
3. 了解配位滴定中加入缓冲溶液的作用。

二、实验原理

硫酸铝是工业上广泛使用的一种化合物，其第一大用途是用于造纸，第二大用途是在饮用水、工业用水和工业废水处理中作絮凝剂，在生产和使用过程中需要对铝含量进行监测分析。

硫酸铝的含量测定可用配位滴定法测定其组成中铝的含量，然后换算成硫酸铝的含量。

Al^{3+}能与 EDTA 定量反应，但反应速度很慢，而且 Al^{3+}对二甲酚橙指示剂有封闭作用，可采用返滴定法（剩余滴定法）来测定其含量。实验中先加入过量定量的 EDTA 标准溶液，加热促使 Al^{3+}与 EDTA 配位反应完全。再用锌标准溶液回滴剩余的 EDTA。用 HAc-NaAc 缓冲溶液控制溶液的酸度为 5～6，以二甲酚橙（XO）为指示剂，反应过程如下：

$$Al^{3+} + H_2Y^{2-} \rightleftharpoons AlY^- + 2H^+$$

$$Zn^{2+} + H_2Y^{2-} \rightleftharpoons ZnY^{2-} + 2H^+$$

滴定终点时，溶液中稍过量的 Zn^{2+}与指示剂二甲酚橙结合，溶液颜色由 XO 的游离色（黄色）变为结合色（紫红色）。

$$\underset{\text{黄色}}{XO} + Zn^{2+} \rightleftharpoons \underset{\text{紫红色}}{Zn\text{-}XO^{2+}}$$

三、仪器与试剂

1. 仪器

分析天平（0.1mg）；托盘天平；酸式滴定管（25mL）；容量瓶（100mL）；移液管（25mL，20mL，10mL）；锥形瓶（250mL）；烧杯（50mL）；量筒（10mL，100mL）；水浴锅；电炉；洗耳球；玻璃棒。

2. 试剂

$Al_2(SO_4)_3 \cdot 18H_2O$（A. R.）；$ZnSO_4 \cdot 7H_2O$（A. R.）；$EDTA \cdot 2Na_2 \cdot H_2O$（A. R.）；稀 HCl（$3mol \cdot L^{-1}$）；甲基红指示剂（0.1%的 60%乙醇液）；二甲酚橙指示剂（0.5%水溶液）；氨试液（120mL 浓氨水加水至 1000mL）；$NH_3 \cdot H_2O\text{-}NH_4Cl$ 缓冲液（pH＝10）（称取 54g NH_4Cl 溶于水中，加氨水 350mL，用水稀释到 1000mL）；HAc-NaAc 缓冲液（pH＝6）

（称取无水醋酸钠 60g 溶于水中，加冰 HAc 5.7mL，用水稀释至 1000mL）；铬黑 T 指示剂（称取铬黑 T 0.2g 溶于 15mL 三乙醇胺中，待完全溶解后，加入 5mL 无水乙醇即得，最好现配现用）。

四、实验内容

1. 0.05mol·L^{-1}EDTA 标准溶液的配制与标定

（1）0.05mol·L^{-1}EDTA 标准溶液的配制

称取 EDTA·2Na_2·H_2O 约 9.5g，加蒸馏水 500mL 使其溶解，摇匀，贮存于硬质玻璃瓶中。

（2）0.05mol·L^{-1}EDTA 标准溶液的标定

精密称取已在 800℃灼烧至恒重的基准物质 ZnO 约 0.41g 至一小烧杯中，加稀盐酸 10mL，搅拌使其溶解，并定量转移到 100mL 容量瓶中，加水稀释至刻度，摇匀。用移液管精密量取配制的 ZnO 溶液 20.00mL 至锥形瓶中，加甲基橙指示剂 1 滴，用氨试液调至溶液刚呈微黄色。再加蒸馏水 25mL，加 $NH_3 \cdot H_2O\text{-}NH_4Cl$ 缓冲液 10mL，加铬黑 T 指示剂 4 滴，摇匀。用 EDTA 标准溶液滴定至溶液由紫红色转变为纯蓝色，即为终点。

平行测定 3 次，按式（22-1）计算 EDTA 标准溶液浓度，求平均值及相对平均偏差。

$$c(\mathrm{EDTA})=\frac{\dfrac{m(\mathrm{ZnO})}{M(\mathrm{ZnO})}\times\dfrac{20}{100}}{\dfrac{V(\mathrm{EDTA})}{1000}} \qquad (22\text{-}1)$$

$$M(\mathrm{ZnO})=81.38\mathrm{g \cdot mol^{-1}}$$

2. 0.05mol·L^{-1} $ZnSO_4$标准溶液的配制与标定

（1）0.05mol·L^{-1} $ZnSO_4$标准溶液的配制

在托盘天平上称取 $ZnSO_4 \cdot 7H_2O$ 固体约 3.75g，加稀 HCl 2～3mL 与适量的蒸馏水溶解后，再加适量的蒸馏水使成 250mL，搅匀。

（2）0.05mol·L^{-1} $ZnSO_4$标准溶液的标定

用移液管精密量取 20.00mL 配制的 $ZnSO_4$溶液，加甲基红指示剂 1 滴，小心滴加氨试液使溶液显微黄色，加蒸馏水 25mL，$NH_3 \cdot H_2O\text{-}NH_4Cl$ 缓冲液 10mL，铬黑 T 指示剂 3 滴，用 0.05mol·L^{-1} EDTA 标准溶液滴定至溶液由紫红色转变为纯蓝色即为滴定终点。

平行测定 3 次，按式（22-2）计算 $ZnSO_4$标准溶液的准确浓度，求平均值及相对平均偏差。

$$c(\mathrm{ZnSO_4})=\frac{c(\mathrm{EDTA})\times V(\mathrm{EDTA})}{V(\mathrm{ZnSO_4})} \qquad (22\text{-}2)$$

3. 硫酸铝的含量测定

取本品约 2g，精密称定，置于 50mL 小烧杯中，依次加稀 HCl 2mL、蒸馏水 10mL，完全溶解后，定量转移到 100mL 容量瓶中，用水稀释到刻度，摇匀。精密量取 10mL 于锥形瓶中，小心滴加氨试液中和至恰析出沉淀，再滴加稀 HCl 至沉淀恰溶解为止，加 HAc-NaAc 缓冲液（pH＝6）10mL，再精密加入 EDTA 滴定液（0.05mol·L^{-1}）25.00mL，在电炉上加热煮沸 5min，放冷至室温。加入二甲酚橙指示剂 2～3 滴，用 0.05mol·L^{-1} $ZnSO_4$标准溶液滴定，至溶液由黄色转变为红色即为滴定终点。

平行测定 3 次，按式（22-3）计算硫酸铝的百分含量，求平均值及相对平均偏差。

$$w(Al_2(SO_4)_3 \cdot 18H_2O) = \frac{\frac{1}{2} \times [c(EDTA) \times V(EDTA) - c(ZnSO_4) \times V(ZnSO_4)] \times \frac{M(Al_2(SO_4)_3 \cdot 18H_2O)}{1000}}{m \times \frac{10}{100}} \times 100\% \quad (22\text{-}3)$$

$$M(Al_2(SO_4)_3 \cdot 18H_2O) = 666.17 g \cdot mol^{-1}$$

五、注意事项

1. 贮存 EDTA 标准溶液应选用硬质玻璃瓶，最好是长期存放 EDTA 溶液的瓶子，以免 EDTA 与玻璃中的金属离子作用。有条件的话，用聚乙烯瓶贮存更好。

2. 配位滴定反应进行的速度相对较慢（不像酸碱反应能在瞬间完成），故滴定时加入 EDTA 溶液的速度不宜太快，在室温低时尤其要注意。特别在临近终点时，应逐滴加入，并充分振摇。

3. Al^{3+} 与 EDTA 配合速度很慢，加热的目的是促使 Al^{3+} 与 EDTA 配合速度加快，一般在石棉网上直接煮沸 3min，配合程度可达 99%，为了尽量使反应完全，可煮沸 5～10min。

4. 配位滴定中，由于指示剂、滴定剂和被测离子都受溶液 pH 的影响，但是随着滴定反应

$$M + H_2Y \rightleftharpoons MY + 2H^+$$

的进行，溶液的酸度会不断下降，所以实验过程中要严格调节溶液 pH 值，需加入合适的缓冲体系来控制溶液的酸度。

5. 实验时需用电炉加热，注意明火，小心烫伤。

六、思考题

1. 用 EDTA 测定铝盐含量，为什么采用返滴定法？
2. Al^{3+} 测定时能否用铬黑 T 作指示剂？
3. 用返滴定法测定 Al^{3+} 时，允许的 pH 范围是多少？

（杨静，姚碧霞）

实验二十三 碘量法测定维生素 C 含量

一、实验目的

1. 了解 $Na_2S_2O_3$ 和 I_2 标准溶液的配制方法。
2. 掌握标定 $Na_2S_2O_3$ 和 I_2 标准溶液的原理和方法。
3. 掌握直接碘量法测定维生素 C 的原理。

二、实验原理

I_2 是较弱的氧化剂，I^- 是中等强度的还原剂。其电极反应为：

$$I_2 + 2e^- \rightleftharpoons 2I^- \qquad \varphi^{\ominus} = 0.535V$$

因此，可用 I_2 标准溶液直接滴定某些较强的还原性物质，以测定这些物质的含量（此称直接碘量法）；也可用过量 KI 与某些氧化性物质反应，定量析出的 I_2 用 $Na_2S_2O_3$ 标准溶液滴定，以测定这些氧化性物质的含量（此称间接碘量法）。本实验采用直接碘量法测定维生素 C 的含量，所需的 I_2 标准溶液拟通过与 $Na_2S_2O_3$ 标准溶液相比较的方法进行标定。

维生素 C，又名抗坏血酸（$C_6H_8O_6$，$\varphi^{\ominus} = 0.18V$），分子中的烯二醇基团具有较强的还原性，能被弱氧化剂 I_2 定量氧化成二酮基，反应如下：

$$C_6H_8O_6 + I_2 \rightleftharpoons C_6H_6O_6 + 2HI$$

该反应完全、快速、可采用直接碘量法，用 I_2 标准溶液直接测定维生素 C 的含量。

维生素 C 的还原性很强，在中性或碱性介质中极易被空气中的 O_2 氧化，碱性溶液中更甚。因此，虽然从反应方程式看，碱性条件下更有利于反应向右进行，但是实验中为了减少维生素 C 受其他氧化剂的影响，滴定反应应在酸性溶液中进行。实验证明，维生素 C 在 $0.2mol \cdot L^{-1}$ HAc 或 $0.2mol \cdot L^{-1}$ $H_2C_2O_4$ 溶液中比在无机酸中更稳定。本实验中测定维生素 C 含量在稀 HAc 介质中进行。淀粉遇碘变蓝色，碘量法用淀粉作指示剂。

固体碘易挥发及腐蚀性较强，不能用分析天平准确称量，所以 I_2 标准溶液通常用间接法配制。固体 I_2 在水中溶解度很小（$0.00133mol \cdot L^{-1}$），故配制 I_2 标准溶液时须加入适量 KI，使 I_2 形成 I_3^- 配离子，以增大 I_2 在水中的溶解度，并降低 I_2 的挥发性。溶液中 KI 含量在 2%～4%时即可达到上述目的。《中国药典》（2010 版）用 $Na_2S_2O_3$ 标准溶液确定 I_2 标准溶液的浓度，反应如下：

$$I_2 + 2S_2O_3^{2-} \rightleftharpoons 2I^- + S_4O_6^{2-}$$

$Na_2S_2O_3$ 标准溶液的配制用间接配制法。因为市售 $Na_2S_2O_3 \cdot 5H_2O$ 常含有 S、Na_2CO_3、

Na_2SO_4等杂质，在空气中易风化或潮解。此外，$Na_2S_2O_3$在中性或酸性溶液中还可与水中CO_2及O_2作用，水中的嗜硫菌等微生物也能使它分解。为此，常用新煮沸而刚冷却的蒸馏水配制$Na_2S_2O_3$标准溶液，以除去水中溶解的CO_2和O_2，并杀死微生物；同时，还需加入少量Na_2CO_3作稳定剂，使溶液pH值保持在9～10。所配溶液须放置7～10d，再用$K_2Cr_2O_7$作基准物质进行标定。

标定时$Na_2S_2O_3$标准溶液采用置换滴定法，$K_2Cr_2O_7$在强酸性溶液中与过量KI反应，定量地析出I_2，再用待标定的$Na_2S_2O_3$溶液滴定析出的I_2。反应方程式为：

$$Cr_2O_7^{2-}+6I^-+14H^+ \rightleftharpoons 2Cr^{3+}+3I_2+7H_2O$$

在溶液酸度较低时，此反应完成较慢。若酸度太强又会使KI被空气氧化成I_2。因此，实验过程中必须注意酸度的控制，控制溶液［H^+］约为0.5mol·L^{-1}，并避光放置10min，使反应定量完成。析出的I_2再用$Na_2S_2O_3$溶液滴定，以淀粉作指示剂。反应如下：

$$I_2+2S_2O_3^{2-} \rightleftharpoons 2I^-+S_4O_6^{2-}$$

$Na_2S_2O_3$与I_2的反应只能在中性或弱酸性溶液中进行。所以在滴定前应将溶液稀释，降低酸度，使［H^+］约为0.2mol·L^{-1}，也使终点时Cr^{3+}的绿色变浅。

指示剂淀粉溶液应在滴定至近终点时加入（溶液显浅黄色时加入），若过早加入，则大量的I_2与淀粉结合成蓝色配合物，这种结合状态的I_2较难释出，致使$Na_2S_2O_3$标准溶液用量偏多，产生较大的滴定误差。

根据上述反应，$K_2Cr_2O_7$与$Na_2S_2O_3$计量关系为1∶6，即$n(Na_2S_2O_3)=6n(K_2Cr_2O_7)$，故

$$c(Na_2S_2O_3)=\frac{6\times\dfrac{m(K_2Cr_2O_7)}{M(K_2Cr_2O_7)}}{\dfrac{V(Na_2S_2O_3)}{1000}} \tag{23-1}$$

$$M(K_2Cr_2O_7)=294.18g\cdot mol^{-1}$$

三、仪器与试剂

1. 仪器

分析天平（0.1mg）；托盘天平；酸式滴定管（25mL）；碱式滴定管（25mL）；碘量瓶；容量瓶（100mL）；量筒（10mL）；锥形瓶（250mL）；移液管（20mL）；烧杯（100mL）；玻璃棒；棕色试剂瓶；洗耳球。

2. 试剂

$Na_2S_2O_3\cdot 5H_2O$(A.R.)；$K_2Cr_2O_7$(基准级)；Na_2CO_3(A.R.)；I_2(A.R.)；KI (A.R.)；H_2SO_4(3mol·L^{-1})；KI溶液（1mol·L^{-1}）；维生素C(试样)；HAc(2mol·L^{-1})；淀粉溶液（0.5%）。

四、实验内容

1. 0.02mol·L^{-1} $Na_2S_2O_3$标准溶液的配制与标定

（1）0.02mol·L^{-1} $Na_2S_2O_3$溶液的配制

在托盘天平上称取$Na_2S_2O_3\cdot 5H_2O$约2g，置于50mL烧杯中，加入Na_2CO_3约0.1g，再加适量新煮沸而刚冷却的蒸馏水溶解后，倒入棕色试剂瓶中，继续加该蒸馏水至总体积为400mL，混匀，避光保存7～10d后标定。

（2）0.02mol·L^{-1} $Na_2S_2O_3$标准溶液的标定

精确称取在120℃干燥至恒重并研细的基准物质 $K_2Cr_2O_7$ 0.10～0.12g 于烧杯中，加适量蒸馏水溶解后，定量转移至100mL容量瓶中，用蒸馏水稀释至刻度，摇匀。用移液管吸取上述溶液20.00mL于碘量瓶中，加 $3mol \cdot L^{-1}$ H_2SO_4 溶液10mL、$1mol \cdot L^{-1}$ KI溶液9mL，密塞，混匀，置暗处10min，使反应进行完全。加水50mL稀释后，立即用待标定的 $Na_2S_2O_3$ 溶液（装入碱式滴定管中）进行滴定，等溶液由棕褐色转变为浅黄色时，加入0.5%淀粉溶液2～3mL，此时溶液显蓝色，继续滴定至蓝色恰好转变为浅绿色即为终点。记录结果。

平行滴定3次，按式（23-1）计算 $Na_2S_2O_3$ 标准溶液的准确浓度，求算平均值及相对平均偏差。

2. 0.01mol·L⁻¹ I₂标准溶液的配制与标定

（1）$0.01mol \cdot L^{-1}$ I_2 溶液的配制

在托盘天平上称取经研细的碘1.0g于小烧杯中，加固体KI 2g，蒸馏水约5mL（水不能多加，否则碘不易溶解），充分搅拌，待碘完全溶解后，倒入棕色试剂瓶中，加水稀释至400mL，混匀，置暗处保存。

（2）I_2 标准溶液与 $Na_2S_2O_3$ 标准溶液的比较

用移液管准确吸取已标定好的 $Na_2S_2O_3$ 标准溶液20.00mL于锥形瓶中，加0.5%淀粉溶液2～3mL，用待标定的 I_2 标准溶液（装入酸式滴定管）滴定至溶液恰显蓝色即为终点。记录滴定结果。

平行测定3次，按式（23-2）计算 I_2 标准溶液的准确浓度，求其平均值和相对平均偏差（不超过0.2%）。

$$c(I_2)=\frac{c(Na_2S_2O_3)V(Na_2S_2O_3)}{2V(I_2)} \tag{23-2}$$

3. 维生素C的含量测定

精确称取维生素C试样0.16～0.20g于小烧杯中，加入新煮沸放冷的蒸馏水（除去水中的溶解氧，防止维生素C被氧化）适量，$2mol \cdot L^{-1}$ HAc溶液10mL，搅拌使样品溶解后，定量转移入100mL容量瓶中，用新煮沸而刚冷却的蒸馏水稀释至刻度，混匀。精确吸取该样品溶液20.00mL于锥形瓶中，加0.5%淀粉溶液2～3mL，立即用 I_2 标准溶液滴定至溶液显稳定的蓝色即为终点。

平行测定3次，按式（23-3）计算维生素C的百分含量，求平均值及相对平均偏差。

$$w(C_6H_8O_6)=\frac{c(I_2)\times V(I_2)\times\frac{M(C_6H_8O_6)}{1000}}{m\times\frac{20}{100}}\times 100\% \tag{23-3}$$

$$M(C_6H_8O_6)=176.12g \cdot mol^{-1}$$

五、注意事项

1. I_2 溶液对橡胶有腐蚀作用，必须放在酸式滴定管中进行滴定。

2. 在酸性介质中，维生素C受空气中 O_2 的氧化速度稍慢，较为稳定，但样品溶于稀醋酸后，仍需立即进行滴定。

3. 量取稀HAc和量取淀粉的量筒不能混用，要分清。

4. 淀粉指示剂比较容易失效（特别是在室温高时），需在临用前配制，且可加入少许防腐剂，如 HgI_2 或 $ZnCl_2$ 等。

六、思考题

1. 配制 $Na_2S_2O_3$ 标准溶液为什么要用新煮沸而刚冷却的蒸馏水？加入少量 Na_2CO_3 的作用是什么？

2. 如何配制 I_2 标准溶液？

3. 用 $K_2Cr_2O_7$ 作基准物质标定 $Na_2S_2O_3$ 标准溶液时，加入过量 KI 的作用是什么？不过量将会怎样？

4. 在维生素 C 试样溶液中，为什么要加入一定量的 HAc 溶液？

（杨静）

实验二十四　永停滴定法测定磺胺类药物

一、实验目的

1. 掌握重氮化滴定法的原理和条件。
2. 熟悉永停滴定法的装置和实验操作。

二、实验原理

永停滴定法属于电流滴定法，又称死停滴定法。它是将两个相同的铂电极插入待滴定溶液中，在两个电极间外加一电压，观察滴定过程中通过电极间的电流变化，根据电流变化的情况确定滴定终点。永停滴定法装置简单，确定终点方便，准确度高。

磺胺类药物大多数是具有芳伯胺基的药物，它们在酸性溶液中可与 $NaNO_2$ 定量完成重氮化反应而生成重氮盐。以磺胺嘧啶为例，其反应式如下：

$$C_4H_3N_2\text{-}NH\text{-}SO_2\text{-}C_6H_4\text{-}NH_2 + NaNO_2 + 2HCl \rightleftharpoons [C_4H_3N_2\text{-}NH\text{-}SO_2\text{-}C_6H_4\text{-}N\equiv N]^+ Cl^- + NaCl + 2H_2O$$

化学计量点前，因溶液中没有可逆电对，电极间无电流通过，电流计指针停在零点，直到化学计量点时。化学计量点后，$NaNO_2$ 略有过剩，溶液中少量的亚硝酸及其分解产物一氧化氮在两个铂电极上产生如下反应：

$$\text{阴极：} HNO_2 + H^+ + e^- = H_2O + NO$$

$$\text{阳极：} NO + H_2O = HNO_2 + H^+ + e^-$$

因溶液中存在可逆电对，电极间即有电流通过，电流计指针突然发生偏转。如果继续滴加 $NaNO_2$，电流计指针偏转角度更大。其化学计量点附近的滴定曲线见图 24-1。

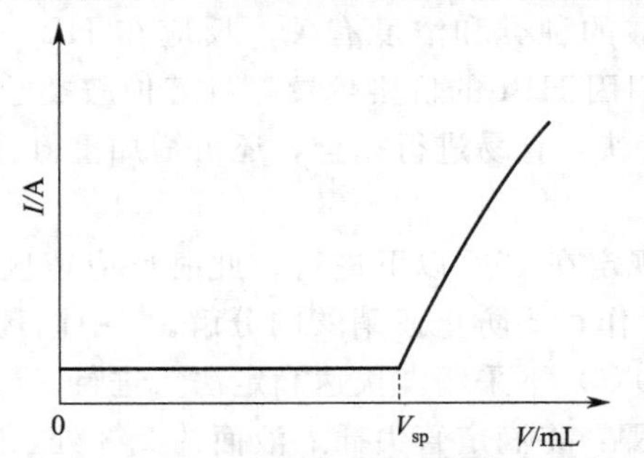

图 24-1　亚硝酸钠滴定磺胺嘧啶的 I-V 曲线

滴定中所使用的 $NaNO_2$ 标准溶液常用间接法配制，采用对氨基苯磺酸作基准物质标定。标定反应为：

$$HO_3S\text{-}C_6H_4\text{-}NH_2 + NaNO_2 + 2HCl \rightleftharpoons [HO_3S\text{-}C_6H_4\text{-}N\equiv N]^+ Cl^- + NaCl + 2H_2O$$

根据对氨基苯磺酸称取量和 $NaNO_2$ 标准溶液的浓度及其用量，按式（24-1）计算 $NaNO_2$ 的浓度：

$$c(NaNO_2)=\frac{m(C_6H_7O_3NS)}{V(NaNO_2)\times\frac{M(C_6H_7O_3NS)}{1000}} \tag{24-1}$$

$$M(C_6H_7O_3NS)=173.19g\cdot mol^{-1}$$

三、仪器与试剂

1. 仪器

托盘天平；分析天平（0.1mg）；永停滴定仪；搅拌磁子；铂电极；酸式滴定管（25mL）；烧杯（100mL）；量筒（1000mL×1，100mL×2，5mL×1）；试剂瓶；玻璃棒。

2. 试剂

亚硝酸钠（A. R.）；碳酸钠（A. R.）；对氨基苯磺酸（基准试剂）；磺胺嘧啶（原料药）；溴化钾（A. R.）；浓氨试液；盐酸（$6mol\cdot L^{-1}$）。

四、实验步骤

1. $0.1mol\cdot L^{-1}$ $NaNO_2$ 标准溶液的配制与标定

（1）$NaNO_2$ 标准溶液的配制

称取亚硝酸钠 7.2g，加无水碳酸钠 0.1g，加水使其溶解并稀释至 1000mL，摇匀。

（2）$NaNO_2$ 标准溶液的标定

精密称取在 120℃干燥至恒重的基准物质对氨基苯磺酸 0.39～0.41g，置于烧杯中，加水 30mL 和浓氨试液 3mL。溶解后，加盐酸 20mL，搅拌。在永停滴定仪上进行滴定。

2. 磺胺嘧啶含量的测定

精密称取磺胺嘧啶样品 0.49～0.51g，加盐酸 10mL 使其溶解，再加蒸馏水 50mL 及 KBr 1g，搅拌。在永停滴定仪上进行滴定。

五、注意事项

1. $NaNO_2$ 水溶液 pH=10 左右最为稳定，故在配制时常加入适量的 Na_2CO_3 作为稳定剂。

2. 重氮化反应速度与酸的种类和浓度有关。反应在 HBr 中最快，在 HCl 中次之，在 HNO_3 或 H_2SO_4 中最慢，但因 HBr 的价格较贵，且芳伯胺类盐酸盐有较大的溶解度，故常用 HCl。酸度高时反应速度快，且易进行完全，还可增加重氮盐的稳定性，因此酸度一般控制在 $1\sim2mol\cdot L^{-1}$。

3. 重氮化反应，一般规定在 15℃以下进行，此时反应速度虽然稍慢，但测定结果却较准确。在常温下进行实验操作，要防止亚硝酸的分解。《中国药典》（2010 年版）规定，该滴定反应可在室温（10～30℃）下采用“快速滴定法”进行。

“快速滴定法”操作步骤：将滴定管尖插入液面约 2/3 处，一次性将大部分 $NaNO_2$ 标准溶液在搅拌条件下迅速加入（事先计算出所需 $NaNO_2$ 标准溶液的大概体积），此时在液面下生成的 HNO_2 可迅速扩散并立即与芳伯胺反应，来不及逸失与分解即可反应完全。最后将滴定管尖提出液面，用少量水淋洗管尖，继续缓慢滴定至终点，尤其是在近终点时，因尚未反应的芳伯胺类药物的浓度极稀，须在最后一滴加入后，搅拌 1～5min，再确定终点是否真正到达。“快速滴定法”既可缩短滴定时间，也不影响滴定结果。

4. 由于基准物对氨基苯磺酸难溶于水，所以应先用氨水溶解，待对氨基苯磺酸全部溶解后，再加盐酸进行酸化。

六、思考题

1. 永停滴定法与电位滴定法在原理上有何不同?
2. 重氮化反应的条件是什么？为什么本次实验可在常温下进行?
3. 具有何种结构的药物可以用亚硝酸钠法进行测定?
4. 磺胺嘧啶含量测定，为何要加 KBr?

附：永停滴定仪操作步骤

1. 安装仪器，开始使用前的检查

(1) 开启电源开关，将手自动开关置手动挡。按慢滴开关，则黄灯亮，按快滴开关，则绿灯亮。

(2) 检查搅拌装置，观察是否运转正常。

(3) 将极化电压置 50mV、灵敏度 10^{-9}、门限值 0，将手动开关置自动挡，再将门限值置 10 格时，应黄灯亮，约 5～7s 后绿灯亮，再将门限值置 0。黄、绿灯即暗。过 1 分 30 秒左右红灯亮，蜂鸣叫。

(4) 将自动开关置手动挡，红灯暗。

注：以后测定样品时，就不需要每次调节。

2. 赶气泡、调液滴

(1) 装上滴定管，并加入标准溶液。

(2) 将电磁阀门盖打开，按手动挡的快滴或慢滴，标准液流下，气泡亦下，待导管内无气泡时，盖上门盖。

(3) 调节液滴速度。拧动右边电磁阀螺丝，使慢滴速度为 0.02～0.03mL 每次。拧动左边电磁阀螺丝，使快滴速度成线状。

3. 将极化电压、灵敏度、门限值按照测定的样品，调节到规定范围（磺胺嘧啶、对氨基苯磺酸的极化电压 50 mV，灵敏度 10^{-9}，门限值 60 格)。

4. 安装活化的电极（电极一般在使用前，经清洁液浸泡 0.5～1min，并冲洗干净)。注意电极活化不宜过长，过长会影响分析，使电极的铂片与烧杯的圆周方向一致，电极应处于溶液漩涡的下游位置，便于迅速分散均匀。

5. 将标准液注入滴定管内，按慢滴开关，使滴定管内标准液为零刻度。

6. 将测定样品的烧杯置搅拌器上，并将电极、滴定管口插入液面（约 2/3 处)，搅拌。

7. 把开关置自动挡。滴定开始，待红灯亮，则终点到，记录滴定管上的读数。

8. 将开关回复到手动位置，用蒸馏水冲洗电极，从步骤 5 开始，重复操作。

（魏芳弟）

实验二十五 氯化铵的含量测定

一、实验目的

1. 掌握沉淀滴定法中 K_2CrO_4 指示剂法（莫尔法）的原理及方法。
2. 熟悉 K_2CrO_4 作指示剂时滴定终点的判断。
3. 了解 $AgNO_3$ 标准溶液的配制方法。

二、实验原理

氯化氨是临床上使用的一种祛痰药，也是一种辅助利尿剂。氯化铵溶液中含有水溶性 Cl^-，可以采用银量法测定其含量。

根据所用指示剂的不同，银量法可分为 K_2CrO_4 指示剂法（莫尔法）、铁铵矾指示剂法（福尔哈德法）、吸附指示剂法（法扬司法）。氯化铵的含量可采用莫尔法测定，以 K_2CrO_4 为指示剂，用 $AgNO_3$ 标准溶液进行滴定。根据分步沉淀的原理，AgCl 的溶解度比 Ag_2CrO_4 小，溶解度小的 AgCl 先沉淀，溶解度大的 Ag_2CrO_4 后沉淀。当 AgCl 定量沉淀后，微过量的 $AgNO_3$ 即与 K_2CrO_4 反应生成砖红色的 Ag_2CrO_4 沉淀，指示终点到达。主要反应方程式如下：

终点前：$Ag^+ + Cl^- \xlongequal{} AgCl\downarrow$（白色） $K_{sp(AgCl)} = 1.8\times10^{-10}$

终点时：$2Ag^+ + CrO_4^{2-} \xlongequal{} Ag_2CrO_4\downarrow$（砖红色） $K_{sp(Ag_2CrO_4)} = 2.0\times10^{-12}$

滴定必须在中性或弱碱性溶液进行，最适宜的 pH 范围为 6.5～10.5，以防止酸度过高时，CrO_4^{2-} 转化为 H_2CrO_4 或 $Cr_2O_7^{2-}$ 而不产生 Ag_2CrO_4 沉淀，或酸度过低时 Ag^+ 形成 Ag_2O 沉淀。在 NH_4^+ 存在下，为避免生成$[Ag(NH_3)]^+$或$[Ag(NH_3)_2]^+$配合物，溶液 pH 需控制在 6.5～7.2 之间。

滴定过程中，指示剂 K_2CrO_4 的用量对滴定有影响，必须定量加入，一般以 $5\times10^{-3}mol\cdot L^{-1}$ 为宜，相当于在总体积 50～100mL 的溶液中加入 5%铬酸钾指示剂 1～2mL。凡能与 Ag^+ 生成微溶化合物或配合物的阴离子都干扰测定，如 PO_4^{3-}、AsO_4^{3-}、SO_3^{2-}、S^{2-}、CO_3^{2-}、CrO_4^{2-} 等。凡能与 CrO_4^{2-} 生成沉淀的阳离子，如 Ba^{2+}、Pb^{2+}，也可干扰测定。大量有色离子，如 Cu^{2+}、Co^{2+}、Ni^{2+} 等会影响终点的观察。高价金属离子，如 Al^{3+}、Fe^{3+}、Bi^{3+}、Sn^{4+} 等在中性或弱碱性溶液中发生水解，也会干扰测定。如果存在上述干扰离子，实验前应预先分离，如 Ba^{2+} 的干扰可通过加入过量 Na_2SO_4 消除；S^{2-} 可在酸性中加热除去；SO_3^{2-} 可氧化成 SO_4^{2-} 后消除其干扰。

实验中所用 $AgNO_3$ 标准溶液有两种配制方法：一是直接用干燥的优级纯 $AgNO_3$ 试剂配制；二是用一般市售的 $AgNO_3$ 试剂粗配，然后进行标定。

直接配制法需将优级纯的 $AgNO_3$ 结晶置于 110℃烘箱中干燥 1～2h，以除去吸湿水。然后准确称取一定质量烘干的 $AgNO_3$，溶解后定量转移至容量瓶中，稀释至刻度，即可得到一定浓度的 $AgNO_3$ 标准溶液。由于 $AgNO_3$ 见光易分解，$AgNO_3$ 固体或已配好的标准溶液应保存在密封的棕色瓶中。

一般市售 $AgNO_3$ 试剂中含有水分、银、有机物、AgO、$AgNO_2$ 以及游离酸和不溶性的杂质，因此不能准确配制，必须粗配后用基准物质（常用 NaCl）进行标定。NaCl 易潮解，在使用之前，应先将其放在坩埚内，在 500～600℃高温下灼烧 30min，以除去其中吸收的水分，放在干燥器中冷却后使用。本实验中以 K_2CrO_4 作指示剂标定 $AgNO_3$ 标准溶液，以消除测定方法所引起的系统误差。

三、仪器与试剂

1. 仪器

分析天平（0.1mg）；称量瓶；酸式滴定管（25mL，棕色）；锥形瓶（250mL）；烧杯；容量瓶（100mL）；移液管（1mL，20mL，25mL）；量筒（50mL）。

2. 试剂

$AgNO_3$(A.R)；NaCl 基准试剂（使用前先在 500～600℃高温中灼烧 30min，保存在干燥器中备用）；NH_4Cl(A.R)；K_2CrO_4 指示剂（5%水溶液）；不含 Cl^- 的蒸馏水。

四、实验内容

1. $AgNO_3$ 标准溶液的配制和标定

(1) 0.05mol·L^{-1} $AgNO_3$ 标准溶液的配制

称取 4.2g $AgNO_3$ 于小烧杯中，加不含 Cl^- 的蒸馏水溶解后，转入棕色试剂瓶中，再用水稀释至 500mL，摇匀后，置于暗处备用。

(2) 0.05mol·L^{-1} $AgNO_3$ 标准溶液的标定

精确称取 0.25～0.30g 基准级 NaCl 试剂于小烧杯中，用水溶解后，定量转移至 100mL 容量瓶中，稀释至刻度，摇匀。精密量取 25.00mL 0.05 mol·L^{-1} NaCl 标准溶液于 250mL 锥形瓶中，加入 20mL 水，准确加入 K_2CrO_4 指示剂 1.00mL，在充分振荡后，用 $AgNO_3$ 标准溶液进行滴定，滴定过程中不断振摇，直至溶液微呈砖红色即为滴定终点。平行滴定 3 份，记录 $AgNO_3$ 标准溶液的用量，按式（25-1）分别计算 $AgNO_3$ 溶液的浓度，求算平均值和相对平均偏差。

$$c(AgNO_3)=\frac{\frac{m}{M(NaCl)}\times\frac{25}{100}}{\frac{V(AgNO_3)}{1000}} \qquad (25\text{-}1)$$

$$M(NaCl)=58.44g\cdot mol^{-1}$$

2. NH_4Cl 的含量测定

精密取称 NH_4Cl 试样约 0.25～0.28g 于小烧杯中，加水溶解后，定量转移到 100mL 容量瓶中，再用水稀释至刻度，摇匀。精确量取该溶液 20.00mL 于锥形瓶中，加入 20mL 水，再准确加入 K_2CrO_4 指示剂 1.00mL，充分振荡。在不断振摇下，用 $AgNO_3$ 标准溶液滴定至恰好混悬液微呈砖红色，即为滴定终点。平行滴定 3 次，按式（25-2）分别计算氯化铵的百分含量，求算平均值及相对平均偏差。

$$w(NH_4Cl)=\frac{c(AgNO_3)V(AgNO_3)\times\frac{M(NH_4Cl)}{1000}}{m\times\frac{20}{100}}\times 100\% \qquad (25\text{-}2)$$

$$M(NH_4Cl)=53.49g\cdot mol^{-1}$$

实验结束后，将装有$AgNO_3$溶液的滴定管先用蒸馏水清洗2～3次，然后再用自来水清洗，以防产生AgCl沉淀而难以洗净。若滴定管壁有AgCl沉淀，可用少量氨水洗涤。

五、注意事项

1. 根据实验需要，$AgNO_3$溶液可以几位同学合用，减少不必要的浪费。

2. $AgNO_3$具有一定的氧化性，与有机物接触容易起氧化还原反应，因此$AgNO_3$溶液应贮存于玻璃塞试剂瓶中，勿与皮肤接触。此外，$AgNO_3$见光易分解，析出黑色金属Ag。

$$2AgNO_3 = 2Ag + 2NO_2\uparrow + O_2\uparrow$$

因此，$AgNO_3$标准溶液应贮存于棕色瓶中，并置于暗处，滴定时用棕色酸式滴定管。保存过久的$AgNO_3$标准溶液，应重新标定。

3. 常用的蒸馏水可能含有少量的Cl^-，实验前应先用$AgNO_3$溶液检查，证明不含Cl^-的水才能用来配制$AgNO_3$溶液。同时，实验中使用的所有器皿都要用不含Cl^-的水清洗干净，防止产生AgCl沉淀。

4. 在滴定过程中须不断振摇，因为AgCl沉淀可吸附Cl^-，被吸附的Cl^-较难和Ag^+反应完全。若振摇不充分会使滴定终点过早出现。

5. 当形成的Ag_2CrO_4砖红色沉淀消失缓慢，且AgCl沉淀开始凝聚时，表示已快到终点，此时须逐滴加入$AgNO_3$并用力振摇。

6. 含银废液要回收，不可随意倒入水槽中。

六、思考题

1. 如何保存配制好的$AgNO_3$溶液，为什么？

2. 用来标定$AgNO_3$溶液的NaCl标准溶液，如果配制NaCl溶液前NaCl没有进行干燥处理，对$AgNO_3$溶液的浓度有何影响？

3. NH_4Cl的含量测定能否用吸附指示剂法，为什么？

（杨静）

实验二十六　磷酸的电位滴定

一、实验目的

1. 掌握酸碱电位滴定法测定磷酸的原理与方法。
2. 掌握电位滴定曲线的绘制方法，以及三种常用的滴定终点的确定方法。
3. 熟悉电位滴定法测定磷酸的解离平衡常数。
4. 熟悉 pHS-25 型酸度计的正确使用。

二、实验原理

电位滴定法是根据滴定过程中电池电动势的突变来确定滴定终点的方法。

磷酸的电位滴定，是以 NaOH 标准溶液为滴定剂，来测定 H_3PO_4 的摩尔浓度、pK_{a1} 以及 pK_{a2}。将复合 pH 电极插入磷酸试液中，组成原电池（图 26-1）。

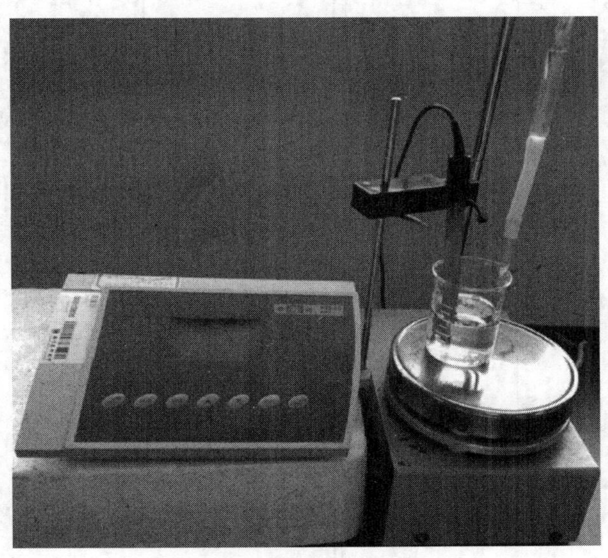

图 26-1　电位滴定的装置图

在滴定过程中，随着滴定剂的不断加入，待测物与滴定剂发生反应，溶液的 pH 值也随之不断变化。以加入滴定剂的体积为横坐标，溶液相应的 pH 值为纵坐标，来绘制 pH-V 滴定曲线，曲线上的转折点（拐点）所对应的体积即为滴定终点的体积。也可采用一级微商法（$\Delta pH/\Delta V$-$\overline{V}$）或二级微商法（$\Delta^2 pH/\Delta V^2$-V）来确定滴定终点。图 26-2 是几种常用的滴定终点的确定方法。

从 pH-V 滴定曲线上也能求算 H_3PO_4 的 K_{a1} 和 K_{a2}。这是因为磷酸是多元酸，在水溶液中是分步解离的，即

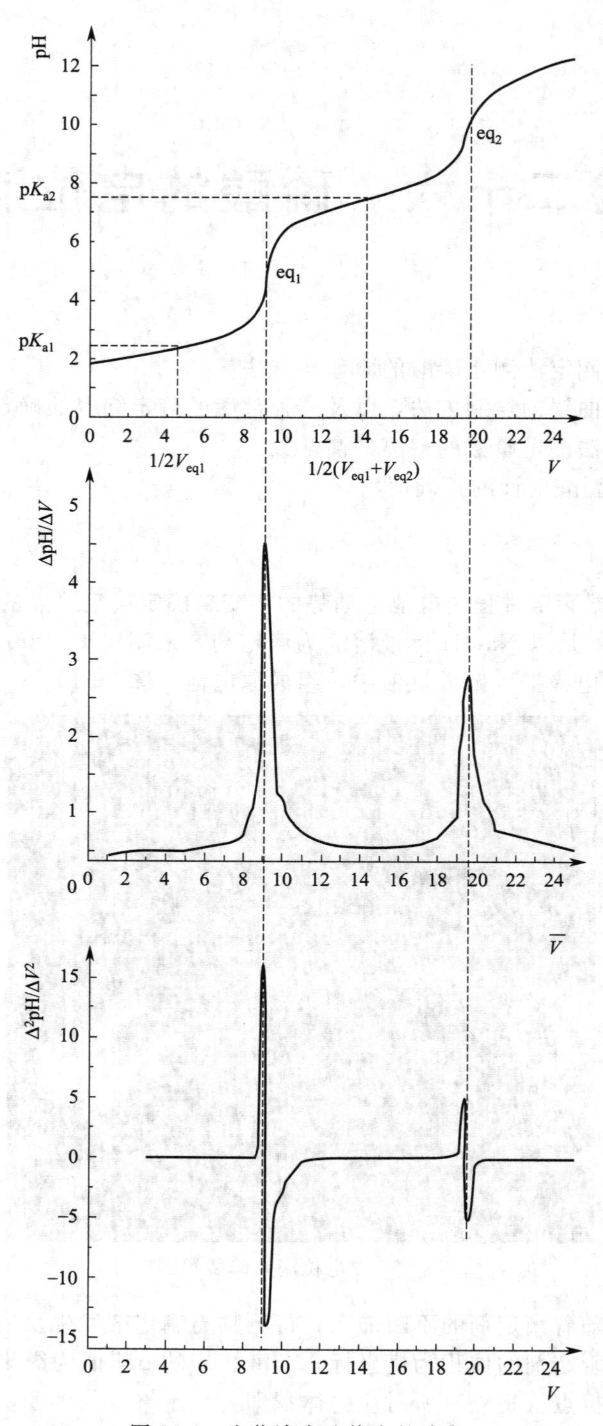

图 26-2 电位滴定法终点的确定

$$H_3PO_4 \underset{}{\overset{K_{a1}}{\rightleftharpoons}} H^+ + H_2PO_4^-$$

$$K_{a1} = \frac{[H^+][H_2PO_4^-]}{[H_3PO_4]}$$

当用 NaOH 标准溶液滴定至剩余 H_3PO_4 的浓度与生成的 NaH_2PO_4 的浓度相等时，从上式可知：$K_{a1}=[H^+]$，即 $pK_{a1}=pH$，也就是说，第一半中和点（$\frac{1}{2}V_{eq1}$）对应的 pH 值即为 pK_{a1}。同理：

$$H_2PO_4^- \xrightleftharpoons{K_{a2}} H^+ + HPO_4^{2-}$$

$$K_{a2}=\frac{[H^+][HPO_4^{2-}]}{[H_2PO_4^-]}$$

当继续用 NaOH 标准溶液滴定至 $[H_2PO_4^-]=[HPO_4^{2-}]$ 时，$pK_{a2}=pH$，即第二半中和点体积所对应的 pH 值就是 pK_{a2}。

由此可见，电位滴定法可用来测定某些弱酸的解离平衡常数（pK_a）或弱碱的解离平衡常数（pK_b），该方法是有一定的实用意义的。

三、仪器与试剂

1. 仪器

pHS-25 型酸度计；复合 pH 电极；电磁搅拌器；磁子；碱式滴定管（25mL）；烧杯（100mL）；移液管（10mL）；量筒（100mL）；洗耳球。

2. 试剂

标准缓冲溶液（pH=4.00 和 pH=6.86）；NaOH 标准溶液（$0.1mol \cdot L^{-1}$）；磷酸样品溶液（$0.1mol \cdot L^{-1}$）。

四、实验内容

1. 按照图 26-1 安装实验装置。

2. 用 pH 4.00 与 6.86 的标准缓冲溶液校准 pH 计。

3. 用移液管精密吸取 10.00mL 磷酸样品溶液，置于 100mL 烧杯中，加蒸馏水20mL，插入复合 pH 电极。在电磁搅拌下，用 $0.1mol \cdot L^{-1}$ NaOH 标准溶液进行滴定，当 NaOH 标准溶液未达 8.00mL 前，每加 1.00mLNaOH 溶液记录 pH 值，在化学计量点（即加入少量 NaOH 溶液引起溶液的 pH 值变化逐渐变大）前后±10%时，每次加入 0.1mL NaOH 溶液，记录一次 pH 值。用同样的方法，继续滴定至过了第二个计量点为止。

4. 关闭 pH 计和电磁搅拌器，拆除装置，清洗电极并将其浸泡在饱和 KCl 溶液中。

5. 处理实验数据，具体步骤如下。

（1）打开电脑，启用 Microsoft Excel 应用程序。依次在 A～H 栏的第 1 行，输入 V、pH、ΔpH、ΔV、$\overline{V}$、$\Delta pH/\Delta V$、$\Delta(\Delta pH/\Delta V)$ 和 $\Delta^2 pH/\Delta V^2$。

（2）从第 2 行开始，将原始数据 V 输入表格中 A 栏、pH 输入 B 栏。

（3）绘制 pH-V 曲线：选中 A、B 栏中的数据→【插入】→【图表】→XY 散点图→平滑线散点图→下一步→完成。

（4）从图中可看到两个滴定突跃，曲线的转折点（拐点）即为两个滴定终点，记下第一化学计量点和第二化学计量点消耗的体积 V_1、V_2，并求算 H_3PO_4 的 K_{a1} 和 K_{a2}。

（5）分别作两个滴定终点的 $\Delta pH/\Delta V$-$\overline{V}$ 图，具体步骤如下。

① 在 C 栏中，从第 3 行开始，计算 ΔpH，“=B2－B1”，回车，复制；在 D 栏中计算 ΔV，“=A2－A1”回车，复制；在 E 栏中计算平均体积 $\overline{V}$，“=（A1＋A2）/2”，回车，复

制；在F栏中计算 $\Delta pH/\Delta V$，“=C1/D1”，回车，复制。

② 作 $\Delta pH/\Delta V$-$\overline{V}$ 图。

③ 点击 $\Delta pH/\Delta V$-$\overline{V}$ 图上的最大点，记下第一化学计量点和第二化学计量点消耗的体积 V_1、V_2。

(6) 分别作两个滴定终点的 $\Delta^2 pH/\Delta V^2$-$\overline{V}$ 图，具体步骤如下。

① 在G栏中，从第4行开始，计算 $\Delta(\Delta pH/\Delta V)$，“=F3-F2”，回车，复制；在H栏中计算 $\Delta^2 pH/\Delta V^2$，“=G3/D3”，回车，复制。

② 作 $\Delta^2 pH/\Delta V^2$-V 图。

③ $\Delta^2 pH/\Delta V^2=0$ 的点所对应的体积，即为第一化学计量点和第二化学计量点消耗的体积 V_1、V_2。

(7) 采用二阶微商内插法计算滴定终点体积，并利用公式 $c(H_3PO_4)=\dfrac{c(NaOH)V_1(NaOH)}{V(H_3PO_4)}$，计算磷酸的浓度。

五、注意事项

1. 在溶液pH的测定中，通常选择玻璃电极为指示电极，饱和甘汞电极为参比电极。但在本实验中采用复合pH电极，它是将玻璃电极和甘汞电极组合在一起，构成单一电极体，具有体积小、使用方便、坚固耐用、被测试液用量少、可用于狭小容器中测试等优点。

2. 先将仪器装好，用pH 4.00与6.86的标准缓冲溶液校准pH计后，勿动定位钮。安装复合pH电极时，既要将电极插入待测液中，又要防止在滴定操作搅拌溶液时，烧杯中转动的磁子棒触及电极。

3. 电位滴定中的测量点分布，应控制在计量点前后密些，远离计量点疏些，在接近计量点前后时，每次加入的溶液量应保持一致（如0.10mL），这样便于数据处理和滴定曲线的绘制。

4. 滴定剂加入后，尽管发生中和反应的速度很快，但电极响应需要一定时间，故要充分搅拌溶液，切忌滴加滴定剂后立即读数，应在搅拌平衡后，停止搅拌静态读取酸度计的pH值，以求得到稳定的数据。

5. 搅拌速度略慢些，以免溶液溅失。

六、思考题

1. H_3PO_4是三元酸，其 K_{a3} 可以从滴定曲线上求得吗？

2. 用NaOH滴定 H_3PO_4，第一和第二化学计量点所消耗的NaOH体积理应相等，但实际上并不相等，为什么？

3. 电位滴定中，能否用 E 的变化来代替pH的变化？

4. 若以电位滴定法进行氧化还原滴定、非水滴定、沉淀滴定和配位滴定，应各选择什么指示电极和参比电极？

附：pHS-25酸度计操作步骤

1. 接通电源，打开仪器，预热约15min。

2. 调节“温度”旋钮，使温度与室温相同。

3. 从饱和KCl溶液中取出电极，洗净、擦干，插入pH6.86的标准缓冲溶液中，按“标定”按钮，待读数稳定后，按两次“确认”键。

4. 将电极取出，洗净、擦干，插入 pH4.00 的标准缓冲溶液中，待读数稳定后，连续按两次“确认”键。

5. 将电极取出，洗净、擦干，插入待测溶液中，测定 pH 值。

（注意：如果在标定过程中，操作失误或按键按错而使仪器使用不正常，可关闭电源，然后按住“确认”键后再开启电源，可使仪器恢复初始状态，然后重新标定。）

（魏芳弟）

实验二十七　维生素 B_{12} 注射液的鉴别和含量测定

一、实验目的

1. 掌握维生素 B_{12} 注射液的鉴别方法。
2. 掌握以吸光系数法和标准对比法测定含量的方法。
3. 熟悉 UV-9200 分光光度计的使用。
4. 熟悉含量与标示量百分含量的计算。

二、实验原理

维生素 B_{12} 是一类含钴的卟啉类有机药物，是唯一含有主要矿物质的水溶性维生素，具有很强的生血作用，在临床上是常用的抗贫血药。维生素 B_{12} 不是单一的一种化合物，共有七种，我们通常所指的维生素 B_{12} 是指其中的氰钴胺（图 27-1），为深红色结晶，分子量 1355.38，目前市售的维生素 B_{12} 注射液有每毫升含维生素 B_{12} 50μg、100μg 或 500μg 等规格。

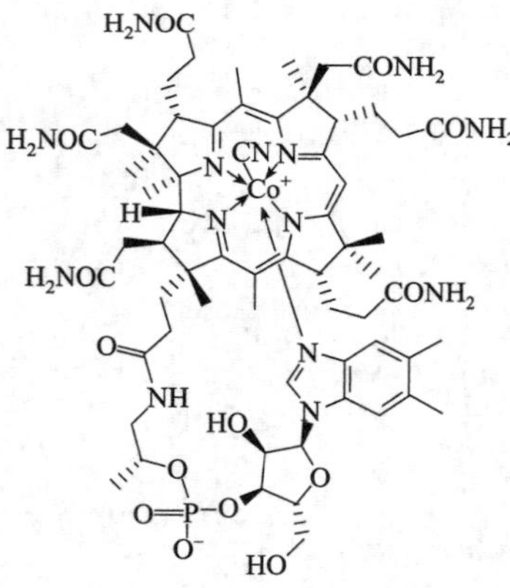

维生素 B_{12} 分子中含有共轭双键结构，在紫外-可见区有吸收，故可采用紫外-可见分光光度法鉴别和测定其含量。如图 27-2 所示，维生素 B_{12} 水溶液在 278nm、361nm 和 550nm 处有最大吸收，《中国药典》(2010 版) 采用比较 3 个最大吸收波长处吸光度的比值法来鉴别维生素 B_{12}。药典规定在 361nm 处与 278nm 处的吸光度的比值应为 1.70～1.88，在 361nm 处与 550nm 处的吸光度的比值应为 3.15～3.45。

图 27-1　维生素 B_{12} 的结构式

由于维生素 B_{12} 在最大吸收波长 361nm 处的吸收峰干扰因素少，吸收又最强，药典中以 361nm 处吸收峰的比吸光系数 $E_{1cm}^{1\%}$ 值（207）为测定注射液实际含量的依据。维生素 B_{12} 在最大吸收波长 550nm 处的吸收较弱（$E_{1cm}^{1\%}$ 约为 93），吸收峰较宽，可用标准对比法测定其含量，以减少测量误差。

药物制剂的含量往往用标示量的百分含量表示，也即制剂中主要成分的实际量（$c_{实}$）与规格量（L）的比值［标示量（%）＝($c_{实}/L$)×100%］，《中国药典》(2010 版) 规定维生素 B_{12} 注射液标示量的百分含量应在 90%～110%。

三、仪器与试剂

1. 仪器

UV-9200 紫外-可见分光光度计；1cm 石英比色皿；容量瓶（10mL）；移液管（1mL）；吸量管（5mL）。

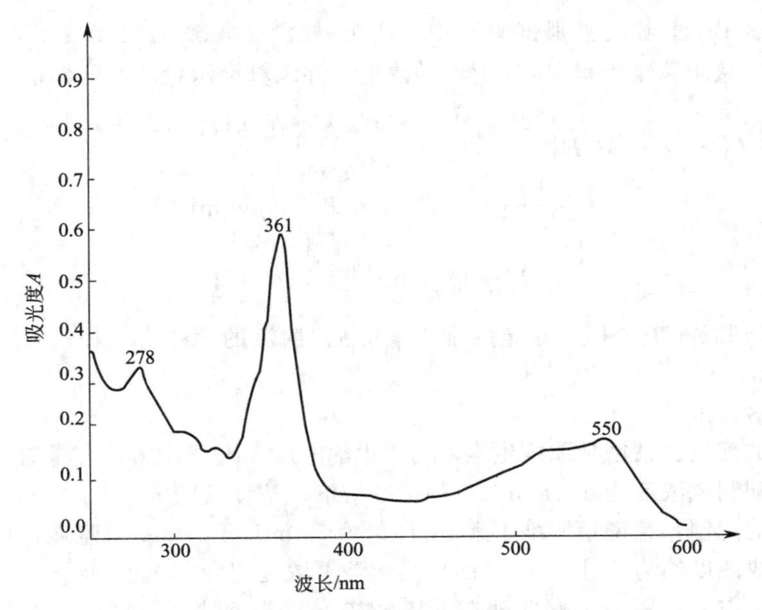

图 27-2 维生素 B_{12} 水溶液的紫外-可见吸收光谱图

2. 试剂

维生素 B_{12} 对照品溶液（500$\mu g \cdot mL^{-1}$）；维生素 B_{12} 注射液（样品，标示量 100$\mu g \cdot mL^{-1}$）

四、实验内容

1. UV-9200 分光光度计的使用

（1）接通电源，打开仪器（开关在仪器右侧），预热约 20min。

（2）按需要测定的波长，选择合适的光源（氘灯使用波段 200～365nm，钨灯使用波段 365～800nm）。选择光源的拨杆位于仪器后部，D 或 UV 表示氘灯，W 或 Vis 表示钨灯。选用氘灯时，须触发仪器左侧的高压按钮（绿色），选用钨灯时，则关闭高压按钮。

（3）根据测定波长，调节波长旋钮，使波长显示窗显示所需波长值。

（4）按“Mode（方式选择）”键可使透光率 T 指示灯亮，并使空白溶液处在光路中。按“100％T”键调 100％，观察屏幕上示数是否为 100，若不为 100 则按“100％T”调节。

（5）把样品室拉杆轻轻推到最前方为挡光位置，观察屏幕上示数是否为零，若不为零则按“0％T”调节。连续几次调节 100 和 0，直至仪器稳定，即可进行测定工作。

（6）按“Mode（方式选择）”键使吸光度 A 指示灯亮，轻轻拉动样品室拉杆，使被测样品进入光路，屏幕上显示数字即为该溶液的吸光度值。

（7）改变测定波长时，按照（4）和（5）重新调节透光率，然后按（6）进行样品吸光度的测定。

2. 维生素 B_{12} 注射液的鉴别

精密量取维生素 B_{12} 注射液 2.50mL 于 10mL 容量瓶，用水稀释到刻度并摇匀，配制成浓度为 25$\mu g \cdot mL^{-1}$ 的样品溶液。置石英比色皿中，以蒸馏水为空白，分别在 278nm、361nm 和 550nm 波长处，测定其吸光度，并分别求算 A_{361}/A_{278} 和 A_{361}/A_{550} 的比值，与《中国药典》（2010 版）的规定值相比较，判断待测样品是否为维生素 B_{12}。

3. 维生素 B_{12} 注射液的含量测定

（1）吸光系数法

将“维生素 B_{12} 注射液鉴别试验”中 361nm 处测量得到的吸光度 A，按其吸光系数（$E_{1cm}^{\%}=207$）直接求算维生素 B_{12} 注射液的浓度，并求算标示量的百分含量。

根据 $A=E_{1cm}^{1\%}cl$，则 $c=\frac{A}{E_{1cm}^{1\%}l}=\frac{A}{207}\times 10^4=A\times 48.31(\mu g\cdot mL^{-1})$ (27-1)

$$c_{实}=\frac{10}{2.5}\times c=4\times A\times 48.31(\mu g\cdot mL^{-1}) \tag{27-2}$$

$$标示量(\%)=\frac{c_{实}}{L}\times 100\% \tag{27-3}$$

与《中国药典》（2010 版）规定的维生素 B_{12} 注射液的含量要求相比较，判断该注射液是否为合格品。

（2）标准对比法

标准溶液的配制：精密量取维生素 B_{12} 对照溶液 1.0mL 于 10mL 容量瓶中，加水稀释至刻度，摇匀，配制成浓度为 $50\mu g\cdot mL^{-1}$ 的标准溶液（浓度记为 c_s）。

样品溶液的配制：精密量取维生素 B_{12} 注射液 5.0mL 于 10mL 容量瓶，用水稀释到刻度并摇匀，配制成浓度约为 $50\mu g\cdot mL^{-1}$ 的样品溶液（浓度记为 c_x）。

以蒸馏水为空白，用 1cm 吸收池在 UV-9200 分光光度计上于 550nm 处分别测定标准溶液的吸光度（A_s）与样品溶液的吸光度（A_x），计算样品中维生素 B_{12} 的实际含量，并求算标示量的百分含量。

根据标准对照法，则

$$\frac{A_x}{A_s}=\frac{c_x}{c_s} \tag{27-4}$$

$$c_x=\frac{A_x}{A_s}\times c_s(c_s=50\mu g\cdot mL^{-1}) \tag{27-5}$$

则样品中维生素 B_{12} 实际浓度

$$c_{实}=c_x\times\frac{10}{5}=\frac{A_x}{A_s}\times c_s\times 2 \tag{27-6}$$

并按式(27-3) 计算标示量的百分含量。

五、注意事项

1. 比色皿有两种材质，石英比色皿适用于紫外区和可见区测定，玻璃比色皿因吸收紫外光只适用于可见光区测定。

2. 使用比色皿时，应拿毛玻璃两面，切忌用手拿捏透光面，以免沾上油污。使用完毕后，及时用测定溶剂洗净，再用蒸馏水冲净，并用吸水纸擦开，放入比色皿盒中，防尘放置。

3. 为使比色皿中测定溶液与待测溶液的浓度一致，需用待测溶液荡洗比色皿 2～3 次。

4. 比色皿内所盛溶液以比色皿高的 2/3 为宜。过满溶液可能溢出，使仪器受损；过少则在测定过程中光照不到溶液，使得测定结果有误。

5. 实验过程中，每改变一次测定波长，就需要用空白试剂（本实验中是蒸馏水）和挡光位置重新调节透光率，使其分别为 100% 和 0，然后再进行样品吸光度的测定。

六、思考题

1. 采用吸光系数法直接测定样品含量时有何要求？

2. 试比较用吸光系数法和标准对比法测定维生素 B_{12} 含量的优缺点。

（杨静）

实验二十八　可见分光光度法测定水中微量铁含量

一、实验目的

1. 掌握分光光度法测定铁的基本原理和方法。
2. 掌握分光光度计的使用方法。
3. 熟悉制作吸收曲线和选择适当测定波长的方法。
4. 掌握利用标准曲线法进行定量分析的操作与数据处理方法。

二、实验原理

根据 Lambert-Beer 定律：$A=\varepsilon lc$，当入射光波长 λ 及光程 l 一定时，在一定浓度范围内，有色物质的吸光度 A 与该物质的浓度 c 成正比。以吸光度 A 为纵坐标、浓度 c 为横坐标绘制标准曲线，再根据测得的待测水样的吸光度，由标准曲线就可以查得对应的浓度值，即待测水样中铁的含量。

进行测定时应选择吸光度最大值所对应的波长，故实验前应先绘出吸收曲线。以适当浓度的溶液在各不同波长处测定吸光度，以波长为横坐标，吸光度为纵坐标，逐点描画成吸收曲线。在吸收曲线上找出最大吸收波长 λ_{max}。

由于 Fe^{3+} 颜色浅，不吸收可见光，所以在测定含量之前需加入显色剂，反应生成有色物质后，使之能用光电比色法测定，同时来提高测定的灵敏度和选择性。测定微量铁的含量，常用的显色剂有磺基水杨酸（salicylsulfonic acid，Hsal）和邻二氮菲。

在 pH 值为 9～11.5 时，磺基水杨酸与 Fe^{3+} 反应形成三配体黄色螯合物。本实验中采用缓冲溶液控制溶液的 pH 值为 10，反应方程式如下：

$$Fe^{3+} + 3Hsal \longrightarrow [Fe(sal)_3] + 3H^+$$

邻二氮菲是另一种测定微量铁较好的试剂。在 pH 值为 3～9 的溶液中，邻二氮菲与 Fe^{2+} 生成极稳定的橙红色配位化合物，该配位离子 $\lg K_{稳}=21.3$，使得铁离子能定量转变为邻二氮菲合铁。该配位离子在最大吸收波长 508nm 附近有强吸收，摩尔吸收系数高达，$\varepsilon_{max}=1.1\times10^4$，测定过程灵敏度高。其反应如下：

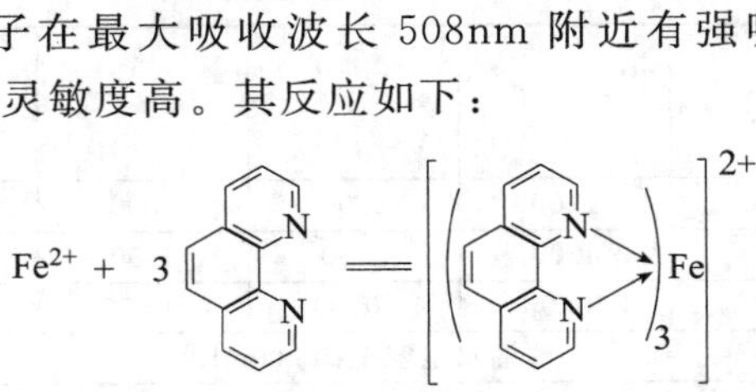

测定试样中 Fe^{3+} 离子浓度时，可先用盐酸羟胺还原生成 Fe^{2+}，然后再加邻二氮菲进行显色反应。Fe^{3+} 与盐酸羟胺反应如下：

$$2Fe^{3+} + 2NH_2OH \cdot HCl = 2Fe^{2+} + N_2\uparrow + 4H^+ + 2H_2O + 2Cl^-$$

为保证配合物的稳定性和 Fe^{2+} 与邻二氮菲的定量反应，需加入醋酸钠，与溶液中的盐酸反应生成缓冲溶液，维持溶液 pH 值在 4～5 之间。

本方法的选择性很强，相当于含铁量 40 倍的 Sn^{2+}、Al^{3+}、Ca^{2+}、Mg^{2+}、Zn^{2+}、SiO_3^{2-}；20 倍的 Cr^{3+}、Mn^{2+}、V^{5+}、PO_4^{3-}；5 倍的 Co^{2+}、Cu^{2+} 等均不干扰测定。

三、仪器与试剂

1. 仪器

方法一　磺基水杨酸比色法

移液管（5.00mL，2.00mL，1.00mL）；吸量管（5.00mL，10.00mL）；容量瓶（50.00mL）；分光光度计；1cm 比色皿。

方法二　邻二氮菲比色法

容量瓶（50mL×7；100mL×1）；吸量管（10mL×1；5mL×4）；移液管（10mL×1）；量筒（5mL×1）；洗耳球；分光光度计；1cm 比色皿。

2. 试剂

方法一　磺基水杨酸比色法

1.00mmol·L^{-1} Fe^{3+} 的标准溶液；Fe^{3+} 的未知溶液 10%磺基水杨酸；pH＝10.00 的缓冲溶液；0.15%邻二氮菲；10%盐酸羟胺；NaAc(1.0mol·L^{-1})；HCl(6.0mol·L^{-1})；$NH_4Fe(SO_4)_2 \cdot 12H_2O$ 溶液。

方法二　邻二氮菲比色法

标准铁溶液（100μg·mL^{-1}）：准确称取 0.8634g $NH_4Fe(SO_4)_2 \cdot 12H_2O$ 置于烧杯中，加入 HCl 溶液（6mol·L^{-1}）20mL 和少量水，溶解后，转移至 1000mL 容量瓶中，以水稀释至刻度，摇匀。

邻二氮菲溶液：0.15%水溶液（新鲜配制）；盐酸羟胺溶液：10%水溶液（新鲜配制）；NaAc 溶液（1mol·L^{-1}）；HCl 溶液（6mol·L^{-1}）；待测试样。

四、实验内容

1. 磺基水杨酸比色法

(1) 标准溶液系列和待测溶液的配制

按表 28-1 所示，分别用吸量管或移液管移取 Fe^{3+} 标准溶液、Fe^{3+} 的未知溶液和 10%磺基水杨酸、pH＝10.00 的缓冲溶液，注入已编号的洁净的 50.00mL 容量瓶中，最后分别用蒸馏水定容至 50.00mL，摇匀各溶液。

表 28-1　系列溶液的配制

编号	空白	1	2	3	4	5	Fe^{3+} 的未知溶液
Fe^{3+} 的标准溶液/mL	0.00	1.00	2.00	3.00	4.00	5.00	5.00
10%磺基水杨酸/mL	4.00	4.00	4.00	4.00	4.00	4.00	4.00
pH＝10.00 的缓冲液/mL	10.00	10.00	10.00	10.00	10.00	10.00	10.00
蒸馏水定容至 50.00mL							
溶液中 Fe^{3+} 的浓度/mmol·L^{-1}							
吸光度 A							

(2) 确定最大吸收波长 λ_{max}

选用 4 号溶液按表 28-2 所列波长 λ(nm) 分别测定磺基水杨酸合铁配离子的吸光度

(A) 值。以 A 为纵坐标，λ 为横坐标作图，求得 λ_{max}。

表 28-2 吸收曲线的测定

λ/nm	400	405	410	412	414	416	418	420
A								
λ/nm	422	424	426	428	430	435	440	450
A								

(3) 水样中 Fe^{3+} 含量的测定

① 标准曲线的绘制

把波长调节至 λ_{max}，分别测定表 28-1 所列的不同浓度 Fe^{3+} 标准溶液的吸光度 A。以 A 为纵坐标，c 为横坐标作图，得标准曲线（用 Excel 或 Origin 软件绘制）。

② 未知溶液中 Fe^{3+} 含量的测定

测出未知溶液的吸光度 A，从标准曲线上查出水样吸光度 A 对应的浓度（即 50.00mL 溶液中 Fe^{3+} 的含量），计算未知溶液中 Fe^{3+} 的含量。

2. 邻二氮菲比色法

(1) 标准曲线的制作

铁标准贮备液的配制：用移液管量取标准铁溶液（$100\mu g \cdot mL^{-1}$）10.00mL 于 100mL 容量瓶中，加入 HCl 溶液（$6.0mol \cdot L^{-1}$）2mL，以水稀释至刻度，摇匀，配制成 $10\mu g \cdot mL^{-1}$ 的铁标准贮备液。

在编号为 1～6 号的 6 只 50mL 容量瓶中，用吸量管分别加入铁标准贮备液（$10\mu g \cdot mL^{-1}$）0.00mL、2.00mL、4.00mL、6.00mL、8.00mL、10.00mL，再分别加入 10%盐酸羟胺溶液 1mL，摇匀，静置 2min。再加入 0.15%邻二氮菲溶液 2mL 和 NaAc 溶液（$1.0mol \cdot L^{-1}$）5mL，以水稀释至刻度，摇匀。

用 1cm 比色皿，以 1 号试剂溶液为空白，在 500～520nm 每隔 2nm 测定 4 号溶液的吸光度，按表 28-3 记录实验结果，找出最大吸收波长 λ_{max}。

表 28-3 吸收曲线的测定

λ/nm	500	502	504	506	508	510	512
A							
λ/nm	514	516	518	520			
A							

在所选定 λ_{max} 下，以试剂溶液为空白，测定 2～6 号各溶液的吸光度。以铁的浓度为横坐标，吸光度 A 为纵坐标，用 Excel 绘制标准曲线，求得线性方程和相关系数。

(2) 试样含铁量测定

准确吸取待测试样 5.00mL，置于 50mL 容量瓶中。按上述制备标准曲线的方法配制溶液并测定其在选定 λ_{max} 的吸收度。根据测得的吸光度，用标准曲线法求算试样中微量铁的浓度（$\mu g \cdot mL^{-1}$）。

(3) 数据处理

① 用最小二乘法求出回归直线方程及相关系数（Excel 应用程序）。

a. 打开 Microsoft Excel 应用程序，将铁标准溶液的浓度 c（$\mu g \cdot mL^{-1}$）输入表格中 A 栏，吸光度 A 输入 B 栏。

b. 作 A-c 曲线：选中 A、B 栏中的数据→【插入】→【图表】→XY 散点图→散点图→完成。

c. 鼠标点击图中任意一个点，选择“添加趋势线”，在弹出的对话框中，“类型”选中线性（L），“选项”选中显示公式，显示 R^2 值，【确定】完成。

d. 记录回归公式和 R^2 值。计算相关系数 r 及线性范围。

② 根据试样测得的吸光度 $A_{样}$，代入标准曲线方程，乘以稀释倍数后求算出试样中微量铁的含量（$\mu g \cdot mL^{-1}$）。

五、注意事项

1. 两种比色法适用于含铁量在5%以下的样品测定。

2. 钙、镁等离子与磺基水杨酸可生成无色的螯合物，可消耗显色剂，故显色时应加入过量的显色剂，否则，铁不易达到最大的显色深度。

3. 样品的显色条件应尽量要与标准溶液系列保持一致。

4. 吸收池包括两个光面（光线通过），两个毛面，手只能接触毛面。使用时保证吸收池外侧干净且干燥。

5. 吸收池需用蒸馏水和待测液洗涤数次。

6. 吸收池装入液在其高度的80%左右。

7. 在测定标准系列各溶液吸收度时，要从稀溶液至浓溶液进行测定。

六、思考题

1. 在吸光度的测量中，为了减小误差，应控制吸光度在什么范围内？

2. 为什么待测溶液与标准溶液的测定条件要相同？

3. 为什么要选用 λ_{max} 处测定吸光度？

4. 加缓冲溶液的目的是什么？

5. 配制标准系列溶液时加入试剂的顺序是什么？为什么？

附：721-E型光栅分光光度计（图28-1）的使用方法

1. 使用仪器前，使用者应该首先了解本仪器的结构和工作原理，以及各个操作旋钮的功能。检查仪器的安全性，各个调节旋钮的起始位置应该正确，然后再接通电源开关。

2. 开启电源，指示灯亮，波长调至测试用波长。仪器预热20min。

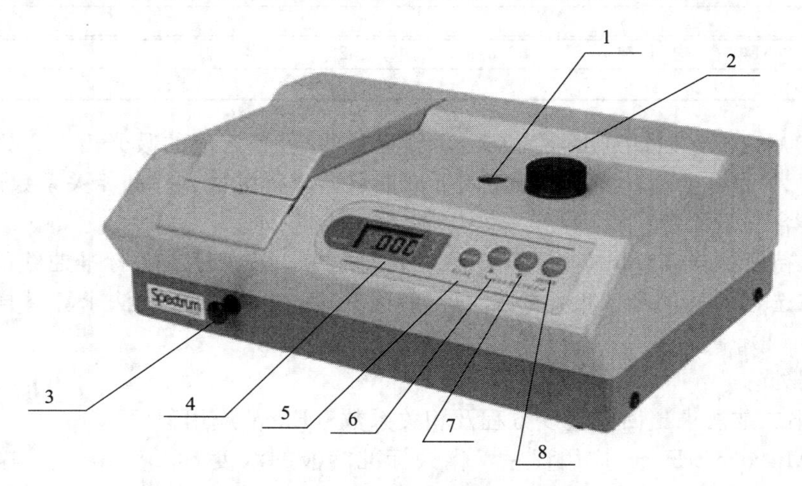

图28-1　721-E型光栅分光光度计

1—波长刻度窗；2—波长手轮；3—试样架拉手；4—数字显示器；5—Mode按钮；6—100%T旋钮；7—0%T旋钮；8—Print按钮

3. 打开样品室盖，将盛有溶液的吸收池分别插入吸收池槽中，盖上样品室盖。

4. 按“方式设定”键“MODE”选择透光率方式。将吸收池推或拉出光路，按“0%T”键调透光率为0。

5. 将参比溶液推或拉入光路中，按“100%T”调透光率为100%。再将被测溶液推或拉入光路中，按“方式设定”键“MODE”选择吸光度方式。此时显示器上所显示的数据即为被测样品的吸光度A。

（杨旭曙，杨静）

实验二十九　离子交换法测定枸橼酸钠的含量

一、实验目的

1. 掌握离子交换法的原理和基本实验操作。
2. 熟悉离子交换法测定枸橼酸钠的原理和方法。

二、实验原理

枸橼酸钠（sodium citrate），又叫柠檬酸钠，在临床上是一种常用的抗凝血药物。枸橼酸钠是一种较强酸的盐（$K_{a1}=7.4\times10^{-4}$，$K_{a2}=1.7\times10^{-5}$，$K_{a3}=4.0\times10^{-7}$），其 $cK_{b1}<10^{-8}$，不能直接在水中用强酸标准溶液直接准确滴定。

732 型强酸性离子交换树脂是以苯乙烯和二乙烯苯聚合，经硫酸磺化而制得的聚合物，是具有三维空间立体网络结构的骨架，交换官能团为—SO_3H，可以交换所有的阳离子。本实验利用强酸型阳离子交换树脂与枸橼酸钠中 Na^+ 进行交换，当流动相（水）带着 Na^+ 通过离子交换柱时，Na^+ 进入树脂网状结构中，Na^+ 与—SO_3H 基团上的 H^+ 发生等量交换，交换后的 H^+ 进入溶液，生成枸橼酸。离子交换过程如下：

$$\begin{matrix} CH_2COONa \\ | \\ C(OH)COONa \\ | \\ CH_2COONa \end{matrix} + RH_n \rightleftharpoons \begin{matrix} CH_2COOH \\ | \\ C(OH)COOH \\ | \\ CH_2COOH \end{matrix} + RH_{(n-3)}Na_3$$

经过洗脱收集，收集得到的枸橼酸在水中能被 NaOH 标准溶液准确滴定，选用酚酞作指示剂，反应过程如下：

$$\begin{matrix} CH_2COOH \\ | \\ C(OH)COOH \\ | \\ CH_2COOH \end{matrix} + 3NaOH \xrightleftharpoons{\text{酚酞}} \begin{matrix} CH_2COONa \\ | \\ C(OH)COONa \\ | \\ CH_2COONa \end{matrix} + 3H_2O$$

实验过程中，枸橼酸钠通过离子交换转变为枸橼酸后被准确测定，其百分含量按下式计算：

$$w(C_6H_5O_7Na_3\cdot2H_2O)=\frac{\frac{1}{3}\times c(NaOH)\times\frac{V(NaOH)}{1000}\times M(C_6H_5O_7Na_3\cdot2H_2O)}{m\times\frac{10}{100}}\times100\% \tag{29-1}$$

$$M(C_6H_5O_7Na_3\cdot2H_2O)=294.08g\cdot mol^{-1}$$

离子交换过程是一个可逆的过程，实验结束后以 $2mol\cdot L^{-1}$ HCl 溶液浸泡已交换的树脂，Na 型树脂又可转变为 H 型，这一过程称为再生。

$$RH_{(n-3)}Na_3 + 3HCl \xrightleftharpoons{再生} RH_n + 3NaCl$$

三、仪器与试剂

1. 仪器

分析天平（0.1mg）；碱式滴定管（25mL）；离子交换柱；锥形瓶（250mL）；移液管（10mL）；烧杯（50mL）；玻璃棒（长，短）；容量瓶（100mL）；洗耳球；脱脂棉（或玻璃纤维）；表面皿。

2. 试剂

732 型强酸性阳离子交换树脂；枸橼酸钠（$C_6H_5O_7Na_3 \cdot 2H_2O$）；NaOH 标准溶液（$0.1mol \cdot L^{-1}$）；酚酞指示剂（0.1%乙醇溶液）；甲基橙指示剂（0.1%水溶液）；HCl 溶液（$2mol \cdot L^{-1}$）；蒸馏水。

四、实验内容

1. 强酸性阳离子交换树脂的预处理

将用 $2mol \cdot L^{-1}$ HCl 溶液浸泡 1～2d 的处理好的强酸性阳离子交换树脂用蒸馏水以倾泻法洗涤数十次（每次用蒸馏水浸漂树脂并小心搅拌，待树脂沉降后倾去上清液），漂洗至上清液对甲基橙指示剂不显红色为止。用蒸馏水浸泡树脂，备用。

2. 装柱

洗净离子交换柱，底部塞入少量洁净的脱脂棉或玻璃纤维（少加，否则实验过程中流速过慢）。用少量水润湿脱脂棉后，取约 15mL 处理好备用的树脂于小烧杯中，加少量水搅成流动状倒入交换柱中，约装满柱的 2/3 高度，然后在顶部塞入少许脱脂棉或玻璃纤维，以防止后续加试剂时冲起树脂层。控制活塞将交换柱管中多余的水放出，保持液面在棉花层上方。

3. 枸橼酸钠含量的测定

（1）枸橼酸钠样品溶液的配制

精密称取枸橼酸钠样品 1.85～1.95g 于 50mL 小烧杯中，加蒸馏水少量搅拌溶解完全后，定量转移至 100mL 容量瓶中，再用水稀释至刻度，摇匀，备用。

（2）交换

用移液管量取枸橼酸钠样品溶液 10.00mL，直接沿交换柱管壁缓缓加入到离子交换柱中，开启活塞，以 $1 \sim 2mL \cdot min^{-1}$（约 1 滴/2s）的速度，待溶液全部进入树脂后，再加蒸馏水淋洗，并用锥形瓶开始接收淋洗液。

当接收前 50mL 淋洗液时，控制流速约 1 滴/2s，随后可增大流速到 1～2 滴/s。收集流出液的体积约达到 120mL 后，用洗净的表面皿收集交换柱中的淋洗液 2～3 滴，用甲基橙指示剂检查是否淋洗干净。如果淋洗完全（甲基橙指示剂不显红色），停止收集淋洗液。

特别注意使用蒸馏水淋洗时，实验过程中要不断地补加蒸馏水，务必维持液面始终在树脂层上方，以防止树脂层干裂引入气泡。

（3）测定

在收集淋洗液的锥形瓶中加入酚酞指示剂 4 滴，然后用 NaOH 标准溶液滴定至淡红色（30s 内不褪色）为滴定终点。

（4）重复（2）和（3）步骤，再测定两次。取平行操作的 3 次实验数据，按式(29-1)

分别计算枸橼酸钠的百分含量，计算平均值及相对平均偏差。

4. 树脂的再生

实验结束后将树脂从离子交换柱中倒出，置于小烧杯中，除去脱脂棉或玻璃纤维，倾去上层水后，加入 $2mol \cdot L^{-1}$ HCl 溶液适量浸泡（盖住树脂上层即可），进行树脂的再生。

五、注意事项

1. 实验过程中，所用树脂已经过预处理，在装柱之前必须漂洗干净、洗净残余的 HCl，防止把残留的酸引入交换柱中，致使测定结果偏高。

2. 交换柱底部塞入的脱脂棉要薄，不能太厚，不必压得太紧，以免影响流速。

3. 装柱时，树脂一定要带水，装柱后树脂层应保持始终有水，特别是在淋洗过程中要注意勤加蒸馏水，防止树脂层脱水后引入气泡，影响离子交换的效率。

4. 交换时，待样品溶液几乎全部进入树脂层后，再加蒸馏水淋洗，防止溶液被稀释后初始谱带过宽，收集时间延长。

5. 实验过程中，判断树脂是否洗净或淋洗完全，可以把蒸馏水滴在表面皿上作阴性对照来比较。

6. 实验结束后，将树脂倒出回收，加 $2mol \cdot L^{-1}$ HCl 再生使用，不要浪费树脂。

7. 新买的树脂常混入一些低聚物、无机物、灰沙、色素等异物。因此，进行离子交换之前需处理除去。732 型强酸性阳离子交换树脂出厂时为钠型，较简单的处理方法是先把新树脂浸在去离子水中 1～2d，使它溶胀后，再装到柱中。对其中的无机杂质（主要是铁的化合物）可用 4%～5%的稀盐酸除去，有机杂质可用 2%～4%稀氢氧化钠溶液除去，洗到近中性即可。

六、思考题

1. 阐明离子交换树脂法测定枸橼酸钠含量的实验原理。

2. 在实际操作过程中，应注意哪些关键环节？

3. 实验过程中，树脂层如果引入空气，对测定有何影响？操作时应如何防止树脂层引入空气？若引入空气，该怎么处理？

4. 根据枸橼酸钠的结构和化学性质，请再设计两种测定其含量的方法。

（杨静）

实验三十　乙醇和丙酮的气相色谱分离

一、实验目的

1. 掌握基线、保留时间、分配系数、容量因子、理论塔板数、拖尾因子、分离度等色谱法中的基本术语。

2. 掌握用已知物对照法定性的方法。

3. 熟悉岛津 GC-2014 气相色谱仪的操作规程。

4. 了解气相色谱仪的结构。

二、实验原理

药品中的残留有机溶剂是指在合成原料药、辅料或制剂生产过程中使用或产生的挥发性有机化学物质。目前，有机溶剂残留量普遍采用气相色谱法测定。乙醇和丙酮是合成药物过程中常用的有机溶剂，本实验通过气相色谱法进行乙醇和丙酮的分离。

丙酮是一种中等极性的化合物，其沸点 56.5℃，介电常数 ε 为 20.7；乙醇是饱和一元醇，沸点为 78.4℃，介电常数 ε 为 24.5，极性大于丙酮。这两种化合物极性差异较大，用中性固定液（OV-17，50%苯基甲基聚硅氧烷）进行分离时，极性大的乙醇先出峰，极性略小的丙酮后出峰，从而实现两者的分离。氢火焰离子化检测器（FID）对含碳类化合物有极强的响应，实验过程中采用 FID 作检测器。

已知物对照法是色谱分析中常用的定性方法，其原理是根据同一物质在相同色谱条件下保留行为相同来实现定性分析。在相同的操作条件下，分别测出已知物和未知试样的保留值，在未知试样色谱图中，对应于已知物保留值的位置上若有峰出现，则判定试样中可能含有此已知物组分，否则就不存在这种组分。该法是实际工作中最常用的定性方法，对于已知组成的复方药物制剂和工厂的定性产品分析，尤为实用。

如果试样较复杂，峰间的距离太近，或操作条件不易控制，要准确测定保留值就有一定困难。此时最好将已知物加到未知试样中混合进样，若待定性组分峰比不加已知物时的峰高相对增大了，则表示原试样中可能含有该已知物的成分。有时几种物质在同一色谱柱上恰有相同的保留值，无法定性，则可用性质差别较大的双柱定性。若在这两根色谱柱上，该峰高都增加了，一般可认定是同一物质。

三、仪器与试剂

1. 仪器

岛津 GC-2014 气相色谱仪；SGH-500 高纯氢发生器；SGK-5LB 低噪音空气泵；GPI 气体净化器（色谱仪自带）；微量注射器（10μL）；容量瓶（25mL）；洗耳球。

2. 试剂

无水乙醇（A. R.）；丙酮（A. R.）；超纯水。

四、实验内容

1. 色谱条件

毛细管色谱柱：OV-17（25m×0.25mm×0.33μm）；柱温 40℃；进样口温度：100℃；检测器：FID；检测室温度：150℃；进样 1μL，分流进样；载气、尾吹气：N_2。

2. 溶液配制

（1）乙醇标准液：精密量取无水乙醇 0.2mL，于 25mL 容量瓶中，用水稀释至刻度，摇匀，备用。

（2）混合液：精密量取无水乙醇、丙酮各 0.2mL，于 25mL 容量瓶中，用水稀释至刻度，摇匀，备用。

3. 测定

（1）根据实验条件，按照仪器的操作步骤（见操作步骤）调节色谱仪，待基线平稳后，可进样分析。

（2）依次分别吸取 1μL 的乙醇标准液及混合液进样，记录各色谱图，各重复 3 次。

4. 结果处理

利用已知物对照法，对混合液中各组分进行定性分析，按表 30-1 进行数据记录和处理。

表 30-1　实验记录和结果处理

(1)实验仪器及条件						
GC 仪型号 检测器类型 操作温度/℃ 色谱柱 柱温/℃ 进样口温度/℃ 载气种类及其流速/mL·min^{-1} 进样体积/μL 是否分流进样 分流比						
(2) 实验结果及处理						
	保留时间 t_R	理论塔板数 n	拖尾因子	容量因子 k	峰面积 A	分离度 R
乙醇-1						
乙醇-2						
乙醇-3						
混合样-1						
混合样-2						
混合样-3						
结论	混合物中哪个是乙醇，哪个是丙酮，为什么？ 两个组分是否达到基线分离？					

五、注意事项

1. 开机前检查气路系统是否有漏气，检查进样室硅橡胶密封垫圈是否需要更换。

2. 开机时，要先通载气，再升高气化室、检测室温度和柱温，为使检测室温度高于柱温，可先加热检测室，待检测室温度升至近设定温度时再升高柱温，关机前须先降温，待柱温降至室温，进样口、检测器温度降至 75℃以下时，才可关闭气相色谱仪主机，最后停止通载气。

3. 柱温、气化室和检测器的温度可根据样品性质确定。一般气化室温度比样品组分中最高的沸点再高 30～50℃即可。检测器温度大于柱温，为避免被测物冷凝在检测器上而污染检测器，检测器的温度必须高于柱温 30℃，并不得低于 100℃。

4. 用 FID 时，应关小空气流量和开大 H_2 流量，待点燃后，慢慢调整到工作比例。

5. 仪器基线平稳后，仪器上所有旋钮、按键不得乱动，以免色谱条件改变。

6. 使用 10μL 注射器进样时，切记不要把针芯拉出针筒外。不要用手接触针芯，微量注射器的使用方法参见附注。

7. 微量注射器进样前应先用被测溶液润洗 5 次，吸取样品时，如有气泡，可将针尖朝上，推动针芯，赶出气泡。进样时切勿用力过猛，以免把针芯顶弯。实验结束后进样针用乙醇清洗至少 10 遍。

8. 为获得较好的精密度和色谱峰形状，进样时速度要快而果断，并且每次进样速度、留针时间应保持一致。

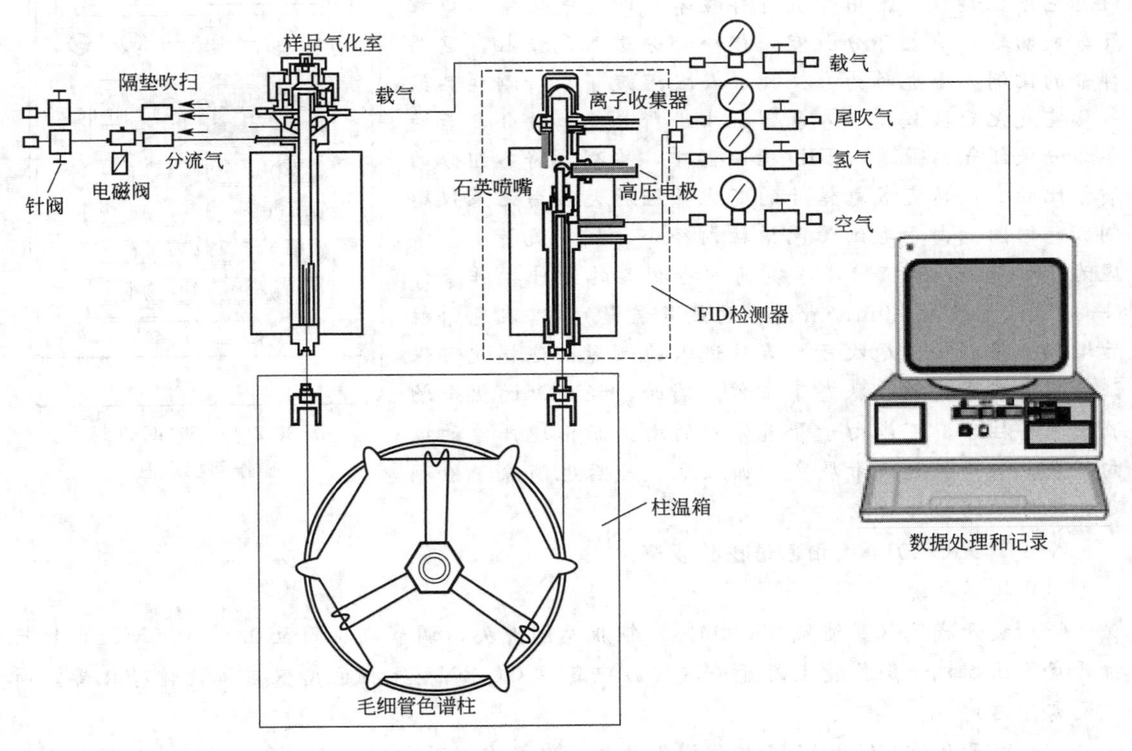

图 30-1　岛津 GC-2014 气相色谱仪示意

六、思考题

1. 为什么检测器的温度必须大于柱温？

2. 本实验中，用水作溶剂来配制待测样品，溶剂水会不会出峰，为什么？如果要用气相色谱法检测药物中的微量水分，应选用哪种类型的检测器？

3. 在本次 GC 实验中，采用毛细管色谱柱进行分离分析，该色谱柱柱型号为 OV-17 (25m×0.25mm×0.33μm)，请说出其固定相的化学名称以及该柱的大致极性（非极性、弱、较弱极性、中等极性、极性)，同时说明括号内数字的含义。

4. 比较气相色谱法和高效液相色谱法在操作上的不同。

附：岛津 GC-2014 气相色谱仪示意图及其操作步骤

1. 岛津 GC-2014 气相色谱仪示意图

如图 30-1 所示，气相色谱仪一般由 5 部分组成：载气系统、进样系统、色谱柱系统、检测系统和记录系统。当采用毛细管色谱柱时，需要采用分流进样和使用尾吹气。载气由高压气瓶提供，经过减压阀调节到适当压力，再经净化干燥管除去杂质后，由流量调节器调节适当流量进入色谱柱，再经过检测器流出色谱仪。色谱柱是色谱仪的核心之一，具有分离功能。实验过程中采用毛细管气相色谱柱，由于毛细管柱内径细，固定液膜薄，因此其柱容量很小（一般所能承受的液体样品量为 $10^{-3}\sim10^{-2}\mu L$)。为了避免色谱柱超载，需用分流进样技术，即在气化室出口载气分成两路，绝大部分放空，极小部分进入色谱柱，这两部分的比例大小也称为分流比。一定温度下，待测样品经气化室气化后被载气带入色谱柱中进行分离。被分离后的各组分被载气携带进入 FID 检测器中，检测器将各组分的质量比的变化转变成电信号的变化并经放大后由记录仪绘制成色谱图。由于毛细管色谱柱内径小，载气流量小（常规为 $1\sim3mL\cdot min^{-1}$)，不能满足检测器的最佳操作条件（一般检测器要求 $20mL\cdot min^{-1}$ 的载气流量），需在色谱柱后增加一路载气（尾吹气）直接进入检测器，这样就可保证检测器在高灵敏度状态下工作。同时，经分离的化合物流出色谱柱后，可能由于管道体积的增大而出现严重的纵向扩散，从而引起谱带展宽，加入尾吹气后也消除了检测器的死体积的柱外效应。

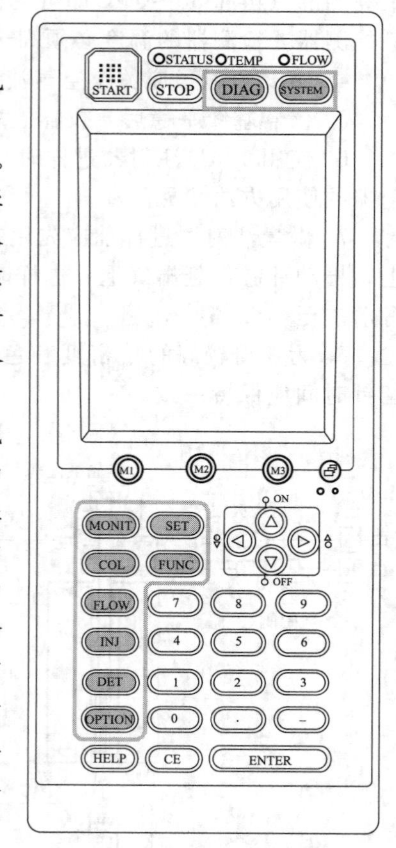

图 30-2　岛津 GC-2014 操作面板示意

2. 岛津 GC-2014 气相色谱操作步骤

(1) 接通电源。

(2) 旋开载气（高纯氮 99.999%）钢瓶总阀开关，调节减压阀至 0.5～0.6MPa。然后打开空气压缩机和氢气发生器开关（实验中岛津 GC-2014 气相色谱仪自带气体净化器，所以无需开启）。

(3) 打开岛津 GC-2014 气相色谱仪开关（仪器右侧下方），如图 30-2 所示，按操作面板上“SYSTEM”键，设置柱温、气化室温度、检测器温度。

设置柱温：按“COL”光标移动到“TEMP（温度）”栏，输入“40”，Enter。

设置气化室温度：按“INJ”光标移动到“TEMP（温度）”栏，输入“100”，Enter。

设置检测器温度：按“DET”光标移动到“TEMP（温度）”栏，输入“150”，Enter。

设置完毕后，按“SYSTEM”键，按“PF1”键（“START GC”功能键），仪器开始启动升温。

(4) 按“MONIT”键，即可监控色谱仪状态和色谱运行情况。如图 30-3 所示，可以查看色谱运行过程中的各个参数，包括色谱柱柱温、进样口温度、检测器温度、流速等。也可以查看色谱峰的出峰情况。

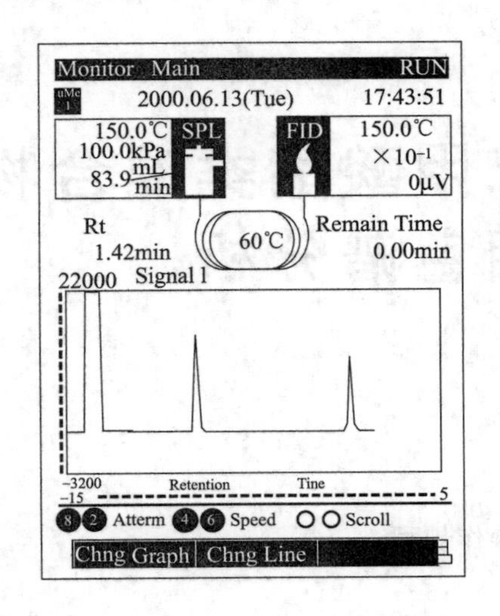

图 30-3 岛津 GC-2014 的监控显示屏

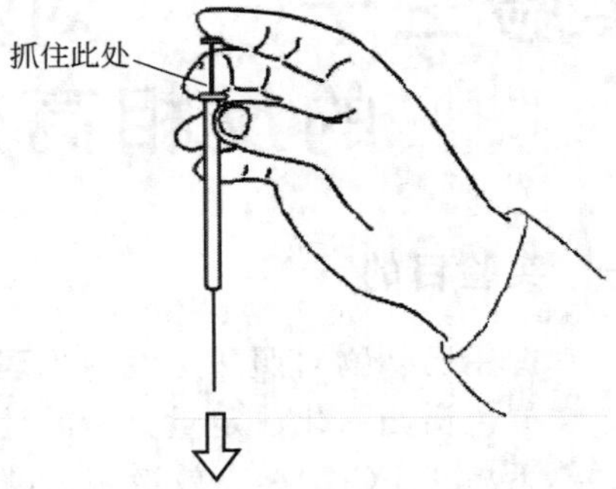

抓住此处

图 30-4 气相色谱进样针的使用方法示意图

(5) 调整气相色谱仪的氢气表头旋钮至 55kPa，空气表头旋钮至 45kPa，色谱仪器会自动点火，能听到“嗒”的一声。点火成功后，操作面板显示屏上“火苗”由虚变实。若自动点火失败，先调低空气旋钮，按“DET”（检测器键），再按“PF1”键（“IGNITE”键），可进行手动点火。点火成功后，将空气旋钮还原。按“MONIT”键，重新回到监控界面。

(6) 当仪器准备就绪时，色谱仪控制面板最上方三个指示灯（“STATUS”，“TEMP”，“FLOW”）由黄色转变为绿色，可进样检测（图 30-4)。进样完毕后，同时按下色谱仪控制面板上的“START”按钮和电脑工作站中的“采集”按钮。等待色谱峰完全流出后，按下色谱仪控制面板上的“STOP”按钮和电脑上工作站“停止采集”按钮，保存色谱图，记录组分相关参数，包括保留时间、拖尾因子、理论塔板数、分离度、峰面积等。

(7) 实验全部结束后，先关闭工作站、空气压缩机、氢气发生器，按下色谱仪主机上“SYSTEM”按钮，按下“PF1”键（“STOP GC”），仪器开始自动降温。按“MONIT”键监测柱温、进样口温度和检测器温度，待柱温下降至常温，进样口、检测器温度下降到 75℃以下时，即可关闭气相色谱仪。

(8) 关闭载气钢瓶总阀。

(杨静)

实验三十一　对羟基苯甲酸酯类混合物的反相高效液相色谱分析

一、实验目的

1. 掌握用已知物对照法定性的原理和方法。
2. 掌握色谱归一化法定量分析的计算。
3. 熟悉岛津 LC-20A 高效液相色谱仪的结构及操作规程。

二、实验原理

对羟基苯甲酸酯又称尼泊金酯，为常用的防腐剂之一，其抑菌范围广、作用强、用量少、毒性低、易配伍且防腐效果好，被广泛应用于各种食品保鲜防腐中。但是大量或不当使用防腐剂会对人体造成一定损害，如会有雌激素样作用，影响人的内分泌功能等。因此，中国、加拿大、日本和欧盟等许多国家和国际组织对食品中对羟基苯甲酸酯类防腐剂的使用都制定了添加限量。

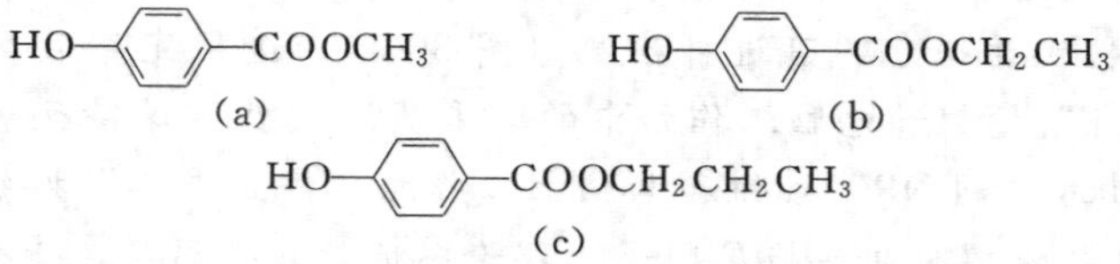

HO—⬡—$COOCH_3$　(a)　　HO—⬡—$COOCH_2CH_3$　(b)

HO—⬡—$COOCH_2CH_2CH_3$　(c)

图 31-1　羟基苯甲酸甲酯 (a)、对羟基苯甲酸乙酯 (b) 和对羟基苯甲酸丙酯 (c) 的化学结构式

在对羟基苯甲酸酯中，常用的有对羟基苯甲酸甲酯、对羟基苯甲酸乙酯和对羟基苯甲酸丙酯。如图 31-1 所示，它们是同系物（含有相同的苯环、羟基和酯键），在结构上依次增加一个亚甲基（$-CH_2$），属于中等极性的化合物，但极性上略有差异，可采用反相液相色谱进行分析。本实验过程中选用非极性的 C-18 烷基键合相作固定相，甲醇-水作流动相。因为苯环在 254nm 处有吸收，实验中用紫外检测器在 254nm 波长处检测。

在一定的实验条件下，酯类各组分的保留值保持恒定，因此在同样的条件下，将测得的未知物各组分的保留时间，与已知酯类各组分的保留时间进行对照，即可确定未知物中各组分存在与否。这种利用纯物质对照进行定性的方法，适用于来源已知，且组分简单的混合物。

本实验中采用归一化法定量。使用归一化法定量，要求试样中的各个组分都能得到完全分离，并且检测器对每个组分都有响应，计算公式如下：

$$c_i(\%)=\frac{f_iA_i}{\sum_{i=1}^{n}f_iA_i}\times 100\% \tag{31-1}$$

由于对羟基苯甲酸酯具有相同的生色团（苯环）和助色团（—OH），在紫外检测器上具有相同的校正因子，归一化法计算公式可简化为：

$$c_{\mathrm{i}}(\%)=\frac{A_i}{\sum\limits_{i=1}^{n}A_i}\times 100\% \tag{31-2}$$

三、仪器与试剂

1. 仪器

高效液相色谱仪（岛津 LC-20AT）；紫外检测器（SPD-20A）；色谱柱：十八烷基硅胶键合相（ODS柱）；N-2010（或 HW-2000）色谱工作站；微量注射器；过滤和脱气装置；分析天平（0.1mg）；容量瓶（50mL，25mL）；吸量管（1mL），量筒（1000mL）。

2. 试剂

对羟基苯甲酸甲酯（A. R.）；对羟基苯甲酸乙酯（A. R.）；对羟基苯甲酸丙酯（A. R.）；甲醇（色谱纯）；二次重蒸水。

四、实验内容

1. 溶液的配制

(1) 标准贮备液：称取对羟基苯甲酸甲酯、对羧基苯甲酸乙酯、对羧基苯甲酸丙酯各约25mg，精密称定后，分别置于三支50mL容量瓶中，加适量甲醇溶解后，用甲醇稀释至刻度，配制成浓度约为0.5mg·mL^{-1}的上述三种酯类化合物的甲醇溶液。

(2) 标准溶液：分别精密量取上述三种标准贮备液0.50mL到三支25mL容量瓶中，用甲醇稀释至刻度，摇匀，配制成浓度均为10μg·mL^{-1}的三种酯类化合物的甲醇溶液。

(3) 混合液：分别精密量取上述三种标准贮备液各0.50mL到同一个25mL容量瓶中，用甲醇稀释至刻度，摇匀，配制浓度均为10μg·mL^{-1}的酯类混合物的甲醇溶液，备用。

2. 流动相的配制

分别量取色谱纯甲醇550mL，二次重蒸水450mL，混合均匀，过滤并脱气，配制成1000mL甲醇-水（体积比为55∶45）的混合液，作为流动相。

3. 色谱条件

高效液相色谱仪：岛津 LC-20A

色谱柱：十八烷基硅胶键合相（ODS柱，15cm×4.6mm或25cm×4.6mm）

检测器：紫外检测器

检测波长：254nm

流动相：甲醇-水（55∶45）

流速：1.0mL·min^{-1}

柱温：室温

进样量：20μL

根据实验条件，按照下述“仪器操作步骤”调节色谱仪。待基线平稳后，依次分别吸取20μL的三种标准溶液及混合液进样，记录其色谱图，每种溶液重复进样2～3次。

4. 仪器操作步骤

(1) 接通电源。

(2) 更换流动相为甲醇-水（55∶45）后，开启色谱仪的电源开关，打开“Drain”旋钮，按“PURGE”按钮，1min后停止（再次按下“PURGE”），除尽管道中的气泡，关上

“Drain”旋钮。按下“FUNC”键设置流动相流速为 0.2mL•min^{-1}，然后按下“PUMP”键，高压泵开始运行。随后，通过“FUNC”键设置流动相流速，使其升至 1.0mL•min^{-1}。平衡色谱柱 20～30min。

(3) 打开紫外检测器电源开关，检测器进行自检。自检完成后，按“FUNC”键和“ENTER”键，设定检测波长为 254nm。如果检测器显示面板出现“over”，则按“zero”键使基线归零。

(4) 打开 HW-2000 色谱工作站，按下“绿色”按钮进行基线采集。待基线平稳后，停止数据采集，然后设置采集时间及满量程范围，开始准备进样。进样后，用色谱工作站同步进行数据采集。

(5) 运行到样品完全出峰后，在工作站中按下“红色”按钮停止采集数据，保存色谱图。记录组分的相关参数（色谱峰的保留时间、拖尾因子、理论塔板数、容量因子和峰面积，混合样品还应包括分离度）。

(6) 实验完全结束后，关闭检测器和电脑，用甲醇清洗微量注射器 5 次。

(7) 在色谱仪控制面板，把流动相流速调至 0.0mL•min^{-1}，按下“PUMP”键使高压泵停止工作。更换流动相为纯甲醇后，再次按下“PUMP”键开启高压泵，调节流动相流速从 0.0mL•min^{-1}逐渐升至 1.0mL•min^{-1}，用纯甲醇冲洗色谱柱 20～30min。

(8) 关闭色谱仪的电源开关。

5. 数据及处理

利用保留值法，对混合液中各组分进行定性分析，并采用归一化法定量，按式(31-2)分别计算混合液中对羟基苯甲酸甲酯、对羟基苯甲酸乙酯、对羟基苯甲酸丙酯的百分含量，按表 31-1 记录实验结果，完成数据处理。

表 31-1 定性分析结果

(1)实验仪器及条件						
HPLC 泵型号 检测器型号 色谱柱 流动相 检测波长/nm 流速/mL•min^{-1} 柱压/kgf 柱温/℃ 进样量/μL						
(2) 定性分析和定量分析						
	保留时间 t_R	理论塔板数 n	拖尾因子	容量因子 k	峰面积 A	分离度 R
样品 1-1 样品 1-2 样品 2-1 样品 2-2 样品 3-1 样品 3-2 混合样 1-1 混合样 1-2						
结论	判断混合物的组成，并用归一化法计算其百分含量。					

五、注意事项

1. 高效液相色谱法中所用的溶剂需纯化处理，水为二次重蒸水，甲醇为色谱纯。

2. 流动相应严格脱气（有些仪器附有脱气装置，可不用事先脱气），可选用超声波、水泵脱气。

3. 严格防止气泡进入系统，以免气泡造成无法吸液或脉动过大。吸液软管必须充满流动相，吸液软管的烧结不锈钢过滤器必须始终浸在流动相内。

4. 取样时，先用样品溶液清洗微量注射器数次，然后吸取过量样品，将微量注射器针尖朝上，赶去可能存在的气泡。

5. 为了保证进样准确，进样时必须多吸取一些溶液，使溶液完全充满定量环。实验过程中，定量环体积为 20μL，取约 3～4 倍于定量环体积的样品进样。

6. 更换样品进样前，需用甲醇清洗微量注射器至少 5 次，防止残留溶液对后续测定的干扰。

7. 实验结束后，微量注射器用甲醇洗涤 5 次。

六、思考题

1. 流动相在使用前为什么要脱气？

2. 高效液相色谱法采用归一化法定量有何优缺点？本实验为什么可以不用相对质量校正因子？

3. 在高效液相色谱法中，为什么可用保留值定性？这种定性方法你认为可靠吗？

4. 在本实验条件下，进行对羟基苯甲酸甲酯、对羟基苯甲酸乙酯和对羟基苯甲酸丙酯分离时，哪个组分先流出色谱柱，哪个组分最后流出？为什么？

（杨静）

实验三十二　荧光法测定维生素 B_2 的含量

一、实验目的

1. 掌握荧光法测定维生素 B_2 含量的原理与方法。
2. 熟悉激发光谱和发射光谱的绘制方法。
3. 熟悉荧光分光光度计的使用方法。

二、实验原理

维生素 B_2，又称核黄素，是橘黄色无臭的针状晶体，易溶于水而不溶于乙醚等有机溶剂，在中性或酸性溶液中稳定，光照易分解，对热稳定。其结构如图 32-1 所示。

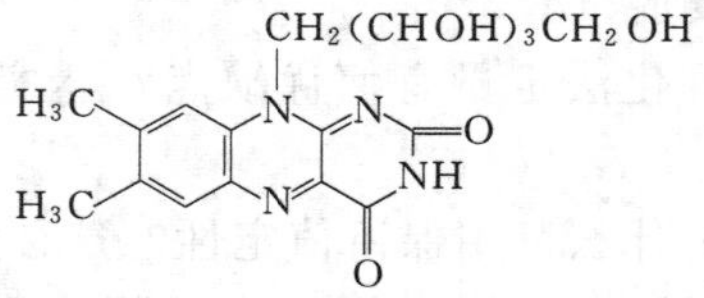

图 32-1　维生素 B_2 的结构式

由于其母核上存在共轭双键，具有刚性结构，维生素 B_2 是一种强荧光物质。图 32-2 是维生素 B_2 的激发光谱（a）和发射光谱（b）。在 440～460nm 蓝光的照射下，维生素 B_2 会发出绿色荧光，荧光峰在 535nm 附近。在 pH＝6～7 的溶液中，其荧光强度最大，而且荧光强度与维生素 B_2 的浓度呈线性关系，因此可以用荧光光谱法测定维生素 B_2 的含量。

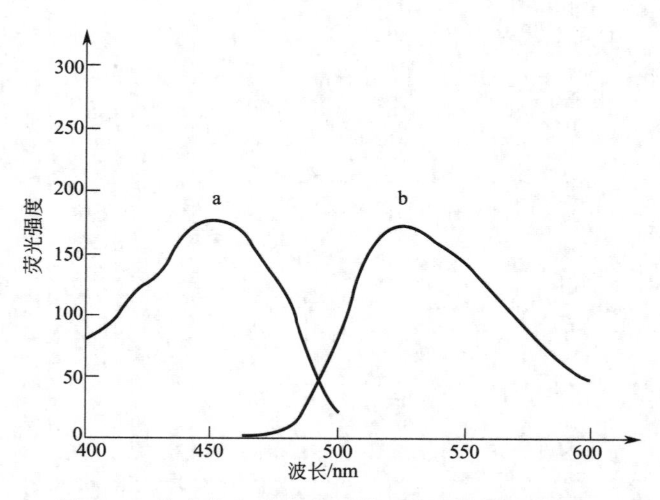

图 32-2　维生素 B_2 的激发光谱（a）和发射光谱（b）

三、仪器与试剂

1. 仪器

HITACHI F-4600 型荧光分光光度计；1cm 荧光池；研钵；分析天平（0.1mg）；容量瓶（50mL×7，100mL×2，1000mL×1）；移液管（10mL）；5mL 刻度吸量管（5mL×2）；滤瓶；漏斗；滤纸。

2. 试剂

乙酸溶液（1%水溶液）；维生素 B_2 对照品；维生素 B_2 片。

四、实验内容

1. 标准系列溶液的配制

（1）标准贮备液（$10\mu g \cdot mL^{-1}$）的配制：精密称取维生素 B_2 对照品 10mg 于小烧杯中，加 1%乙酸溶液使其溶解后，定量转移入 1000mL 容量瓶中，用 1%乙酸溶液稀释至刻度，摇匀。

（2）标准系列溶液的配制：在 6 个 50mL 容量瓶中，用吸量管分别加入维生素 B_2 标准贮备液 0.00mL、1.00mL、2.00mL、3.00mL、4.00mL、5.00mL，用 1%乙酸溶液稀释至刻度，摇匀。

2. 供试品溶液的制备

取维生素 B_2 20 片，精密称定，研细。精密称取适量（约相当于 10mg 维生素 B_2），置 100mL 容量瓶中，加 1%乙酸溶液，振摇使其溶解，并用 1%乙酸溶液定容，摇匀，过滤。弃去初滤液，精密量取续滤液 10mL 置 100mL 容量瓶中，加 1%乙酸溶液稀释至刻度，摇匀。精密量取该溶液 3mL 置 50mL 容量瓶中，加 1%乙酸溶液稀释至刻度，摇匀。

3. 测定

（1）分别测定维生素 B_2 系列标准溶液的荧光强度 F_s，并以 F_s-F_0 为纵坐标，以维生素 B_2 标准溶液的浓度为横坐标，用 Excel 绘制标准曲线。

（2）测定供试品溶液的荧光强度 F_x，将 F_x-F_0 代入回归方程，求得供试品溶液的浓度 c_x。

（3）按照式(32-1) 计算样品中维生素 B_2 的标示量的百分含量：

$$w(C_{17}H_{20}N_4O_6)=\frac{c_x\times10^{-3}\times m(\text{平均片重})}{m(\text{样品})\times\frac{1}{100}\times\frac{10}{100}\times\frac{3}{50}\times m(\text{标示量})}\times100\% \tag{32-1}$$

$$M(C_{17}H_{20}N_4O_6)=376.37g\cdot mol^{-1}$$

式中，$m(\text{平均片重})=\frac{m(\text{总质量})}{m(\text{片数})}$；标示量指该剂型单位剂量的制剂中规定的主药含量，通常在该剂型的标签上表示出来。

五、注意事项

1. 标准贮备液应保存在冷暗处，备用。
2. 标准溶液的测定，要从稀到浓，以减小测量误差。
3. 激发波长和荧光波长的选择，不同的仪器稍有差别。

六、思考题

1. 什么是荧光激发光谱和发射光谱？如何绘制？
2. 根据维生素 B_2 的结构特点，进一步说明发射荧光的物质应具有什么样的分子结构？
3. 选择不同的激发波长对测定结果有影响吗？为什么？

附：HITACHI F-4600 型荧光分光光度计操作步骤

1. 开机：开启计算机，打开仪器左后侧的电源开关。双击电脑桌面的“FL-solution for F-4600”，进入工作站界面。仪器自检及初始化，监视器界面显示“Ready”。

2. 将 2 号溶液盛装于样品池中，并置于样品池槽中。

3. 点击右边工具栏的“Method”按钮，进入方法编辑窗口，进行扫描模式和参数的设定：“Scan mode”：Excitation；“Data mode”：Fluorescence；“EM WL”：535nm；“EX Start WL”：200nm；“EX End WL”：700nm；“Scan Speed”：1200nm/min；“EX Slit”：5.0nm；“EM Slit”：5.0nm；“PMT Voltage”：400V。点击“确定”按钮进行确认。

4. 点击“Measure”，开始扫描激发光谱。扫描结束，保存。在激发光谱中找到最大激发波长 λ_{ex}。

5. 选择 λ_{ex} 作为激发波长，扫描发射光谱。步骤同 3，其中将“Scan mode”设为“Emission”，“EM Start WL”设为“200nm”，EM End WL 设为“700nm”。扫描结束，保存。在发射光谱中找到最大发射波长 λ_{em}，并记录相应的荧光强度。

6. 从稀到浓，依次扫描标准系列溶液和供试品溶液的发射光谱，并记录在 λ_{em} 处的荧光强度。

7. 测量完毕，先通过工作站关闭氙灯，保持仪器通电 10min 左右，待仪器充分散热后，关闭仪器。填写仪器使用记录。

8. 取出样品池，洗净，并将其浸泡于甲醇中。

（魏芳弟）

实验三十三　红外分光光度法鉴别水杨酸和阿司匹林

一、实验目的

1. 掌握固体样品的制备方法。
2. 熟悉红外光谱图的解析过程。
3. 了解红外光谱仪的使用方法及红外光谱的测绘方法。

二、实验原理

红外吸收光谱法是利用物质对红外光的选择性吸收特性来进行结构分析、定性和定量分析的一种分析方法。当中红外光（$400 \sim 4000 cm^{-1}$）照射有机物时，分子吸收红外光会发生振动-转动能级的跃迁，不同的化学键或官能团吸收频率不同，每个有机物分子只吸收与其分子振动、转动频率相一致的红外光，从而得到其特有的红外吸收光谱图。反之，物质的红外光谱图就是其分子结构的客观反应，谱图中的吸收峰对应于分子结构中某个基团的振动形式。对于特定的有机化合物，由于其官能团不同而具有特征的红外吸收光谱，因而红外吸收光谱特征性很强，专属性很高，是定性鉴别的有力手段。此外，红外吸收光谱法的测定对象广泛，不受待测物形态的限制，可适用于固体、液体和气体样品的鉴别。

在药学专业领域，红外吸收光谱法主要用于组分单一、结构明确的原料药，特别适合于用其他方法不易区分的同类药物，如磺胺类、甾体激素类和半合成抗生素类药品的鉴别。

阿司匹林（乙酰水杨酸）在世界医疗史上是一种经典药品，目前主要由水杨酸和醋酐经酰化反应制得，反应方程式如下：

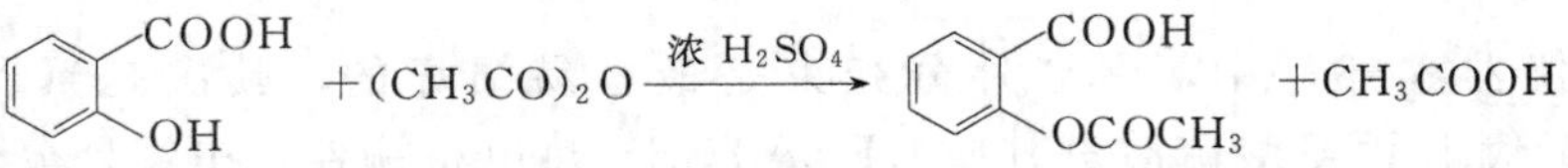

$$C_6H_4(OH)COOH + (CH_3CO)_2O \xrightarrow{浓\ H_2SO_4} C_6H_4(OCOCH_3)COOH + CH_3COOH$$

原料药水杨酸和阿司匹林在结构上的差异表现在苯环上的羟基是否酯化，可以用红外吸收光谱法来进行鉴别。本实验以鉴别水杨酸和阿司匹林为例，学习固体样品的制备、红外光谱的测绘及红外光谱法定性鉴别的方法。

三、仪器与试剂

1. 仪器

布鲁克 TENSOR27 型红外分光光度计；红外灯；压片模具；玛瑙研钵；手压式压片机（油压型）；药匙。

2. 试剂

水杨酸；阿司匹林；溴化钾（光谱纯）；95%乙醇。

四、实验内容

固体样品的测定——KBr 压片法

(1) 取已干燥的样品 A 约 1～2mg 置于玛瑙研钵中，加入干燥的光谱纯 KBr 粉末约 200mg，在红外灯照射下，研磨至完全混匀，使颗粒粒度约为 2μm。

(2) 按顺序放好压片磨具的底座、底膜片和压膜体，然后用药匙将约 100mg 研磨好的混合物均匀地放入到直径为 13mm 干净压模中（尽量铺匀），最后将压杆小心的插入压膜体中，插入底部后再轻轻转动压杆，使粉末铺匀。

(3) 把整个压膜放到压片机的工作台中央，旋转压力丝杆手轮压紧压膜。然后顺时针旋转放油阀到底，缓慢上下压动压把，观察压力表。当加压至 25～30MPa 时停止加压，维持约 1～2min。逆时针旋转放油阀，压力解除，压力表指针回到"0"。最后，旋松压力丝杆手轮，取下模具，即得一均匀透明的薄片（厚度约为 0.5～1mm）。

(4) 将此薄片装于样品架中央，用夹具夹好，置于分光光度计的样品室中，按照附注"布鲁克 TENSOR 27 型红外分光光度计的使用"进行操作，从 4000～400cm^{-1} 扫描样品，绘制样品 A 的红外光谱图。在测定样品之前，需压一空白 KBr 片作为背景，采集背景吸收。

(5) 从样品室中取下样品架，取出薄片，用无水乙醇将玛瑙研钵、模具、样品架等擦净，红外灯下烘干后，重复 (1) 至 (4)，绘制样品 B 的红外光谱图。

(6) 实验结束后，从样品室中取下样品架，清理样品室，并用无水乙醇擦洗玛瑙研钵、模具、样品架，红外灯下烘干后存放于干燥器中。

(7) 根据阿司匹林和水杨酸的结构式，并结合所绘制的红外光谱图，判断 A 和 B 分别是哪种物质，并进行红外光谱特征吸收峰的归属。

五、注意事项

1. 待测样品要干燥，不应含有水分。因为水在 3400cm^{-1} 和 1630cm^{-1} 处也产生吸收会干扰样品谱，此外水的存在还会侵蚀吸收池的盐窗。

2. KBr 易吸水，样品研磨应在红外灯下进行，以防制样过程中吸水而影响测定。

3. 环境中湿度太大时，对红外光谱仪非常不利，所以红外实验室须开启除湿机除湿保持环境干燥，确保室内湿度 70%以下。若仪器长期不用，每周至少开启主机一次，每次开机时间不低于 4h。

4. 红外仪器零部件中，中红外分光束是最容易损坏的，其次是氘代硫酸三甘肽 (DTGS) 或氘代 L-丙氨酸硫酸三甘肽 (DLATGS) 热电检测器。中红外分光束的基质是 KBr 晶片，DTGS (DLATGS) 检测器窗口材料也是 KBr 晶体，所以很容易受潮，需放置干燥剂防潮。

5. KBr 压片法制样要均匀，否则制得样品有麻点，会使透光率降低。压片法常采用 KBr 作为片基，其理由如下：

① 光谱纯 KBr 在 4000～400cm^{-1}范围内无明显吸收；

② KBr 易成型；

③ 大部分有机化合物的折射率在 1.3～1.7，而 KBr 的折射率为 1.56，正好与有机化合物的折射率相近。片基与样品折射率差值越小，散射越小。

6.《中国药典》规定，测定红外光谱时，扫描速度为 10～15min。基线应控制在 90%透光率，最强吸收峰在 10%透光率以下。

六、思考题

1. 能否用紫外吸收光谱法鉴别阿司匹林和水杨酸，为什么？
2. 试比较红外吸收光谱法和紫外吸收光谱法的特点。
3. 固体样品测定红外吸收光谱图时，制样时有什么要求？
4. 为什么可选用 KBr 作为承载样品的基质？

附：布鲁克 TENSOR27 型红外分光光度计的使用

(1) 开除湿器，确保室内湿度小于 70%。

(2) 按仪器后侧的电源开关，开启仪器，加电后，开始一个自检过程；约 30s。自检通过后，状态灯由红变绿。仪器开启后需预热 10～30min。

(3) 开启电脑，运行 OPUS 操作软件。检查电脑与仪器主机通讯是否正常。点击“Measurement”下拉菜单下的“Advanced”页面，可设定文件名和保存路径，还可设定测试条件，包括分辨率（Resolution）、扫描次数（Scan Time）、光谱测试范围（Save Data Form）和谱图显示形式(Result Spectrum）等，没有特殊要求，可都采用默认值。其他的常规设置选项一般也不必修改。待检查仪器信号后可进行测量。

(4) 点击“Measurement”下拉菜单下的“Basic”按钮，进入测试页面。在样品室中放入空白 KBr 薄片，关好仓门。点击“Collect Background”按钮即可采集背景谱。在 OPUS 窗的底部，可以监视采样的过程，能看到目前已经累加了多少次以及 OPUS 正在执行的命令。数据采集结束后，显示“No Active Task”。

(5) 背景采集完成后，将 KBr 薄片取出，在样品室中放入刚制备好的样品薄片，关好仓门。在测试对话窗口中输入样品名（Sample Name)、样品形态（Sample Form)，点击“Collect Sample（采样）”按钮，测试对话窗口即消失，并进入谱图窗口（Display Window)。从 OPUS 软件的底部可以看到测量的进程，测量结束后，谱图会显示在谱图窗口。

(6) 谱图处理。在谱图处理窗口中，可进行基线校正、标峰、透光率与吸光度的转化以及谱图平滑等操作，可根据实验需要在软件界面上点选相应的功能键完成。

(7) 谱图保存，输出或打印。

(8) 退出软件，关闭电脑。

（杨静）

实验三十四　恒压量热法测定弱酸的中和热和电离热

一、实验目的

1. 熟悉贝克曼温度计的使用。
2. 掌握弱酸中和热和电离热的测定方法。

二、实验原理

热力学上定义，在一定的温度、压力和浓度下，1摩尔酸和1摩尔碱中和时放出的热量叫作中和热。强酸和强碱在水溶液中几乎完全电离，所以不同种类的强酸和强碱在足够稀释的情况下中和热几乎是相同的，本质上都是氢离子和氢氧根离子的中和反应，即25℃时：

$$H^{+} + OH^{-} \longrightarrow H_2O \qquad \Delta_{中和}H_{强酸} = -57.3\text{kJ}\cdot\text{mol}^{-1} \tag{34-1}$$

对于弱酸（或弱碱）来说，因为它们在水溶液中只是部分电离，当其和强碱（或强酸）发生中和反应时，其反应的总热效应还包含弱酸（或弱碱）的电离热。例如醋酸和氢氧化钠的反应：

$$HAc \longrightarrow H^{+} + Ac^{-} \qquad \Delta_{电离}H_{弱酸}$$

$$H^{+} + OH^{-} \longrightarrow H_2O \qquad \Delta_{中和}H_{强酸}$$

$$HAc + OH^{-} \longrightarrow H_2O + Ac^{-} \qquad \Delta_{中和}H_{弱酸}$$

根据赫斯定律，有 $\Delta_{中和}H_{弱酸} = \Delta_{电离}H_{弱酸} + \Delta_{中和}H_{强酸}$，故

$$\Delta_{电离}H_{弱酸} = \Delta_{中和}H_{弱酸} - \Delta_{中和}H_{强酸}$$

本实验，采用化学反应标定法，先用已知热效应的反应标定量热计的热容量，即将盐酸和氢氧化钠水溶液在绝热良好的杜瓦瓶中反应，让酸和碱的起始温度相同，测定时碱稍过量，以使酸完全中和。中和放出的热量可以认为全部为溶液和量热计所吸收，所以存在如式(34-2)的关系：

$$n_{酸}\Delta H_m + C_p\Delta T = 0 \tag{34-2}$$

式中，$n_{酸}$ 为酸的物质的量，mol；ΔH_m 为摩尔中和热，$\text{J}\cdot\text{mol}^{-1}$；$C_p$ 为整个量热计（含溶液）的比热容 $\text{J}\cdot\text{K}^{-1}$；$\Delta T$ 为温度变化值，K。利用已知的中和反应热和测得的该反应前后量热计的温差 ΔT，计算量热计的热容量（包括量热计和溶液）。

$$C_p = -\frac{n_{酸}\Delta H_m}{\Delta T} \tag{34-3}$$

在相同的条件下，将待测弱酸和强碱反应在同一套量热计中进行，利用上一反应计算得

到的热容量和反应测得的温差，求出弱酸的中和热，进而求出弱酸的电离热。

三、仪器与试剂

1. 仪器

杜瓦瓶量热计；贝克曼温度计；水银温度计；容量瓶（250mL）；移液管（50mL）；烧杯（1000mL）；洗耳球。

2. 试剂

NaOH 溶液（$1.5mol \cdot L^{-1}$）；HCl 标准溶液（$1.0mol \cdot L^{-1}$）；HAc 标准溶液（$1.0mol \cdot L^{-1}$）。

四、实验内容

1. 调节贝克曼温度计到合适的位置（见附注）。

2. 用 50mL 移液管移取 $1.0mol \cdot L^{-1}$ HCl 加入 250mL 容量瓶中，定容。250mL 溶液全部加入杜瓦瓶中，内管（图 34-1）加入 $1.5mol \cdot L^{-1}$ NaOH 溶液 50mL，装配到杜瓦瓶内。

3. 将调节好的贝克曼温度计插入杜瓦瓶中，稳定后读数，用洗耳球将内管中的 NaOH 溶液吹入杜瓦瓶中（可以有剩余），摇匀杜瓦瓶中的溶液，观察温度上升，直到温度不变，记下读数。重复两次，取平均值 ΔT。

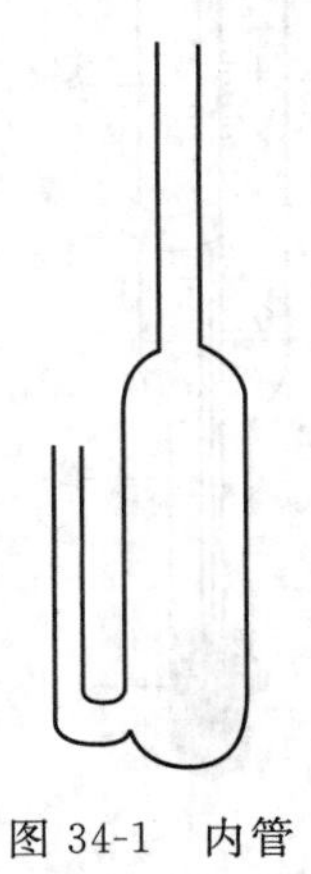

图 34-1 内管

4. HAc 溶液按同样的操作测量两次，记下平均值 $\Delta T'$。

5. 数据处理

（1）利用下列经验式，计算在实验浓度范围内强酸强碱在实验温度 t℃时的中和反应热效应 $\Delta_{中和}H_{强酸}$。

$$\Delta_{中和}H_{强酸}=-57111.6+209.2(t-25)\mathrm{J \cdot mol^{-1}} \qquad (34\text{-}4)$$

根据中和反应放热和体系吸热的平衡关系，得：

$$c_{酸}V_{酸}\Delta_{中和}H_{强酸}=-C_p\Delta T \qquad (34\text{-}5)$$

计算量热计（含溶液）热容量 C_p。式中 $c_{酸}$、$V_{酸}$ 分别为强酸溶液的物质的量浓度和体积。

（2）根据上面得到的热容量计算醋酸的中和热，并利用赫斯定律求出醋酸的电离热。

五、注意事项

1. 用内管加样方法的目的是使酸和碱液在反应前都处于同一温度，消除温度不同而带来的误差。

2. 中和热和电离热都与浓度和测定的温度有关，因此在阐明中和过程和电离过程的热效应时，必须注意记录酸和碱的浓度以及测量的温度。

3. 在测定量热计（含溶液）的热容和测定弱酸强碱的中和热时，都要使酸被中和完全，两次测定所用的溶液应该相等，两次中和后溶液的热容量因含盐不同会稍有差别，但本实验可以忽略不计，当然，也可以用别的方法来测定量热计的热容量。

六、思考题

1. 弱酸的电离是吸热还是放热？

2. 中和热除与温度、压力有关外，还与浓度有关，如何测量在一定温度下，无限稀释时的中和热？

附：贝克曼（Beckman）温度计的使用

在实验室中较精确的测定温度，必须使用刻度精确的温度计，例如：温度需要读至0.001℃，则温度计上的刻度至少要到0.01℃。为了达到这个目的，一种方法是将温度计做得很长，另一种方法是用很多不同温度范围内使用的温度计，前一种温度计使用时当然不方便，后一种也极不经济，需要精确测定纯物质的熔点和沸点。需要知道绝对温度，则一般采用后一种方法；如果我们不需要知道一个系统温度的绝对值，只需要精确测定ΔT，而且ΔT之间并不太大，最好使用贝克曼温度计。

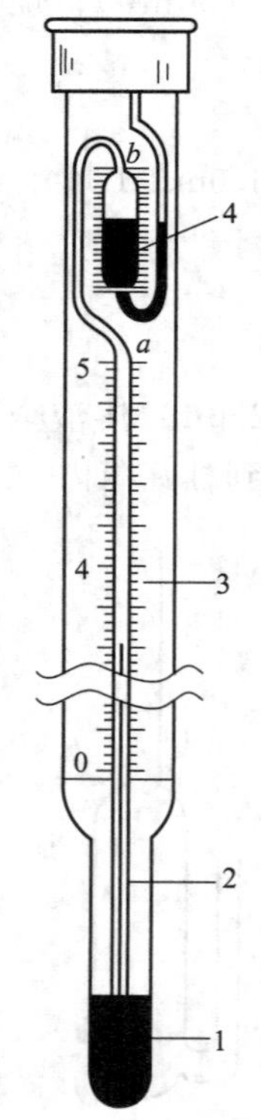

图 34-2　贝克曼温度计
1—水银球；
2—毛细管；
3—温度标尺；
4—水银储管；
a—最高刻度；
b—毛细管末端

一、构造和特点

贝克曼温度计，也是水银温度计的一种，是精密测定温度差值的温度计。

贝克曼温度计简单的构造如图 34-2 所示，下面为水银球，上面有贮汞槽。上下由毛细管连通，贮汞槽可以用来调节水银球中的水银量。其中除了水银外是真空。在玻璃毛细管有一刻度尺，一般只有5℃，每度为100等份，即最小分度值为0.01℃。用放大镜可以估计到0.001℃，贮汞槽的背面的温度标尺只是粗略地表示温度数值，即贮汞槽中水银与水银球中水银完全相连时，贮汞槽中的水银面所在的刻度就表示温度的粗值，毛细管背面的温度标尺上最大刻度处到毛细管末端的b处，约有2℃。

为了便于读数，贝克曼温度计的刻度有两种刻法：一种最小刻度在刻度尺的上端，最大读数刻在下端；另一种恰好相反。前者用来测量温度下降，成为下降式贝克曼温度计，刻度为5℃，最小刻度为0.01℃。

综上所述，贝克曼温度计，有两个主要的特点：一是水银球的水银量可借助贮汞槽调节，这就可使用于不同的温度区间来测量温度差值，所测温度越高，球内的水银就越少；其次，由于刻度能刻至0.01℃，因而能较精确地测量温度差值，但不能用来精确测量温度的绝对值。

二、使用方法

首先，根据实验的要求来确定选用哪一类型的贝克曼温度计，本实验中用的是上升式贝克曼温度计，故以上升式贝克曼温度计为例说明使用方法。使用时需经下面的操作步骤。

1. 调整

调整就是调整水银球内的水银量，所谓调整好一支贝克曼温度计是指在所测量的起始温度时毛细管的水银面应在刻度的合适范围内，以确保终了温度时，水银面亦落在刻度范围内。因此，在使用贝克曼温度计时，首先应该将它插入一个与所测体系的起始温度相同的体系内，待平衡后如果毛细管内水银面在所要求的合适刻度附近，就不必调整，否则，应按下述三个步骤进行调整。

（1）水银丝的连接

此步骤是将贮汞槽中的水银和水银球中的水银相连。若水银球中的水银量过多，毛细管内水银面已超过毛细管末端，在此种情况下，右手握住温度计的中部，慢慢倒置，并用手指轻敲贮汞槽处，使贮汞槽内的水银与毛细管的末端处的水银相连接，连接后，将温度计倒转过来，并垂直正放。

若水银球内的水银量过少，用右手握住温度计的中部，将温度计倒置，用左手轻敲右手的手腕（此步骤操作要特别注意，切勿使温度计与桌面碰撞!）此时，水银球内的水银就可以自动流向贮汞槽，然后，按上述方法连接。

(2) 水银球中水银量的调节——恒温浴调节法

设 t 为欲测体系的起始摄氏温度，在此温度下，欲使贝克曼温度计中毛细管的水银面恰好在 0～1℃之间，则需将已经连接好的水银丝的贝克曼温度计悬于一个温度为 $t'=t+5$ 的水浴中，待平衡后，用右手握住贝克曼温度计的中部，由水浴中取出，立即用左手敲右手的手腕，或用左手轻击右小臂使水银丝在毛细管的末端 b 处断开（注意：在毛细管末端不得有水银保留）。

(3) 验证所取温度

经上述调整后，将温度计插入温度为 t 的水浴中，此时，水银面落在 0～1℃之间。调好后的贝克曼温度计放置时应将其上端垫高，以免毛细管中的水银丝与贮汞槽中的水银相连。

2. 读数

读数值时，贝克曼温度计必须保持垂直，而且水银球应全部浸入所测温度的系统中，由于毛细管中的水银面上升或下降时，有沾滞现象，所以读数前必须先用手指轻弹水银面中，清除沾滞现象后，再读数。

3. 刻度值的校正

当测量精确度要求高时，对贝克曼温度计也要进行校正，校正的因素较多，在非特别精确的测量中，可以不校正。

4. 使用注意事项

贝克曼温度计是水银温度计的一种，在使用时，除按照使用普通水银温度计的要求使用外，还必须特别注意以下几点。

(1) 贝克曼温度计由薄玻璃制成，尺寸也较大，为防止损坏所以一般只应放置三处：a. 安装在仪器上；b. 放在温度计盒中；c. 握在手中（不能任意搁置）。

(2) 调节时，注意：勿使它受到骤热或骤冷，还应避免重击。

(3) 调节好的温度计，注意勿使毛细管中的水银柱再与贮汞槽中的水银相连接。

（蔡政）

实验三十五　异丙醇-环己烷体系的气-液平衡相图

一、实验目的

1. 掌握常压下测定完全互溶双液系在不同组成时沸点的方法，绘制沸点-组成相图。
2. 熟悉沸点的测定方法。
3. 了解液体折射率的测定原理，熟悉用阿贝折光仪测量液相和气相组成的操作方法。

二、实验原理

液体的沸点是指液体的蒸气压和外压相等时的温度。在一定的外压下，纯液体的沸点有确定的值。但对双液系，沸点不仅与外压有关，而且还和双液系的组成有关，即与双液系中两种液体的相对含量有关。

在常温时为液体的两种物质混合而成的二组分体系称为双液系，两液体若能按任意比例互相溶解，称完全互溶双液系，例如异丙醇-环己烷双液系；丙酮-氯仿双液系；乙醇-水双液系都是完全互溶双液系。若只能在一定比例范围内互溶，则称为部分互溶双液系。例如苯-水双液系是部分互溶双液系。

由两种挥发性液体所构成的溶液的液相与气相呈平衡时，气相组成与液相组成经常不同，亦即在恒压下将该溶液蒸馏，馏出液和母液组成不同。

对理想溶液，在一定温度下，任一组分在全部浓度范围内都遵守拉乌尔定律，即组分 B 在气相中的蒸气压 $p_B = p_B^* x_B$。如果液态混合物的蒸气压和浓度之间不符合拉乌尔定律，称为非理想的液态混合物。大多数实际溶液由于两种液体分子的相互影响，对拉乌尔定律发生很大的偏差，因为在两种组分之间存在着化学反应的趋势或者发生缔合，致使溶液的挥发性变小，还有些物质组成溶液后使缔合度变小，溶液的挥发度增大。这些实际溶液的沸点-组成曲线上出现了最高或最低点，其液相曲线与气相曲线相交于一点（图 35-1），即两相组

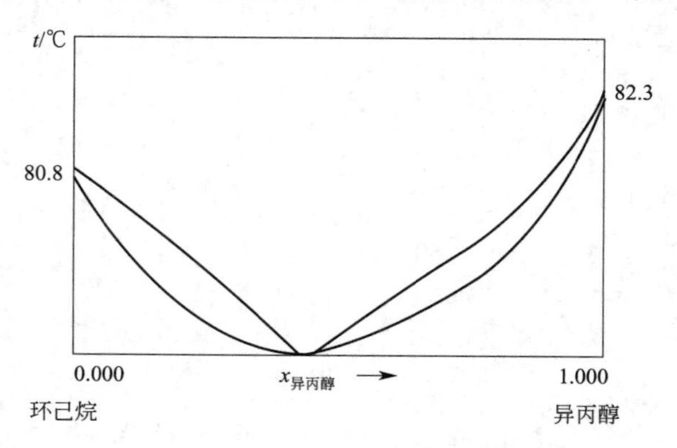

图 35-1　异丙醇-环己烷的气-液平衡相图

成相同，再继续蒸馏，只是使气相的总量增加而溶液的组成及沸点均不改变，这种溶液称为恒沸混合物。

本实验的研究对象是由异丙醇-环己烷按不同比例组成的溶液，在蒸馏过程中，当达到一定沸点时，分别取出馏出液和母液试样，用物理方法，测其折射率分析其组成，绘制 t-x 相图。

折射率是一个物质的特征数值，溶液的折射率与组成有关，因此在一定温度下测定一系列已知浓度溶液的折射率，作出该溶液折射率-组成工作曲线，就可按内插法得到这种未知溶液的组成。

物质的折射率与温度有关，大多数液态有机化合物折射率的温度系数约为－0.0004，因此在测定时应将温度控制在指定的±0.20℃范围内，方能将这些液体样品的折射率测准到小数点后 4 位。对挥发性溶液或易吸水样品，加样时动作要迅速，以防止挥发或吸水，影响折射率的测定结果。

三、仪器与试剂

1. 仪器

沸点仪；棕色小口瓶（125mL×12）；阿贝折光仪；电加热套；超级恒温槽；精密温度计（0.01 分度）；滴管（10 支）；试管（5mL×25）。

2. 试剂

异丙醇（A.R.）；环己烷（A.R.）。

四、实验内容

1. 用冷凝管夹夹住沸点仪（如图 35-2 所示）将其固定在铁架上，配上测量温度计和加热套。

2. 预先由教师准备好 12 个样品，分别储存在 125mL 的棕色小口瓶内，其中 1 号为纯异丙醇，12 号为纯环己烷，其他 10 个样品为不同组成的异丙醇-环己烷混合液。

3. 将样品若干加于沸点仪的蒸馏瓶中，要求加入量大于蒸馏瓶容量的 1/3，小于容量的 1/2。加热样品，使混合液沸腾，蒸出液不断流入沸点仪的凹槽 D 中，经过数分钟后，凹槽中收集到一定量的气相回流液，蒸馏瓶中溶液浓度已不再变化，温度计指示着稳定的温度，记录下温度，切断电源。冷却一段时间，从凹槽 D 中取出约 0.5mL 溶液，测定气相组成折射率；从蒸馏瓶中取出溶液，测定液相组成折射率。

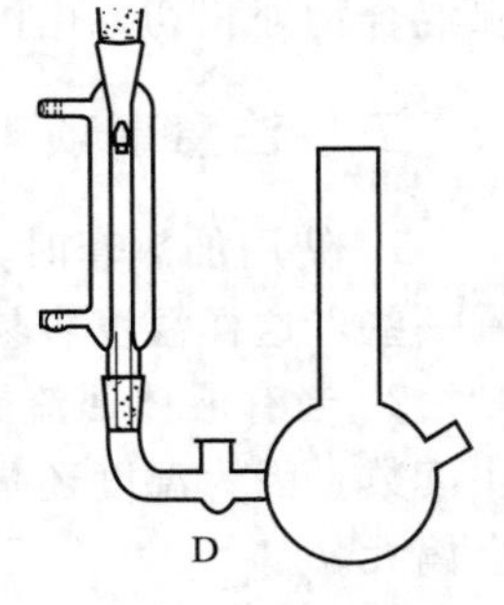

图 35-2　沸点仪

按照上法进行 1 号～12 号样品的测定。

4. 测定折射率

调节通过阿贝折光仪的恒温水温为 25℃（或 35℃）±0.20℃，然后分别测定平衡时的气相样品的折射率，对每个样品要加样两次，每次加样要测读两次折射率值。若测得的四个数值很接近，则取其平均值，即为所测样品在该温度时的折射率。每次加样测量以前，必须先将阿贝折光仪的棱镜镜面洗净，可用数滴挥发性溶液（如丙酮）淋洗，再将擦镜纸轻轻吸去残留在镜面上的溶液，阿贝折光仪在使用完毕后也必须将镜面处理干净。

5. 数据记录与处理

(1) 数据记录

室温：　　　　　　　　　　　　　　　　　　　　　　　气压：

实验样品号	沸点 t/℃	馏出液(气相)		母液(液相)	
		折射率	蒸气组成 $y_{异丙醇}$	折射率	液相组成 $x_{异丙醇}$
1					
2					
3					
4					
5					
6					
7					
8					
9					
10					
11					
12					

(2) 数据处理

根据下表数据作异丙醇-环己烷溶液的 n_D^t-x 工作曲线。

$x_{异}$	0.000	0.200	0.400	0.600	0.800	1.000
n_D^{25}	1.4236	1.4140	1.4052	1.3958	1.3856	1.3752
n_D^{35}	1.4183	1.4090	1.4000	1.3910	1.3815	1.3711

按气相和液相样品的折射率，从 n_D^t-x 工作曲线上查得相应组成。

以沸点 t/℃为纵坐标，$x_{异丙醇}$ 为横坐标，作各混合物的馏出液和母液的组成对沸点的图。分别将馏出液组成和母液组成点标记到图上，用光滑曲线将点连成线，这些曲线应在恒沸混合物处相切，由图上找出恒沸点及恒沸物组成，并在图上标出。

五、注意事项

1. 使用加热套时，注意不要让有机液体滴漏进去。沸点仪离加热套远一些，加热速度慢一些，这样温度容易观察。

2. 当有液体回流到凹槽 D 时，就要注意观察温度，此时温度变化缓慢，几乎不变，尽快读数。因为温度还是一直在上升，不是一直停留在一个点，如果不及时读数，测出的沸点会偏大。

3. 加热结束后，要等沸点仪中液体自然冷却下来再取液体。

六、思考题

1. 按所得相图，讨论此溶液的蒸馏情况并考虑若要在常压下用简单蒸馏方法由异丙醇-环己烷溶液制取纯异丙醇，溶液的组成应在怎样一个范围？为什么？

2. 在做 1 号～12 号样品实验过程中，若发现温度计温度不稳定，请说明原因。

3. 若某混合液其摩尔分数组成位于最低恒沸混合物与纯异丙醇之间，气液达平衡时的温度为 76℃，问如何提高和降低混合液的气液平衡温度？

（蔡政）

实验三十六　苯-醋酸-水三元相图的绘制

一、实验目的

1. 熟悉相律和用三角坐标表示三组分相图的方法。
2. 掌握用浓度法绘制具有一对共轭溶液的苯-醋酸-水三元相图（溶解度曲线及连结线）。

二、实验原理

在进行萃取时，具有一对共轭溶液的三元相图能确定合理的萃取条件，因此如何作出三元体系的相图是有实际意义的。

三组分体系 $K=3$，根据相律 $f=3-\Phi+2$。体系最多可能有四个自由度（即温度、压力和两个浓度项），用三度空间的立体模型已不足以表示这种相图。若维持压力和温度同时不变，自由度 $f^{**}=2$，就可以用平面图形来表示。通常在平面图上是用等边三角形来表示各组分的浓度，称之为三元相图（如图 36-1 所示）。等边三角形的三个顶点各代表一种纯组分，三角形三条边 AB、BC、CA 各分别代表 A 和 B，B 和 C，C 和 A 所组成的二组分的组成，而三角形内任何一点表示三组分的组成。

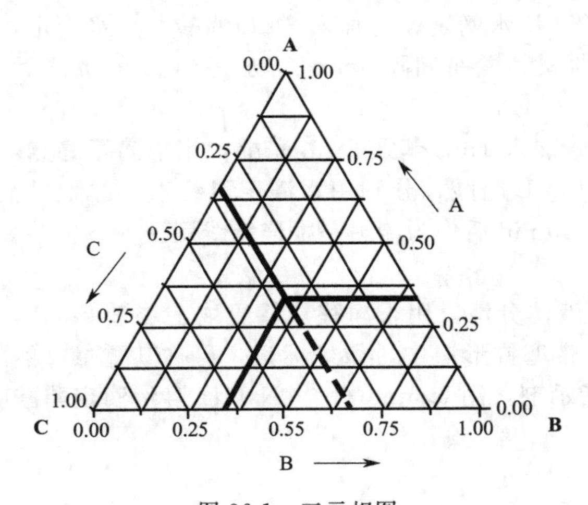

图 36-1　三元相图

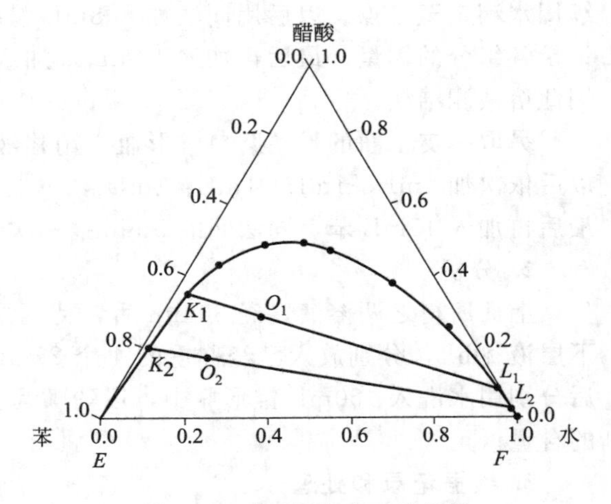

图 36-2　苯-醋酸-水三元相图

本实验讨论生成一对共轭溶液的三组分体系，即三组分中二对液体 A 与 B、A 与 C 完全互溶，而另一对 B 与 C 则不溶或部分互溶的相图。

水和苯的互溶度极小，而醋酸却与水和苯都互溶。在水和苯组成的二相混合物中加入醋酸，能增大水和苯之间的互溶度，醋酸增多，互溶度增大。当加入醋酸达到某一定数量时，水和苯能完全互溶，这时原来的二相组成混合体系由浑变清。在温度恒定的条件下，使二相体系变成均相所需要的醋酸量，决定于原来混合物中的水和苯的比例。同样，把水加到苯和醋酸组成的均相混合物中时，当达到一定的数量，原来均相体系要分成水相和苯相的二相混合物，体系由清变浑。使体系变成二相所加水量，由苯和醋酸混合物的起始比例决定。因此利用体系在相变化时的浑浊和清亮现象的出现，可以判断体系和各组分间互溶度的大小。一般由清变到浑，肉眼较易分辨，所以本实验采用由均相样品加入第三种物质而变成二相的方法，测定二相之间的相互溶解度。如图 36-2 所示，曲线 E、K_2、K_1、L_1、L_2、F 下为二相区，之上为单相区，实验中用滴定的方法，根据清变浊判断相转变，作出这条曲线。

为了测定连结线，在两相区配制混合液，达平衡时两相的组成一定，只需分析每相中的一个组分含量，在溶解度曲线上就可找出每相的组成点，其连线即为连结线。

三、仪器与试剂

1. 仪器

具塞磨口锥形瓶（100mL，25mL）；锥形瓶（150mL）；移液管（10mL，1mL）；吸量管（10mL）；碱式滴定管（50mL）。

2. 试剂

无水苯（A. R.）；冰醋酸（A. R.）；酚酞指示剂；NaOH 溶液（$0.5mol \cdot L^{-1}$）。

四、实验内容

1. 相变点的测定

两支碱式滴定管装水及 NaOH 溶液。用移液管移取 10mL 苯，吸量管移取 4mL 醋酸于干净的 100mL 具塞磨口锥形瓶中，然后从装水的碱式滴定管中慢慢地滴入水，同时不停振荡，滴至终点（由清变浑），记下水的体积。再向此瓶中加入 5mL 醋酸，体系又成均相，继续用水滴定至终点。以后用同法加入 8mL 醋酸，用水滴定；再加入 8mL 醋酸，用水滴定，记录各组分的用量。最后再加入 10mL 苯加塞摇动，并每间隔 5min 摇动一次，30min 之后用此溶液测结线。

另取一支干净的具塞磨口锥形瓶，用移液管加入 1mL 苯及 2mL 醋酸，用水滴至终点，以后依次加 1mL、1mL、1mL、1mL、2mL、10mL 醋酸，分别用水滴定至终点，并记录，最后再加入 15mL 苯，同法间隔 5min 摇一次，30min 后作为测另一根连结线用。

2. 分析

上面所得之两溶液，经 30min 后，待两层液体分清，用干净移液管吸取上层液 2mL，下层液 1mL，分别放入已经称重的 4 个 25mL 带塞锥形瓶中，做好标记，再称其重量，然后分别用水洗入 150mL 锥形瓶中，以酚酞为指示剂，用 $0.5mol \cdot L^{-1}$ NaOH 溶液滴定醋酸的含量。

3. 数据记录和处理

（1）溶解度曲线的绘制

根据每点苯、醋酸及水所用实际体积，及由手册查出实验温度时三种液体的相对密度（填入表 36-1），算出各点组分的质量百分含量，填入表 36-2 中。

表 36-1 实验温度时三种液体的密度

室温/℃	大气压/mmHg	密度/$g \cdot mL^{-1}$		
		苯	醋酸	水

表 36-2 实验结果及数据处理

序号	醋酸		苯		水		总质量/g	质量百分含量/%		
	体积 V /mL	质量 m /g	体积 V /mL	质量 m /g	体积 V /mL	质量 m /g		醋酸	苯	水
1	4		10							
2	9		10							
3	17		10							
4	25		10							
5	25		20							
6	2		1							
7	3		1							
8	4		1							
9	5		1							
10	6		1							
11	8		1							
12	18		1							
13	18		16							
14										
15										

其中表 36-2 中第 14、15 为图 36-2 中 E、F 两点，是苯与水在实验温度时的相互溶解度，这些数据可从参考资料中查出，将下表组成数据在三角形坐标纸上作图，即得溶解度曲线，并延长至 14 和 15 点。

（2）画出连结线

① 计算二碘瓶中最后醋酸、苯、水的重量百分数，算出三角形坐标纸上相应的 O_1、O_2 点。

② 将所取各相中醋酸含量算出，并将点画在溶解度曲线上，上层内醋酸含量在含苯较多的一边，下层画在含水较多的一边，则可作出 K_1L_1、K_2L_2 两根连结线，它们应分别通过点 O_1 和 O_2。

五、注意事项

1. 锥形瓶要干净，振荡后不能挂液珠。

2. 用水滴定如超过终点，则可再滴醋酸至刚由浑浊变清为终点，记下各溶液的实际用量。在做最后几点时（苯含量较少）终点也是逐渐变化的，需滴至出现明显浑浊，才停止滴加水。

3. 在室温低于 16℃时，冰醋酸可恒温后用刻度移液管量取。

4. 用移液管吸取二相平衡的下层溶液时，可在吹气条件下插入移液管，这样可以避免上层溶液的沾污。

六、思考题

1. 连结线 K_1L_1 和 K_2L_2 如不能通过物系点 O_1、O_2 其原因是什么？

2. 若是被水饱和的苯或含水的醋酸是否可做此实验？

（蔡政）

实验三十七　电导法测定弱电解质的电离常数

一、实验目的

1. 熟悉电解质溶液导体的导电原理。
2. 掌握电导法测定弱电解质的电离度和电离常数原理和方法。
3. 熟悉电导率仪的使用，掌握测定溶液电导率的方法。

二、实验原理

电解质溶液属于第二类导体，它通过正、负离子的迁移来传递电流，导电能力直接与离子的运动速度有关。电导是电解质溶液导电能力的大小的度量，与电流流经溶液的长度成反比，与面积成正比，即

$$G=\kappa \cdot \left(\frac{A}{l}\right)=\frac{\kappa}{Q} \tag{37-1}$$

式中，G 为电导，单位为西门子，S；A 为面积，m^2；l 为长度，m；κ 为电导率，S/m，电导率的意义是单位面积、单位长度所构成的导体单元的电导。Q 为电导池常数，m^{-1}。

摩尔电导率 Λ_m 与电导率 κ 之间的关系为：

$$\Lambda_m=\frac{\kappa}{c} \tag{37-2}$$

式中，Λ_m 为摩尔电导率，$S \cdot m^2 \cdot mol^{-1}$；$c$ 为物质的量浓度，$mol \cdot m^{-3}$。Λ_m 随浓度而变，但其变化规律对强电解质和弱电解质是不同的，对于强电解质的稀溶液为：

$$\Lambda=\Lambda_m^{\infty}-A\sqrt{c} \tag{37-3}$$

式中，A 为常数，Λ_m^{∞} 为无限稀释溶液的摩尔电导率，可以从 Λ_m 与$\sqrt{c}$的直线关系外推而得。弱电解质的 Λ_m 与$\sqrt{c}$没有直线关系，其 Λ_m^{∞} 可以利用离子独立运动规律计算而来。根据 Kohlrausch 离子独立运动规律 $\Lambda_m^{\infty}=\lambda_{m,+}^{\infty}+\lambda_{m,-}^{\infty}$。$\lambda_{m,+}^{\infty}$、$\lambda_{m,-}^{\infty}$分别表示无限稀释时正、负离子的摩尔电导率。例如弱电解质醋酸 HAc 的 Λ_m^{∞}(HAc) 可按下式计算：

$$\Lambda_m^{\infty}(\mathrm{HAc})=\Lambda_m^{\infty}(\mathrm{HCl})+\Lambda_m^{\infty}(\mathrm{NaAc})-\Lambda_m^{\infty}(\mathrm{NaCl})$$

弱电解质的电离度 α 与摩尔电导率的关系为：

$$\alpha=\frac{\Lambda_m}{\Lambda_m^{\infty}} \tag{37-4}$$

对于 AB 型弱酸（如 HAc），若 c 为起始浓度，则电离常数 K_c 为：

$$K_c=\frac{\alpha^2 c}{1-\alpha} \tag{37-5}$$

在一定温度下 K_c 是常数，因此可以通过测定 AB 型弱电解质在不同浓度时的电离度 α 代入

式(37-5) 求出 K_c。

三、仪器与试剂

1. 仪器

恒温槽；DDS-307 型电导率仪及电导池；容量瓶（50mL）；移液管 。

2. 试剂

KCl 溶液（0.0100mol·L^{-1}）；HAc 溶液（0.1000mol·L^{-1}）；电导水。

四、实验内容

1. 用 50mL 容量瓶将原始 KCl 溶液（0.01000mol·L^{-1}）进行 2 倍、4 倍、8 倍稀释，得到 4 种不同浓度的 KCl 溶液。

2. 用 50mL 容量瓶将原始醋酸溶液（0.1000mol·L^{-1}）进行 2 倍、4 倍、8 倍稀释，得到 4 种不同浓度的醋酸溶液。

3. 调节恒温槽到 (25.0±0.1)℃。

4. 将电导池和铂电极用少量待测 KCl 溶液洗涤 3 次后，装入待测 KCl 溶液，恒温后，用电导仪测其电导率，重复测定三次，记下数据。

5. 用同样方法测定醋酸溶液的电导率。

6. 数据记录和处理

(1) 测量不同浓度 KCl 溶液的电导率

c/mol·m^{-3}	$\kappa=G\times\frac{l}{A}$/S·m^{-1}	$\Lambda_m=\frac{10^3\kappa}{c}$/S·m^2·mol^{-1}	$\sqrt{c}$/(mol·m^{-3})$^{1/2}$	Λ_m^∞/S·m^2·mol^{-1}

将 KCl 溶液的摩尔电导率 Λ_m 对$\sqrt{c}$作图，外推至$\sqrt{c}$为 0，求出 KCl 的 Λ_m^∞。求出 KCl 溶液的摩尔电导率与浓度的关系式：$\Lambda_m=\Lambda_m^\infty-A\sqrt{c}$。

(2) 测量不同浓度 HAc 溶液的电导率

根据所测数据计算 HAc 溶液在所测浓度下的电离度和电离常数，并求电离常数 K_c 的平均值。

已知$\lambda_m^\infty(H^+)=[349.82+0.0139(t-25)]$S·cm^2·mol^{-1}

$\lambda_m^\infty(Ac^-)=[40.9+0.02(t-25)]$S·cm^2·mol^{-1}

c/mol·m^{-3}	$\kappa=G\times\frac{l}{A}$/S·m^{-1}	Λ_m/S·m^2·mol^{-1}	Λ_m^∞/S·m^2·mol^{-1}	$\alpha=\frac{\Lambda_m}{\Lambda_m^\infty}$	K_c	$\bar{K}_c$

五、注意事项

1. 电导电极使用前要先用稀硝酸活化。

2. 待测液体加入电导池中，要没过电极。

3. 溶液浓度的单位通常用 $mol \cdot L^{-1}$，而电导率和摩尔电导率用的国际 ISO 单位是 $S \cdot m^{-1}$ 和 $S \cdot m^2 \cdot mol^{-1}$，注意单位的换算。

六、思考题

1. 电导池常数是怎样测定的？如果两电极不平行，则电导池常数不易测准，这话对吗？

2. 测电导率用交流电还是直流电，为什么？

3. 强、弱电解质的摩尔电导率与浓度关系有什么不同？各服从什么规律？

（蔡政）

实验三十八　旋光法测定蔗糖水解反应的速率常数

一、实验目的

1. 掌握利用旋光法测定蔗糖转化的反应速率常数、半衰期和活化能。
2. 了解该反应的反应物浓度与旋光度之间的关系。
3. 了解旋光仪的基本原理，掌握旋光仪正确的操作技术和使用方法。

二、实验原理

蔗糖水解反应的方程式为：

$$C_{12}H_{22}O_{11}(\text{蔗糖})+H_2O \xrightarrow{H^+} C_6H_{12}O_6(\text{葡萄糖})+C_6H_{12}O_6(\text{果糖}) \tag{38-1}$$

纯水中，此反应的速度极慢，通常需在氢离子的催化作用下进行，该反应本质上是一个二级反应，但由于水作为溶剂是大量存在的，尽管有少量水参加了反应，仍可以认为反应过程中水的浓度是基本不变的，因此，蔗糖的水解反应是准一级反应，可按照一级反应的速度方程进行处理，微分速率方程表示如下式：

$$-\frac{dc_A}{dt}=kc_A \tag{38-2}$$

式中，k 为反应速率常数，c_A为反应时间 t 时刻的蔗糖浓度。

将式(38-2) 积分得积分速率方程：

$$\ln\frac{c_A^0}{c_A}=kt \tag{38-3}$$

式中，c_A^0为反应初始阶段蔗糖的浓度，当 $c_A=1/2c_A^0$时，t 可用$t_{1/2}$表示，即为反应的半衰期：

$$t_{1/2}=\frac{\ln2}{k}=\frac{0.693}{k} \tag{38-4}$$

通常研究一个反应的动力学需要测量反应在不同时刻反应物的浓度，但是直接测量反应物的浓度是不容易的。根据上述反应的特点：蔗糖、葡萄糖、果糖都含有手性碳原子而具有旋光性，且各个物质的旋光能力不同，故可以利用体系在反应过程中旋光度的变化来量度反应的进程。

物质的旋光能力用比旋光度来度量。比旋光度可用下式表示：

$$[\alpha]_\lambda^t=\frac{\alpha\times100}{lc} \tag{38-5}$$

式中，t 为实验时温度；λ 为所用光源波长，一般用钠光灯源 D 线，其波长为 589nm；α 为测得的旋光度，以度为单位；c 为浓度，以 $g\cdot(100mL)^{-1}$ 为单位，即在 100mL 溶液里所含物质的克数；l 为样品管的长度，以 dm 为单位。

作为反应物的蔗糖是右旋性物质，其比旋光度 $[\alpha]_D^{20}=66.6°$，生成物中葡萄糖也是右旋性物质，其比旋光度 $[\alpha]_D^{20}=52.5°$，但果糖是左旋性物质，其比旋光度 $[\alpha]_D^{20}=-91.9°$。

测量旋光度所用的仪器称为旋光仪，从式(38-5) 可以看出溶液的旋光度与溶液中所含旋光物质之旋光能力、溶剂性质、溶液的浓度、样品管长度、光源波长及温度等均有关系，当其他条件均固定时，旋光度 α 与反应物浓度 c 呈线性关系，即

$$\alpha=\rho c \tag{38-6}$$

式中，ρ 是与物质的旋光能力、溶剂性质、样品管长度、光源波长、温度等有关的常数。

在本实验中，设反应开始时系统的旋光度为 α_0，反应时系统的旋光度为 α_t，反应结束时系统的旋光度为 α_∞。

	$C_{12}H_{22}O_{11}$(蔗糖) $+H_2O \xrightarrow{H^+}$	$C_6H_{12}O_6$(葡萄糖) $+$	$C_6H_{12}O_6$(果糖)	旋光度
$t=0$	c_A^0	0	0	α_0
$t=t$	c_A	$c_A^0-c_A$	$c_A^0-c_A$	α_t
$t=\infty$	0	c_A^0	c_A^0	α_∞

根据旋光度的加和性，可以得到：

$$\alpha_0=\rho_{蔗}c_A^0 \tag{38-7}$$

$$\alpha_t=\rho_{蔗}c_A+(\rho_{葡}+\rho_{果})(c_A^0-c_A) \tag{38-8}$$

$$\alpha_\infty=(\rho_{葡}+\rho_{果})c_A^0 \tag{38-9}$$

由(38-7)－(38-9) 得：

$$c_A^0=\frac{\alpha_0-\alpha_\infty}{\rho_{蔗}-(\rho_{葡}+\rho_{果})}=\rho'(\alpha_0-\alpha_\infty) \tag{38-10}$$

由(38-8)－(38-9) 得：

$$c_A=\frac{\alpha_t-\alpha_\infty}{\rho_{蔗}-(\rho_{葡}+\rho_{果})}=\rho'(\alpha_t-\alpha_\infty) \tag{38-11}$$

将(38-10)和(38-11)代入式(38-3)得：

$$\ln\frac{\alpha_0-\alpha_\infty}{\alpha_t-\alpha_\infty}=kt \tag{38-12}$$

将式(38-12)改为

$$\ln(\alpha_t-\alpha_\infty)=-kt+\ln(\alpha_0-\alpha_\infty) \tag{38-13}$$

从式(38-13) 可以看出，若以 $\ln(\alpha_t-\alpha_\infty)$ 对 t 作图得一直线，从直线的斜率可以求得反应速率常数 k，测定不同温度下的反应速率常数，可利用阿累尼乌斯公式求活化能：

$$\ln\frac{k_2}{k_1}=\frac{E_a}{R}\left(\frac{T_2-T_1}{T_2T_1}\right) \tag{38-14}$$

$$E_a=\frac{RT_2T_1}{T_2-T_1}\ln\frac{k_2}{k_1} \tag{38-15}$$

用式(38-15) 计算该温度范围内的平均活化能。

三、仪器与试剂

1. 仪器

旋光仪，旋光管（带恒温外管），锥形瓶（150mL×2），移液管（25mL×2），移液管

(10mL×2)，恒温槽，Y形管，烧杯（500mL），秒表，量筒（100mL）。

2. 试剂

蔗糖（C.P.），HCl溶液（4mol·L^{-1}），蒸馏水。

四、实验内容

1. 调节恒温槽温度

将恒温槽温度调节到（25.0±0.1)℃，并将旋光管的恒温外管接上恒温水。

2. 旋光仪零点校正

了解和熟悉旋光仪的构造和原理，接通旋光仪电源，预热5min，用非旋光性物质蒸馏水来校正仪器零点。打开旋光管两端的螺帽，把玻璃片用擦镜纸擦干净，将旋光管内管洗净，一端的玻璃片和螺帽都装上（注意螺帽不能拧太紧，容易将玻璃片压碎，只要不漏水即可)，往内管中注满蒸馏水并在管口形成凸液面，将玻璃片迅速平移推上（此过程需反复练习，否则很容易在内管中形成气泡)，再拧上螺帽。装蒸馏水时尽量不要在内管中形成气泡，如果有很小的气泡应赶到旋光管的凸肚处。用吸滤纸将管外水擦干（特别是两端玻璃片处)，将旋光管放到旋光仪的光路中，凸肚一端应朝上。调节目镜聚焦，使视野清楚，然后，旋转旋光仪的检偏镜至观察到的三分视野暗度相等为止，记下检偏镜之旋角，重复测量三次，取其平均值，即为仪器零点。

3. 配制溶液

在托盘天平上称取20g蔗糖，放到干燥的烧杯中，并加入100mL蒸馏水使之完全溶解，若溶液混浊还要进行过滤。分别用移液管吸取已配置的蔗糖溶液和4mol·L^{-1} HCl溶液各35mL加入到Y形管的两支管中，在25℃恒温槽中恒温10min。

4. 蔗糖水解过程旋光度的测量

(1) α_t的测量

上述恒温好的Y形管取出，然后将HCl溶液全部加入到蔗糖溶液中去，并来回晃动Y形管使反应液充分混合均匀，当HCl加入到一半时用秒表开始计时。迅速用少许反应液将旋光管漂洗两次后，依上述零点校正的方法，将反应液注入旋光管内管并装好玻璃片和螺帽，擦净后放入旋光仪的光路中，测定不同时间的旋光度。注意剩余溶液放到55℃水浴中恒温30min。

第一个数据要求离开反应开始时间2～3分钟，每次测量要准确快速，在快到测定时间时就要大致调好旋光仪的三分暗视野，一到时间马上调好，先记录时间，再读取旋光度。第一个数据获得后，每隔一分钟读取一次旋光度；获得五个数据后，每三分钟读取一个数据；获得三个数据后，每五分钟读取一次；获得三个数据后，每十分钟读取一次，直到反应1.5h为止。

(2) α_∞的测定

将Y形管中剩余溶液放到55℃水浴中恒温30min后，取出冷却到实验温度，装入旋光管内管中测定α_∞。

5. 测定35℃时反应的旋光度

将恒温槽调节到（35±0.2)℃，按步骤4测定35℃时蔗糖转化反应的旋光度α_t和α_∞。此样品只需做35min。

反应结束后将废液回收，旋光管洗净，两头的螺帽要松开，Y形管和烧杯洗净后放入烘箱烘干。

6. 数据记录和处理

(1) 实验数据记于下表

蔗糖浓度/$mol \cdot L^{-1}$ ________，HCl/$mol \cdot L^{-1}$ ________

室温/℃ ________，大气压/mmHg ________

仪器零点/° ________

名称	
t/min	
α_t/°	
$(\alpha_t-\alpha_\infty)$/°	
$\ln(\alpha_t-\alpha_\infty)$	

(2) 用 $\ln(\alpha_t-\alpha_\infty)$ 对 t 作图求出斜率，计算25℃和35℃时反应速率常数 k，并计算半衰期和活化能。

五、注意事项

1. 测量过程中由于旋光管中装了强腐蚀性药品，因此，外管一定要擦干净后放入旋光仪。测量结束后，旋光管一定要洗净，两端的螺帽要拧松，否则高浓度的盐酸若没有洗干净对螺帽的腐蚀作用特别强，长时间不用会生锈，导致下次使用时拧不开，拧开了也会漏液。

2. 若测定 α_∞ 时Y形管中的溶液不够了，则必须待 α_t 测定完毕后将旋光管内的溶液与Y形管内溶液合并，放到55℃水浴中恒温30min后，冷却到实验温度并测定其 α_∞。

3. 测定 α_∞ 时Y形管中剩余溶液放到55℃水浴中恒温30min，这时认为蔗糖已经转化完毕，此步骤中水浴的温度不宜超过60℃，否则溶液会变黄，使测量产生误差。

4. 温度对反应速率常数的影响很大，必须严格控制反应的温度，建议反应开始时溶液的混合操作在恒温槽中进行。

5. 旋光仪一定要调节三分暗视野，而不是三分亮视野。

六、思考题

1. 实验中我们用蒸馏水来校正旋光仪的零点，蔗糖转化过程中的旋光度 α_t 是否需要零点校正？

2. 蔗糖水解反应速率和哪些因素有关？反应速率常数和哪些因素有关？

3. 在混合蔗糖溶液和HCl时，我们将HCl溶液加到蔗糖溶液中去，为什么？

4. 为什么配蔗糖溶液可用粗天平称量？蔗糖称不准对实验测定结果有影响吗？

(史丽英)

实验三十九　丙酮碘化——复杂反应

方法一　孤立法

一、实验目的

1. 掌握测定丙酮碘化反应的速率常数的方法。
2. 掌握用孤立法确定反应级数的方法。

二、实验原理

$$CH_3-\underset{\underset{O}{\|}}{C}-CH_3 + I_2 \xrightarrow{H^+} CH_3-\underset{\underset{O}{\|}}{C}-CH_2I + I^- + H^+ \quad (39\text{-}1)$$

上式是丙酮碘化反应的总反应，其中 H^+ 是催化剂，反应过程中又产生 H^+，因此是一个自催化反应，实验证明丙酮碘化是一个复杂反应，一般认为分两步进行，即：

$$CH_3-\underset{\underset{O}{\|}}{C}-CH_3 \xrightarrow{H^+} CH_3-\underset{\underset{OH}{|}}{C}=CH_2 \quad (39\text{-}2)$$

$$CH_3-\underset{\underset{OH}{|}}{C}=CH_2 + I_2 \longrightarrow CH_3-\underset{\underset{O}{\|}}{C}-CH_2I + I^- + H^+ \quad (39\text{-}3)$$

反应(39-2) 是丙酮的烯醇化，它进行得很慢，反应(39-3) 是丙酮的碘化反应，它是一个很快而且能进行到底的反应，丙酮碘化的总反应速度取决于慢反应(39-2)，根据质量作用定律即可写出丙酮碘化反应的速率方程：$v=kc_{丙酮}c_{H^+}$，k 为反应速率常数，丙酮、H^+ 的反应级数分别为 1，I_2 的反应级数为 0，总反应级数为 2。

上述机理是否正确，可通过实验进行验证（孤立法确定反应级数）。

假设丙酮碘化反应的总反应速率方程式为：

$$v=kc_{丙}^{m}c_{H^+}^{n}c_{I_2}^{p} \quad (39\text{-}4)$$

式中，v 表示反应的瞬时速率，k 为速率常数，指数 m、n 和 p 分别表示丙酮、H^+ 和 I_2 的反应级数，$m+n+p$ 为总反应级数。

设计四组实验，在前两组实验中，保持 H^+ 和 I_2 的浓度不变，第二组实验中丙酮的浓度为第一组实验的两倍，第三组实验中丙酮和 I_2 的浓度与第一组保持一致，H^+ 的浓度是第一组的两倍，第四组实验丙酮和 H^+ 的浓度与第一组相同，I_2 的浓度是第一组的两倍，分别测定四组实验的反应速率，再代入公式(39-4) 可得到：

$$v_1=kc_{丙}^{m}c_{H^+}^{n}c_{I_2}^{p}$$
$$v_2=k(2c_{丙})^{m}c_{H^+}^{n}c_{I_2}^{p}$$
$$v_3=kc_{丙}^{m}(2c_{H^+})^{n}c_{I_2}^{p}$$
$$v_4=kc_{丙}^{m}c_{H^+}^{n}(2c_{I_2})^{p}$$

联立上述各式得到：$\frac{v_2}{v_1}=2^m$，$\frac{v_3}{v_1}=2^n$，$\frac{v_4}{v_1}=2^p$，将 m、n 和 p 代入总速率方程式即可到反应速率常数 k。

本实验关键就是如何测定反应速率，瞬时速率是很难测定的，而平均速率较易测得，因此需要设计实验用平均速率来代替瞬时速率而不引起太大误差。根据反应速率方程 $v=kc_{丙酮}c_{H^+}$，如果在反应过程中使碘的浓度（$5.00\times10^{-4}mol\cdot L^{-1}$）比盐酸（$1.00mol\cdot L^{-1}$）和丙酮的浓度（$4.00mol\cdot L^{-1}$）小很多，那么反应过程中丙酮和盐酸的浓度可基本保持不变，根据速率方程 $v=kc_{丙酮}c_{H^+}$ 可看出反应速率也能看作基本不变，此时即可用平均速率来代替瞬时速率。

三、仪器与试剂

1. 仪器

锥形瓶；量筒（10mL×3，20mL×1）；温度计；秒表。

2. 试剂

丙酮（$4.00mol\cdot L^{-1}$）；HCl（$1.00mol\cdot L^{-1}$）；I_2（$5.00\times10^{-4}mol\cdot L^{-1}$），蒸馏水。

四、实验内容

取洁净锥形瓶 1 个，按表 39-1 中试剂的用量，用干燥洁净的量筒依次加入丙酮、盐酸、蒸馏水，最后倒入 I_2 液按下秒表开始记录时间，摇匀后静置于桌面上，仔细观察溶液颜色的变化，当黄色完全消失时再按下秒表记录时间 t。重复实验一次，得反应时间 t'（两次测得的反应所需时间不得超过 3s），求出 $t_{平均}$。

表 39-1　试剂用量　　　　测定温度______℃

实验编号	$4.00mol\cdot L^{-1}$ 丙酮/mL	$1.00mol\cdot L^{-1}$ HCl/mL	H_2O /mL	$5.00\times10^{-4}mol\cdot L^{-1}$ I_2/mL	反应时间/s		
					t	t'	$t_{平均}$
1	10.0	10.0	20.0	10.0			
2	20.0	10.0	10.0	10.0			
3	10.0	20.0	10.0	10.0			
4	10.0	10.0	10.0	20.0			

由测得数据，计算对丙酮、H^+ 和 I_2 的反应级数 m、n 和 p，而后算出各组反应的速率常数 k，进而求出 $\bar{k}$。

五、注意事项

1. 碘液不可放置太长时间，避免光照否则浓度会变小从而影响反应时间。
2. 反应的温度对实验的影响很大，因此本实验最好在恒温条件下进行。
3. 肉眼观察颜色误差会较大，可用盛有 50mL 蒸馏水的锥形瓶作对照，并用白纸衬在锥形瓶后方来观察颜色的变化。
4. 实验进行的过程中切勿晃动锥形瓶，否则也会影响反应进行的时间。

六、思考题

1. 反应体系中的蒸馏水有什么用?
2. 影响实验精确度的因素有哪些?

方法二　分光光度法

一、实验目的

1. 掌握利用分光光度法测定丙酮碘化反应的速率常数的方法。

2. 掌握 722 型分光光度计的使用方法。

二、实验原理

反应式(39-2) 是丙酮的烯醇化，它进行得很慢，反应式(39-3) 是丙酮的碘化反应，它是一个很快而且能进行到底的反应，丙酮碘化的总反应速度取决于慢反应式(39-2)，根据质量作用定律即可写出丙酮碘化反应的速率方程：

$$v=-\frac{\mathrm{d}c_{\mathrm{I_2}}}{\mathrm{d}t}=kc_{丙}c_{\mathrm{H^+}} \tag{39-5}$$

式中，k 是反应速率常数。若使碘的浓度比丙酮和盐酸的浓度小很多，反应过程中消耗掉的丙酮和盐酸很小，因此丙酮和盐酸的浓度可看作基本不变，那么式(39-5) 可积分得到：

$$c_{\mathrm{I_2}}=-kc_{丙}c_{\mathrm{H^+}}t+c^0_{\mathrm{I_2}} \tag{39-6}$$

上式中 $kc_{丙}c_{\mathrm{H^+}}$ 是常数，只要测得不同时刻碘的浓度数值，即可用 $c_{\mathrm{I_2}}$ 对 t 作图，得到直线的斜率就可计算得到反应速率常数 k。

本实验通过分光光度法测碘的浓度，首先测定一系列标准浓度的碘的吸光度，用碘的吸光度对浓度作图，得到标准曲线。只要测定未知碘液的吸光度即可从标准曲线上得到碘的浓度。

三、仪器与试剂

1. 仪器

722 型分光光度计，碘瓶（50mL×6，100mL×1），移液管（5mL×3，10mL×4，20mL×2，25mL×1，30mL×1），容量瓶（50mL×6），超级恒温槽。

2. 试剂

I_2溶液（0.005mol·L^{-1}），HCl 溶液（1mol·L^{-1}），CH_3COCH_3（2mol·L^{-1}），蒸馏水。

四、实验内容

1. 调节恒温槽温度

将恒温槽温度调节到（25.0±0.1）℃，并将分光光度计比色皿的恒温夹套接上恒温水，波长调至 460nm，开机预热 30min。在每次测量开始前反复用蒸馏水校正透光率“0”和“100%”。

2. 制作工作曲线

取 1mL、2mL、3mL、4mL、5mL 0.005mol·L^{-1}的 I_2溶液放在 50mL 容量瓶内定容至刻度线，在 25℃恒温槽中恒温 15min，然后测定溶液的吸光度。并用碘的吸光度对浓度绘制工作曲线。

3. 测定丙酮碘化反应速率常数

取洗净烘干的 50mL 带塞碘瓶六个（编好号），分别在六个碘瓶中用移液管加入一定数量的蒸馏水，0.005mol·L^{-1} I_2与1mol·L^{-1} HCl（具体数量见表39-2），另取100mL碘瓶加入2mol·L^{-1}丙酮100mL，塞上塞子都放在超级恒温槽内恒温15min。

用移液管吸取10mL丙酮加入1号碘瓶内（这些操作都在恒温槽内进行），当丙酮加入一半时打开秒表开始计时，加完丙酮后碘瓶从恒温槽内取出，迅速摇匀，用溶液洗涤比色皿两次，然后将此溶液注入比色皿，用滤纸擦干光滑面上可能存在液滴，将比色皿放回暗箱（上述操作在1min内完成），在第一分钟时进行读数，以后每隔一分钟进行一次读数，直到反应完毕（透光率数值不再变动）。其他溶液按相同的方法进行测量，3、4、5、6号溶液要半分钟读数一次，测量时记录透光率，在处理数据时，应换算成吸光度（$A=-\lg$ 透光率）。

反应物数量参照下表，丙酮在进行测量时再加入。

表 39-2 试剂用量

编号	$V(I_2)$/mL	$V(HCl)$/mL	$V(H_2O)$/mL	$V(CH_3COCH_3)$/mL
1	10	5	25	10
2	10	10	25	5
3	5	5	30	10
4	10	10	20	10
5	10	20	10	10
6	5	10	25	10

实验完毕后，废液回收，关掉各电源，碘瓶、容量瓶洗干净，碘瓶放回烘箱内，比色皿洗净放在比色皿盒内。

4. 数据记录与处理

实验温度____________；I_2的浓度____________；

盐酸浓度____________；丙酮浓度____________

（1）制作工作曲线

编号	1	2	3	4	5
I_2的浓度/mol·L^{-1}					
吸光度 A					

用吸光度对碘的浓度制作工作曲线。

（2）测定反应速率常数

时间 t/min		
吸光度 A	1	
	2	
	3	
	4	
	5	
	6	

a. 测得的透光率都换算成吸光度。

b. 从工作曲线上求得不同吸光度时碘的浓度。

c. 以碘的浓度对时间作图得到一条直线，直线的斜率为$-kc_{丙}c_{H^+}$，计算得到反应速率常数k。

五、注意事项

1. 碘见光会分解，因此配溶液和测定时动作要迅速，避免浓度的改变。
2. 预热或不测量时要打开样品室的盖子，盖样品室盖子动作要轻。
3. 比色皿要洁净，一定要用成套的，手只能拿毛玻璃面，否则将引起测量误差。

六、思考题

1. 实验中漏测一个数据对实验结果有影响吗？
2. 实验过程中透光率会超过100%，试分析其原因。

（史丽英）

实验四十　黏度法测定高聚物分子量

一、实验目的

1. 掌握测定聚乙二醇的黏均分子量的原理。
2. 掌握乌式黏度计测定黏度的原理和方法。
3. 熟悉高聚物溶液几种黏度的表示方法。

二、实验原理

高聚物一般都是不同聚合度的同系物的混合物，每种高聚物具有一定的摩尔质量分布，因此，常采用高聚物的平均摩尔质量来反应高聚物的某些特性。但平均摩尔质量的大小与测定方法有关，常用的测定平均摩尔质量的方法及表示方法有：数均摩尔质量 M_n（依数性测定法和端基分析法）；质均摩尔质量 M_m（光散射法）；z 均摩尔质量 M_z（超离心沉降法）；黏均摩尔质量 M_η（黏度法）。其中黏度法测定的平均摩尔质量范围广（$10^4 \sim 10^7$），方法简便，精度较高，因而最为普遍使用。

黏度就是流体流动时内摩擦力的量度。测定黏度的方法主要有毛细管法、转筒法和落球法，在测定高聚物溶液的黏度时，以毛细管法最为简便，当液体自垂直的毛细管中因重力作用而流出到达稳态时，遵守泊塞勒（Poiseuille）定律：

$$\frac{\eta}{\rho}=\frac{\pi hgr^4}{8lV}t-\frac{mV}{8\pi l}\cdot\frac{1}{t} \tag{40-1}$$

式中，ρ 为液体的相对密度；l 为毛细管的长度；r 为毛细管半径；t 为流出时间；h 为流经毛细管液体的平均液柱高度；g 为重力加速度；V 为流经毛细管液体的体积；m 为与仪器的几何形状有关的常数，在 $r \ll l$ 时，可取 $m=1$。对于某一指定的黏度计，令

$$A=\frac{\pi hgr^4}{8lV} \qquad B=\frac{mV}{8\pi l}$$

则式(40-1) 可写为：

$$\frac{\eta}{\rho}=At-B\cdot\frac{1}{t} \tag{40-2}$$

式中，$B<1$，当 $t>100\text{s}$ 时，等式右边第二项可以忽略。则式(40-2) 可以写为：

$$\eta=A\rho t \tag{40-3}$$

高聚物稀溶液的黏度主要反映了溶液流动时存在的内摩擦力，高聚物稀溶液黏度的名称、定义及物理意义如表 40-1 所示。

在本实验中，高聚物稀溶液的相对黏度 $\eta_r=\frac{\eta}{\eta_0}$，用式(40-3) 代入，且由于溶液非常稀，溶液的相对密度 ρ 和纯溶剂的相对密度 ρ_0 可视为相等，因此得到：

$$\eta_r=\frac{\eta}{\eta_0}=\frac{A\rho t}{A\rho_0 t_0}\approx\frac{t}{t_0} \tag{40-4}$$

因此只要测定溶液的流出时间 t 和纯溶剂的流出时间 t_0，即可得到 η_r，再代入表中各公式即

可到 η_{sp}、η_{sp}/c、$\ln\eta_r/c$。

表 40-1 高聚物稀溶液黏度的名称、定义及物理意义

名称	定义	物理意义
纯溶剂黏度	η_0	溶剂分子与溶剂分子之间的内摩擦效应
溶液黏度	η	溶剂分子与溶剂分子、高分子与高分子以及高分子与溶剂分子内摩擦的综合表现，代表整个溶液的黏度行为
相对黏度	$\eta_r=\eta/\eta_0$	溶液黏度对溶剂黏度的相对值
增比黏度	$\eta_{sp}=(\eta-\eta_0)/\eta_0=\eta_r-1$	反映了高分子与高分子、高分子与纯溶剂之间的内摩擦效应
比浓黏度	η_{sp}/c	单位浓度下所显示出的增比黏度
特性黏度	$[\eta]=\lim\limits_{c\to 0}\frac{\ln\eta_r}{c}=\lim\limits_{c\to 0}\frac{\eta_{sp}}{c}$	反映了高分子与溶剂之间的内摩擦效应

根据在稀溶液中的两个经验方程式：

$$\frac{\eta_{sp}}{c}=[\eta]+k'[\eta]^2c \tag{40-5}$$

$$\frac{\ln\eta_r}{c}=[\eta]+\beta[\eta]^2c \tag{40-6}$$

这是两条直线方程，以$\frac{\eta_{sp}}{c}$或$\frac{\ln\eta_r}{c}$对 c（见图 40-1）得两条直线，外推至 $c=0$ 时，两条直线交纵坐标轴于一点，即可求得［η］数值。

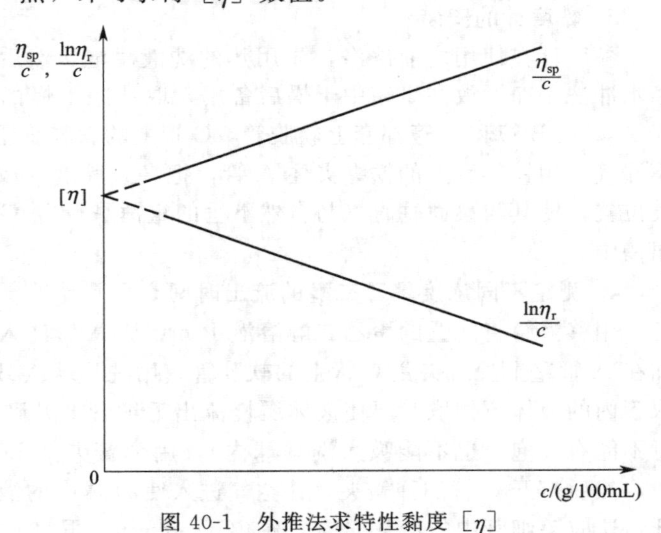

图 40-1 外推法求特性黏度［η］

特性黏度［η］与高聚物的平均摩尔质量之间存在如下经验公式：

$$[\eta]=K\overline{M}_{\eta}^{\alpha} \tag{40-7}$$

得到特性黏度后，代入式(40-7) 即得到黏均分子量$\overline{M}_{\eta}$，上式中的 K 和 α 都是经验常数，要由其他方法测定。表 40-2 为几种高聚物的常用数值。

表 40-2 几种高聚物的常用数值

高聚物	溶剂	温度	K	α
聚苯乙烯	苯	20℃	1.23×10^{-2}	0.72
	甲苯	25℃	3.70×10^{-2}	0.62
聚乙烯醇	水	25℃	2.0×10^{-2}	0.76
聚乙二醇	水	25℃	1.56×10^{-2}	0.5

三、仪器与试剂

1. 仪器

乌式黏度计；恒温槽；秒表；洗耳球；移液管（10mL×2）；移液管（5mL）；容量瓶（50mL）；具塞锥形瓶（100mL）；两小段软胶管；弹簧夹 2 支；重锤 1 支；铁架台 2 套；小滴管 1 支。

2. 试剂

聚乙二醇（$\bar{M}$=10000），蒸馏水。

四、实验内容

1. 调节恒温槽温度

将恒温槽温度调节到（25.0±0.1）℃，在具塞锥形瓶中加入约 80mL 蒸馏水放入恒温槽（使用铁架台）备用。

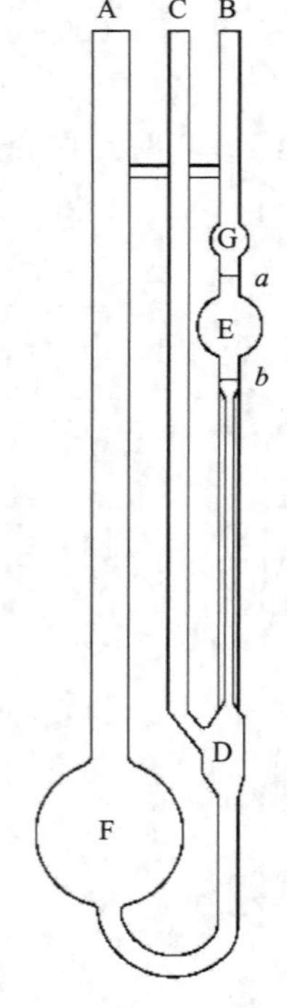

图 40-2 乌氏黏度计

2. 配置聚乙二醇溶液

在电子天平上称取聚乙二醇约 2g，放入 50mL 小烧杯中，加入少量 30mL 蒸馏水，加热溶解，冷却后转移到 50mL 容量瓶，放在恒温槽中恒温 10min，再用已经恒温的蒸馏水定容、摇匀，放于恒温槽中备用。

3. 黏度计的安装

黏度计在使用之前洗涤，先用热的洗液浸泡，然后自来水洗，再用蒸馏水冲洗干净，放在烘箱中干燥后备用。取洁净干燥的乌式黏度计（见图 40-2），在 B 管和 C 管都套上软胶管，C 管上的软胶管用弹簧夹夹住，保证不漏气，用铁架台上的铁夹夹住 A 管，把乌式黏度计放于恒温槽中，调整其位置，使其与桌面垂直（与自然下垂的重锤平行），G 管的 1/2 浸没在恒温槽中。

4. 测定不同浓度聚乙二醇的流出时间 t

用移液管将配置的聚乙二醇溶液 10mL 从 A 管注入黏度计（注意不要加在 A 管壁上!），夹紧 C 管上的软胶管，用洗耳球从 B 管上的乳胶管口抽取管内的液体，抽取时要使液体缓慢流出毛细管上升到 G 球的 1/2 处（注意不能有气泡，也不能吸入洗耳球内），用弹簧夹把 B 管上的软胶管也夹住，然后打开 C 管的弹簧夹，让空气进入使 D 球中的液体和毛细管液体断开，这时毛细管中的液体悬空，稍停 1～2min，再打开 B 管，当液面流经刻度 a 时，立刻按下秒表开始记录时间，到液面降到 b 刻度时，再按秒表，此即溶液的流出时间 t，每个溶液测 3 次，时间误差不能超过 0.3s。然后依次用移液管加入恒温的蒸馏水 5mL、5mL、10mL、10mL 于黏度计中分别配成不同浓度的溶液。每加一次溶剂时把 C 管的软胶管夹紧，用洗耳球从 B 管鼓气搅拌使溶液混合均匀，并将溶液抽上流下 2～3 次润洗毛细管，然后静置 2～3min，用同法测定不同浓度的溶液流经毛细管的时间，每个浓度测 3 次。

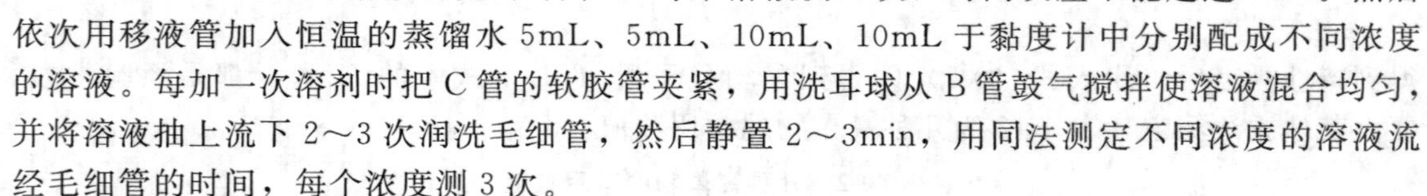

5. 溶剂的流出时间 t_0

取出黏度计，溶液倒入回收瓶，用自来水洗净之后再用蒸馏水润洗。用移液管加入纯溶剂 10mL，同上述方法测定其流经时间 t_0，也测 3 次。

实验完毕，黏度计应用洁净蒸馏水浸泡或倒置使其晾干。在倒置干燥以前，黏度计内壁必须彻底洗净，以免所剩高聚物在毛细管壁内形成薄膜。

6. 数据记录与处理

(1) 实验数据记于下表。

实验温度/℃ ____________；大气压/mmHg ____________；

溶液起始浓度 c_0/g·100mL ____________

			流出时间 t/s				$\eta_r=t/t_0$	$\ln\eta_r$	$\ln\eta_r/c$	η_{sp}	η_{sp}/c
			t_1	t_2	t_3	$\bar{t}$					
溶液	1	$V_{液}=10mL$ $V_{剂}=0$									
	2	$V_{液}=10mL$ $V_{剂}=5mL$									
	3	$V_{液}=10mL$ $V_{剂}=10mL$									
	4	$V_{液}=10mL$ $V_{剂}=20mL$									
	5	$V_{液}=10mL$ $V_{剂}=30mL$									
纯溶剂(10mL)											

(2) 作$\frac{\ln\eta_r}{c}$-c 及$\frac{\eta_{sp}}{c}$-c 线性外推求出截距即特性黏度 [η]。

(3) 用公式$[\eta]=K\bar{M}_\eta^\alpha$ 计算黏均分子量。

五、注意事项

1. 恒温槽的搅拌速度不易过快，否则水流太大，在放入和取出乌式黏度计时容易打碎乌式黏度计。

2. 配置聚乙二醇溶液时，不宜剧烈摇晃，否则容易有气泡导致定容不准确。

3. 乌式黏度计一定要洁净干燥，在选择黏度计时里面的毛细管不宜太细也不宜太粗，要尽量保证纯溶剂的流出时间在 100s 以上。

4. B 管中不能有气泡，否则会影响实验结果，实验中 C 管要夹紧，否则将溶液吸到 B 管中时会有气泡产生。

5. 测量时尽量避免将溶液溅到 A 管中，因此每加一次纯溶剂后在 B 管鼓气泡混合均匀时用力要缓和。

六、思考题

1. 本实验中哪些因素会影响结果？

2. 乌氏黏度计 C 管有什么作用，如将 C 管去除实验能否进行？此时测量与乌氏黏度计测量有什么区别？

3. 乌氏黏度计的毛细管太粗或太细，有什么缺点？

（史丽英）

实验四十一　溶液吸附法测定硅胶比表面

一、目的要求

1. 了解溶液吸附法测定固体比表面的基本原理。
2. 掌握次甲基蓝溶液吸附法测量溶胶比表面的方法。

二、实验原理

比表面是指单位质量（或单位体积）的物质所具有的表面积，其数值与分散粒子大小有关。测定固体物质比表面的方法很多，其中溶液吸附法仪器简单，操作方便，还可以同时测定许多个样品，因此常被采用，但溶液吸附法测定结果有一定误差。

水溶液染料的吸附已应用于测定固体的比表面。在所有染料中，次甲基蓝具有较大的被吸附倾向。研究表明，在一定浓度范围内大多数固体对次甲基蓝的吸附是单分子层吸附，即符合 Langmuir 型吸附等温线。但当原始的浓度较高时，会出现多分子层吸附；而如果平衡浓度过低，吸附又不能达到饱和，因此，原始溶液的浓度以及平衡后的浓度应选择在适合的范围。设吸附剂（硅胶）达到单层饱和吸附时所吸附的吸附质（次甲基蓝）的重量为 Δm (mg)，被吸附的次甲基蓝在硅胶表面的投影面积为 $A_{投}$ (m^2/分子)，M 表示次甲基蓝分子量（其分子式为 $C_{16}H_{18}ClN_3S\cdot 3H_2O$，相对分子量为 373.9），$N$ 为阿伏伽德罗常数。则吸附剂的比表面积 S 可用下式表示：

$$S=\frac{\Delta m\cdot N\cdot A_{投}}{m\cdot M} \tag{41-1}$$

Δm 的测定是本实验的关键。

$$\Delta m=(c_0-c)V \tag{41-2}$$

式中，c_0 为吸附前次甲基蓝原始溶液的浓度，$mg\cdot mL^{-1}$；c 为吸附达到平衡时溶液的浓度，$mg\cdot mL^{-1}$；V 为所取次甲基蓝原始溶液的体积，mL；$A_{投}$ 为次甲基蓝在硅胶表面上的投影面积，m^2/分子；m 为硅胶的质量，mg。

$A_{投}$ 值决定于吸附质（次甲基蓝）分子在吸附剂（硅胶）表面上单层饱和吸附时的排列方式。$A_{投}$ 值是用已知硅胶的比表面（S）带入式（41-1）求得。本实验中的 $A_{投}$ 值为 $752.53\times 10^{-20}\,m^2$/分子。平衡浓度 c 的求得采用比色法。根据朗伯-比尔定律，当入射光为一定波长的单色光时，其溶液的吸光度与溶液中有色物质的浓度及溶液的厚度成正比。

$$A_{吸光}=\lg\frac{I_0}{I}=\varepsilon lc \tag{41-3}$$

式中，$A_{吸光}$ 为吸光度，I_0 为入射光强度；I 为透射光强度；ε 为消光系数；c 为溶液浓度；l 为液层厚度。

三、仪器与试剂

1. 仪器

721 型分光光度计；康氏振荡器；容量瓶（50mL）；移液管（10mL）；移液管（50mL）；碘量瓶（100mL）。

2. 试剂

次甲基蓝溶液（0.05mg·mL^{-1}）；80 目层析用硅胶（色谱级）。

四、实验内容

1. 溶液吸附

取 100mL 干燥、洁净碘量瓶 10 个，分别准确称取在 105 ℃烘 3～4h 的硅胶 100.0mg 置于碘量瓶中，然后用移液管准确移取 50mL（0.05mg·mL^{-1}）次甲基蓝溶液加入瓶内，放在振荡器上震荡。

2. 配制次甲基蓝标准溶液

用 10mL 吸量管分别移取 2mL、4mL、6mL、8mL、10mL、12mL 0.05mg·mL^{-1} 次甲基蓝溶液于 6 个 50mL 的容量瓶中，用蒸馏水定容，摇匀。

3. 选择工作波长

对于次甲基蓝溶液，工作波长选用 570nm。由于各台分光光计波长刻度有误差，故实验时，可以用配制的标准溶液在 500～700nm 范围内测吸光度，以最大值时对应的波长为工作波长。

4. 平衡处理

每隔 15min 从振荡器上取下一个碘量瓶，静置后，移取 12mL（不要吸到硅胶）上清液加入洗净的 50mL 容量瓶中，用蒸馏水定容。

5. 测量吸光度

用 721 型分光光度计，以 H_2O 为空白，在选定的工作波长下测标准液的吸光度，以及吸附后的 10 份上清液的吸光度。

6. 数据记录与处理

（1）绘制次甲基蓝溶液浓度对吸光度的工作曲线。

（2）记录 10 份次甲基蓝上清液的吸光度，从工作曲线上查得对应的浓度。

（3）以时间为横坐标，浓度为纵坐标，作出随时间变化的吸附曲线，找到平衡浓度 c。

（4）根据公式 $S=\dfrac{\Delta m \cdot N \cdot A_{投}}{m \cdot M}$ 计算比表面积 S。

五、注意事项

从振荡器中取出的样品要及时地取上清液定容，因为时间和吸附量是相关的。

六、思考题

1. 原始次甲基蓝溶液的浓度高低对于测定结果有没有影响？
2. 如果在吸取的上清液中有硅胶，测得的比表面是偏大还是偏低？
3. 如何判断吸附已达平衡？

（蔡政）

实验四十二　NaCl 的精制

一、实验目的

1. 通过沉淀反应，了解提纯氯化钠的原理。
2. 练习托盘天平和酒精灯的使用方法。
3. 掌握溶解、减压过滤、蒸发浓缩、结晶、干燥等基本操作。

二、实验原理

粗食盐中含有不溶性杂质（如泥沙等）和可溶性杂质（主要是 Ca^{2+}、Mg^{2+}、K^{+} 和 SO_4^{2-}）。不溶性杂质，可用溶解和过滤的方法除去。可溶性杂质，可用适当的试剂使其生成难溶沉淀而除去。

首先在粗食盐溶液中加入稍微过量的 $BaCl_2$ 溶液，即可将 SO_4^{2-} 转化为难溶解的 $BaSO_4$ 沉淀而除去。

$$Ba^{2+} + SO_4^{2-} = BaSO_4 \downarrow$$

将溶液过滤，除去 $BaSO_4$ 沉淀，再加入 NaOH 和 Na_2CO_3 溶液，由于发生下列反应：

$$Mg^{2+} + 2OH^- = Mg(OH)_2 \downarrow$$

$$Ca^{2+} + CO_3^{2-} = CaCO_3 \downarrow$$

$$Ba^{2+} + CO_3^{2-} = BaCO_3 \downarrow$$

食盐溶液中杂质 Mg^{2+}、Ca^{2+} 以及沉淀 SO_4^{2-} 时加入的过量 Ba^{2+} 便相应转化为难溶的 $Mg(OH)_2$、$CaCO_3$、$BaCO_3$ 沉淀而通过过滤的方法除去。

过量的 NaOH 和 Na_2CO_3 可以用盐酸中和除去。

少量可溶性杂质（如 KCl）由于含量很少，在蒸发浓缩和结晶过程中仍留在溶液中，不会和 NaCl 同时结晶出来。

三、仪器与试剂

1. 仪器

托盘天平；烧杯（100mL）；锥形瓶；玻璃棒；量筒；布氏漏斗；抽滤瓶；真空泵；蒸发皿；试管。

2. 试剂

NaOH($2mol \cdot L^{-1}$)；$BaCl_2$($1mol \cdot L^{-1}$)；Na_2CO_3($1mol \cdot L^{-1}$)；$(NH_4)_2C_2O_4$($0.5mol \cdot L^{-1}$)；HAc($6mol \cdot L^{-1}$)；粗食盐（s）；镁试剂；pH 试纸；滤纸。

四、实验内容

1. 粗食盐的提纯

（1）称量和溶解

在托盘天平上，称取 5.0g 粗食盐，置于研钵中研细，转移至小烧杯中，加约 20mL 蒸馏水，用玻璃棒搅动，并加热使其溶解。

(2) 除去 SO_4^{2-}

将粗食盐溶液加热至沸，在搅动下逐滴加入 $1mol \cdot L^{-1} BaCl_2$ 溶液至沉淀完全（为了试验沉淀是否完全，可将烧杯从热源上取下，待沉淀沉降后，用滴管吸取上层清液于一试管中，加入 2 滴 $2mol \cdot L^{-1} HCl$，再加 1～2 滴 $BaCl_2$ 溶液，观察是否还有混浊现象；如果无混浊现象，说明 SO_4^{2-} 已完全沉淀，如果仍有混浊现象，则需继续滴加 $BaCl_2$，直至上层清液在加入一滴 $BaCl_2$ 后，不再产生混浊现象为止）。沉淀完全后，继续加热，使 $BaSO_4$ 颗粒长大而易于沉淀和过滤。稍冷，减压抽滤，滤液移至干净烧杯中。

(3) 除去 Ca^{2+}、Mg^{2+} 和过量的 Ba^{2+}

向滤液中加入 0.5mL $2mol \cdot L^{-1}$ NaOH 和 3mL $1mol \cdot L^{-1}$ Na_2CO_3，加热至沸，静置，待沉淀沉降后，在上层清液中滴加 $1mol \cdot L^{-1}$ Na_2CO_3 溶液至不再产生沉淀为止，减压抽滤，滤液移至干净的蒸发皿中。

(4) 除去剩余的 OH^-、CO_3^{2-}

向滤液中逐滴加入 $2mol \cdot L^{-1}$ HCl，并用玻璃棒蘸取滤液在 pH 试纸上试验，直至溶液呈微酸性为止（pH＝5～6）。为什么？

(5) 除去 K^+ 等

用水浴加热蒸发皿进行蒸发，浓缩至稀粥状的稠液为止，但切不可将溶液蒸发至干（注意防止蒸发皿破裂）。冷却后，减压抽滤，弃去滤液。

(6) 蒸发干燥

将结晶转移到蒸发皿中，在石棉网上用小火加热干燥。冷至室温，称重，并计算其百分产率。

2. 产品纯度的检验

取少量（约 1g）提纯前和提纯后的食盐分别用 5mL 蒸馏水加热溶解，然后各盛于三支试管中，组成三组，对照检验它们的纯度。

(1) SO_4^{2-} 的检验

在第一组溶液中分别加入 2 滴 $1mol \cdot L^{-1}$ $BaCl_2$ 溶液，检查沉淀产生的情况。若有白色沉淀产生，再加 $2mol \cdot L^{-1}$ HCl 至溶液呈酸性，沉淀若不溶解则证明有 SO_4^{2-} 离子存在。记录对照实验结果。

(2) Ca^{2+} 的检验

在第二组溶液中，各加入 $6mol \cdot L^{-1}$ HAc 至溶液呈酸性，再分别加入 2 滴 $0.5mol \cdot L^{-1}$ $(NH_4)_2C_2O_4$ 溶液，观察是否有白色难溶的草酸钙 CaC_2O_4 沉淀产生。记录对照实验结果。

(3) Mg^{2+} 的检验

在第三组溶液中，各加入 2～3 滴 $1mol \cdot L^{-1}$ NaOH 溶液，使溶液呈碱性（用 pH 试纸试验），再各加入 2～3 滴“镁试剂”，观察是否有天蓝色沉淀产生。

镁试剂是一种有机染料，它在酸性溶液中呈黄色，在碱性溶液中呈红色或紫色，但被 $Mg(OH)_2$ 沉淀吸附后，则呈天蓝色，因此可以用来检验 Mg^{2+} 的存在。记录对照实验结果。

五、注意事项

1. $(NH_4)_2C_2O_4$ 检查 Ca^{2+} 时，Mg^{2+} 对此有干扰，也产生白色的 MgC_2O_4 沉淀，但 MgC_2O_4 溶于 HAc，所以加入 HAc 酸化可排除 Mg^{2+} 的干扰。

2. 对硝基偶氮间苯二酚俗称“镁试剂”，它在酸性溶液中呈黄色，在碱性溶液中呈紫色，被 $Mg(OH)_2$ 吸附后显天蓝色。

3. 镁试剂的配制：称取 0.01g 镁试剂溶于 1000mL $2mol \cdot L^{-1}$ NaOH 溶液中，摇匀即可。

六、思考题

1. 试述除去粗食盐中杂质 Mg^{2+}、Ca^{2+}、K^+ 和 SO_4^{2-} 等离子的方法，并写出有关反应方程式。

2. 在除去粗食盐中杂质 Mg^{2+}、Ca^{2+} 和 SO_4^{2-} 等离子时，为什么要先加 $BaCl_2$ 溶液，然后再加入 NaOH 和 Na_2CO_3 溶液？

3. 为什么用毒性较大的 $BaCl_2$ 溶液除去 SO_4^{2-} 而不用无毒的 $CaCl_2$？

4. 在除去过量的沉淀剂 NaOH、Na_2CO_3 时，需用 HCl 调节溶液呈微酸性（$pH \approx 6$）为什么？若酸度或碱度过大，有何影响？

5. 在浓缩过程中，能否把溶液蒸干？为什么？

6. 在检查产品纯度时，能否用自来水溶解食盐，为什么？

7. 产率可能超过 100%吗？如果可能，试述原因。

（程宝荣）

实验四十三　硫酸亚铁铵的制备

一、实验目的

1. 掌握制备复盐的原理与方法。
2. 掌握水浴加热、蒸发、结晶和减压过滤等基本操作。
3. 熟悉目视比色法检验产品中微量杂质的分析方法。

二、实验原理

硫酸亚铁铵又称摩尔盐，是浅蓝绿色单斜晶体，它能溶于水，但难溶于乙醇。在空气中它不易被氧化，比硫酸亚铁稳定，所以在化学分析中可作为基准物质，用来直接配制标准溶液或标定未知溶液浓度。

由硫酸铵、硫酸亚铁和硫酸亚铁铵在水中的溶解度数据（见表 43-1）可知，在一定温度范围内，硫酸亚铁铵的溶解度比组成它的每一组分的溶解度都小。因此，很容易从浓的 $FeSO_4$ 和 $(NH_4)_2SO_4$ 混合溶液中制得结晶状的摩尔盐 $FeSO_4\cdot(NH_4)_2SO_4\cdot6H_2O$。

表 43-1　几种物质在水中的溶解度（g/100g H_2O）

温度	0℃	10℃	20℃	30℃	40℃
$FeSO_4\cdot7H_2O$	28.8	40.0	48.0	60.0	73.3
$(NH_4)_2SO_4$	70.6	73	75.4	78.0	81
$FeSO_4\cdot(NH_4)_2SO_4$	12.5	17.2	26.4	33	46

本实验是先将金属铁屑溶于稀硫酸制得硫酸亚铁溶液：

$$Fe+H_2SO_4 = FeSO_4+H_2\uparrow$$

然后加入等物质的量的硫酸铵制得混合溶液，加热浓缩，冷至室温，便析出硫酸亚铁铵晶体。

$$FeSO_4+(NH_4)_2SO_4+6H_2O = FeSO_4\cdot(NH_4)_2SO_4\cdot6H_2O$$

目视比色法是确定杂质含量的一种常用方法，在确定杂质含量后便能定出产品的级别。由于 Fe^{3+} 能与 SCN^- 生成红色的物质 $[Fe(SCN)_n]^{3-n}$，当红色较深时，表明产品中含杂质 Fe^{3+} 离子较多；当红色较浅时，表明产品中含 Fe^{3+} 较少。所以，将产品与 KSCN 在比色管中配成待测溶液，将它所呈现的红色与含一定 Fe^{3+} 量所配制的系列标准溶液进行比色，如果产品溶液的颜色与某一标准溶液的颜色相仿，就可确定待测溶液中杂质 Fe^{3+} 的含量，从而确定产品和等级。本实验仅做摩尔盐中 Fe^{3+} 的目视比色分析 。

三、仪器与试剂

1. 仪器

托盘天平；锥形瓶（150mL）；烧杯；量筒（10mL，50mL）；蒸发皿；布氏漏斗；抽滤瓶；酒精灯；表面皿；水浴（可用大烧杯代替）；比色管（25mL）。

2. 试剂

H_2SO_4(3mol·L^{-1})；KSCN(0.1mol·L^{-1})；$(NH_4)_2SO_4$(s)；铁屑；乙醇；Na_2CO_3(1mol·L^{-1})；pH 试纸。

四、实验内容

1. 铁屑的净化（除去油污）

用托盘天平称取 2.0g 铁屑，放入锥形瓶中，加入 20mL 1mol·L^{-1} Na_2CO_3溶液。缓缓加热约 10min 后，倾倒去 Na_2CO_3碱性溶液（回收），用自来水洗涤两次后，再用去离子水 20mL 把铁屑冲洗洁净（如果用纯净的铁屑，可省去这一步）。

2. 硫酸亚铁的制备

往盛有 2.0g 洁净铁屑的锥形瓶中加入 15mL 3mol·L^{-1} H_2SO_4溶液，水浴加热，轻轻振摇（在通风橱中进行）。在加热过程中应不时加入少量去离子水，以补充被蒸发的水分，防止 $FeSO_4$结晶出来；同时要控制溶液的 pH 值不大于 1（为什么？如何测量和控制?），使铁屑与稀硫酸反应至不再冒出气泡为止。趁热减压过滤，用少量热的蒸馏水洗涤锥形瓶及布氏漏斗上的残渣，抽干，滤液转移到洁净的蒸发皿中。将锥形瓶中及滤纸上的残渣取出，用滤纸片吸干后称量。根据已作用的铁屑质量，算出溶液中 $FeSO_4$的理论产量。

3. 硫酸亚铁铵的制备

根据 $FeSO_4$的理论产量，按物质的量 1∶1 计算并称取所需固体 $(NH_4)_2SO_4$，配成饱和溶液，加入上面所制得的 $FeSO_4$溶液中，混合均匀，用 3mol·L^{-1} H_2SO_4调节 pH 值为 1～2，在水浴上加热搅拌，蒸发浓缩至溶液表面刚出现薄层的结晶时为止。放置缓慢冷却后即有硫酸亚铁铵晶体析出。减压过滤，抽干，用少量无水乙醇洗去晶体表面所附着的水分。将晶体取出，置于两张洁净的滤纸之间，并轻压以吸干母液。称重并计算产率。

4. 产品检验——Fe^{3+} 的限量分析

（1）标准溶液的配制（由实验室配制） 称取 0.8634g $NH_4Fe(SO_4)_2 \cdot 12H_2O$ 溶于少量蒸馏水中，加 2.5mL 浓硫酸，移入 1000mL 容量瓶中，定容。此溶液含 Fe^{3+} 为 0.1000g·L^{-1}。

（2）标准色阶的配制 分别取 0.50mL、1.00mL、2.00mL Fe^{3+} 标准溶液于三个 25mL 比色管中，依次各加入 1.0mL 3mol·L^{-1} H_2SO_4 和 0.1mL 1mol·L^{-1} KSCN，最后用不含氧的蒸馏水（将蒸馏水用小火煮沸 5min 以除去所溶解的氧，盖好表面皿，冷却后即可取用）稀释至刻度，摇匀，配成如表 43-2 所示的不同等级的标准溶液。

表 43-2 不同等级标准溶液 Fe^{3+} 含量

规格	Ⅰ	Ⅱ	Ⅲ
Fe^{3+} 含量/mg	0.050	0.10	0.20

（3）产品检验 称取 1.0g 产品，放入 25mL 比色管中，用 15mL 不含氧的蒸馏水溶解，加入 1.0mL 3mol·L^{-1} H_2SO_4 和 0.1mL 1mol·L^{-1} KSCN，再加不含氧的蒸馏水至 25mL，摇匀。用目测法与 Fe^{3+} 离子标准溶液进行比较，确定产品中 Fe^{3+} 含量所对应的等级。

五、注意事项

1. 在制备 $FeSO_4$时，应用试纸测试溶液 pH，保持 pH≤1，以使铁屑与硫酸溶液的反应能不断进行。

2. 若所用铁屑不纯，与酸反应时可能产生有毒的氢化物，最好在通风橱中进行。

3. 在检验产品中 Fe^{3+} 含量时，为防止 Fe^{2+} 被溶解在水中的氧气氧化，应该将蒸馏水加热至沸腾，以赶出水中溶入的氧气。

六、思考题

1. 为什么制备 $FeSO_4$ 时要保持铁的剩余？
2. 为什么要保持硫酸亚铁溶液和硫酸亚铁铵溶液有较强的酸性？
3. 在反应过程中，铁和硫酸哪一种应过量，为什么？
4. 限量分析时，为什么要用不含氧的水？写出限量分析的反应式。
5. 怎样才能得到较大的晶体？

（程宝荣）

实验四十四 三草酸合铁(Ⅲ) 酸钾的合成和组成测定

一、实验目的

1. 掌握三草酸合铁(Ⅲ) 酸钾的合成方法。
2. 掌握确定化合物组成的基本原理及方法。
3. 巩固天平称量、减压过滤、滴定分析以及重量分析的基本操作。
4. 熟悉高锰酸钾标准溶液的配制、标定及读数方法。

二、实验原理

1. 配合物的合成

三草酸合铁(Ⅲ) 酸钾 $K_3[Fe(C_2O_4)_3]\cdot 3H_2O$ 是绿色单斜晶体，易溶于水，难溶于乙醇、丙酮等有机溶剂。受热至110℃时可失去结晶水，230℃时即发生分解。

$K_3[Fe(C_2O_4)_3]\cdot 3H_2O$ 是一些有机反应良好的催化剂，也是制备负载型活性铁催化剂的主要原料，具有工业生产价值。

合成 $K_3[Fe(C_2O_4)_3]\cdot 3H_2O$ 的方法一般为：先用硫酸亚铁铵与草酸反应制备草酸亚铁晶体，然后在草酸根过量存在下，用过氧化氢氧化草酸亚铁即可制得 $K_3[Fe(C_2O_4)_3]\cdot 3H_2O$。在氧化过程中会有 $Fe(OH)_3$ 生成，此时可加入适量草酸除之。反应如下：

$$(NH_4)_2Fe(SO_4)_2 + H_2C_2O_4 = FeC_2O_4\downarrow + (NH_4)_2SO_4 + H_2SO_4$$

$$6FeC_2O_4 + 3H_2O_2 + 6K_2C_2O_4 = 4K_3[Fe(C_2O_4)_3] + 2Fe(OH)_3\downarrow$$

$$2Fe(OH)_3 + 3H_2C_2O_4 + 3K_2C_2O_4 = 2K_3[Fe(C_2O_4)_3] + 6H_2O$$

$K_3[Fe(C_2O_4)_3]\cdot 3H_2O$ 晶体受光照易分解，是光敏物质。在日光或强化照射下易发生分解反应，生成草酸亚铁而呈黄色，光化学反应如下：

$$2[Fe(C_2O_4)_3]^{3-} \xrightarrow{h\nu} FeC_2O_4 + 3C_2O_4^{2-} + 4CO_2\uparrow$$

分解生成的 FeC_2O_4 和 $K_3[Fe(CN)_6]$ 反应生成滕氏蓝，反应如下：

$$3FeC_2O_4 + 2K_3[Fe(CN)_6] = Fe_3[Fe(CN)_6]_2 + 3K_2C_2O_4$$

因此在实验室用 $K_3[Fe(C_2O_4)_3]$ 可制成感光纸，进行感光实验。此外，利用其光化学活性，可定量进行光化学反应的特性，常将其作为化学光量计。

2. 配合物的组成分析

(1) 重量分析法测定结晶水

结晶水是水合结晶物质结构内部的水，加热至一定温度后即可失去。$K_3[Fe(C_2O_4)_3]\cdot 3H_2O$ 晶体受热至110℃时可失去全部结晶水。实验时称取一定质量已干燥的 $K_3[Fe(C_2O_4)_3]\cdot 3H_2O$ 晶体，在110℃下加热一段时间，至体系质量不再改变为止，此时试样减少的质量就是所含结晶水的质量。

(2) 草酸根含量的测定

草酸根在酸性介质中可被高锰酸钾定量氧化。

$$2MnO_4^- + 5C_2O_4^{2-} + 16H^+ \longrightarrow 2Mn^{2+} + 10CO_2\uparrow + 8H_2O$$

由滴定时所消耗高锰酸钾标准溶液的量，可求算出溶液中草酸根离子的量。

(3) 铁含量的测定

用还原剂将 Fe^{3+} 还原为 Fe^{2+} 后，用高锰酸钾标准溶液滴定 Fe^{2+}。

$$MnO_4^- + 5Fe^{2+} + 8H^+ \longrightarrow Mn^{2+} + 5Fe^{3+} + 4H_2O$$

根据滴定时高锰酸钾消耗的量，可计算出溶液中 Fe^{2+} 离子的量。

(4) 钾含量的确定

根据草酸根、铁含量的测定结果，可以推知每克无水盐中所含铁离子和草酸根离子的物质的量 n_1 和 n_2，则可求得每克无水盐中所含钾离子的物质的量 n_3。

最后根据测定结果，求出每克无水盐中铁离子、草酸根离子、钾离子物质的量 n_1、n_2、n_3 三者的比值，从而确定所合成化合物的化学式。

三、仪器与试剂

1. 仪器

托盘天平；电子分析天平（万分之一）；称量瓶；酸式滴定管（25mL）；量筒（25mL×4，100mL）称量瓶；坩埚；烧杯（200mL，500mL）；锥形瓶（250mL×3）；表面皿；滴管；温度计；玻璃棒；石棉网；电炉或酒精灯；水浴锅；玻璃砂芯过滤器（3号，P40）；定性滤纸；减压抽滤装置；电热恒温干燥箱。

2. 试剂

H_2SO_4($3mol\cdot L^{-1}$)；$H_2C_2O_4$(饱和)；$K_2C_2O_4$(饱和)；$K_3[Fe(CN)_6]$(3.5%)；H_2O_2(3%)；乙醇(95%)；$(NH_4)_2Fe(SO_4)_2\cdot 6H_2O$(s)；$Na_2C_2O_4$(s)；$KMnO_4$(s)；$K_3[Fe(CN)_6]$(s)；锌粉；pH 试纸。

四、实验内容

1. $K_3[Fe(C_2O_4)_3]\cdot 3H_2O$ 的制备

(1) 草酸亚铁的制备

200mL 烧杯内加入 5.0g $(NH_4)_2Fe(SO_4)_2\cdot 6H_2O$ 晶体、15mL 蒸馏水和 10 滴左右 $3mol\cdot L^{-1}$ H_2SO_4 溶液（防止 Fe^{2+} 水解），加热溶解后，边搅拌边加入 25mL 饱和 $H_2C_2O_4$ 溶液，加热至沸，继续搅拌片刻后停止加热，静置。待黄色的 FeC_2O_4 沉淀完全沉降后，倾弃去上层清液。倾析法洗涤沉淀 2～3 次，每次用水约 15mL。

(2) 三草酸合铁(Ⅲ) 酸钾的制备

在上述沉淀中加入 10mL 饱和 $K_2C_2O_4$ 溶液，水浴加热至 40℃。用滴管慢慢加入 20mL 3% H_2O_2 溶液，边加边搅拌溶液并维持温度为 40℃，此时溶液中有棕红色 $Fe(OH)_3$ 沉淀生成。加毕，将溶液加热至沸以驱除过量的 H_2O_2。停止加热后，在激烈搅拌下（有条件可用电磁搅拌器）先慢慢加入 5mL 饱和 $H_2C_2O_4$ 溶液，再缓慢滴加饱和 $H_2C_2O_4$ 溶液，当溶液 pH 值为 3～3.5 时停止滴加。趁热过滤，滤液为亮绿色溶液。

向滤液中加入 10mL 95%乙醇，此时如果滤液出现浑浊可微热使其澄清，盖上表面皿，置于暗处自然冷却（必要时可避光静置过夜），晶体完全析出后（若晶体析出较少，可增加乙醇用量或者在冰水浴中冷却），抽滤，用少量 95%乙醇洗涤晶体 2 次，抽干，在空气中干燥，称量，计算产率。产物避光保存，留作测定。

2. $K_3[Fe(C_2O_4)_3]\cdot 3H_2O$ 的组分分析

(1) 结晶水的测定

将两个干净的坩埚放入烘箱中，在110℃下干燥1h，然后置于干燥器中冷却至室温，称重。重复干燥、冷却、称重的操作，直至恒重。

准确称取0.5～0.6g（准确至0.0001g）三草酸合铁(Ⅲ)酸钾晶体2份，分别置于上述已恒重的2个坩埚内，重复上述干燥坩埚的操作过程，直至恒重。

根据称量结果，计算出产物的结晶水含量。

(2) 草酸根含量的测定

① $KMnO_4$标准溶液的配制与标定　在托盘天平上称取1.7g $KMnO_4$，置于烧杯中，加入适量蒸馏水溶解后稀释至500mL，盖上表面皿，将溶液加热至沸并保持微沸1h，冷却后用玻璃砂芯漏斗过滤，滤液倒入洁净的棕色试剂瓶中，摇匀后即可标定和使用。

准确称取约0.15～0.20g预先在110℃干燥过的$Na_2C_2O_4$三份，分别置于250mL锥形瓶中，加入50mL蒸馏水和15mL $3mol\cdot L^{-1}$ H_2SO_4溶液使其溶解。将溶液慢慢加热直至有较多蒸气冒出（约75～85℃），趁热用待标定的$KMnO_4$溶液进行滴定。开始滴定时，速度要慢，加入第1滴$KMnO_4$溶液后，不要搅动溶液，当紫红色褪去后再加入第2滴。随着溶液中Mn^{2+}离子浓度增加，反应速率也逐渐加快，此时滴加速度可以适当加快一些，但仍需逐滴加入。接近终点时，紫红色褪去很慢，应放慢滴定速度，同时充分摇匀溶液。直至溶液出现微红色并保持30s不消失时，即为滴定终点。记录滴定时消耗的$KMnO_4$溶液的体积，计算出$KMnO_4$溶液的浓度。

② $C_2O_4^{2-}$含量的测定　将制得的$K_3[Fe(C_2O_4)_3]\cdot 3H_2O$晶体在110℃温度下干燥1.5～2h，然后置于干燥器中冷却备用。

减量法精确称取0.18～0.22g（准确至0.0001g）干燥过的$K_3[Fe(C_2O_4)_3]\cdot 3H_2O$固体样品3份，分别放入3个250mL锥形瓶中，分别加入50mL蒸馏水和15mL $3mol\cdot L^{-1}$ H_2SO_4溶液。将锥形瓶置于水浴中加热至70～80℃，趁热用已标定的$KMnO_4$标准溶液滴定，根据滴定消耗的$KMnO_4$标准溶液的浓度和体积，计算出每克无水化合物所含$C_2O_4^{2-}$离子的物质的量n_1值。

滴定完的3份溶液留待后用。

(3) Fe^{3+}含量的测定

向上述保留的溶液中加入还原剂锌粉，直至黄色褪去。加热，使Fe^{3+}离子还原为Fe^{2+}离子，过滤除去过量的锌粉。滤液转移至另一洁净的锥形瓶中，洗涤锌粉，将洗涤液也转移至上述锥形瓶中，合并滤液和洗涤液。再用$KMnO_4$标准溶液滴定溶液至微红色，并计算出每克无水化合物所含Fe^{3+}离子的物质的量n_2值。

根据以上分析结果，推算出合成产物的化学式。

3. $K_3[Fe(C_2O_4)_3]\cdot 3H_2O$ 的性质

(1) 取少量产物置表面皿上，置于日光下观察晶体的颜色变化，与放在暗处的晶体颜色比较。

(2) 制感光纸

分别称取$K_3[Fe(C_2O_4)_3]\cdot 3H_2O$晶体0.3g、$K_3[Fe(CN)_6]$晶体0.4g置于小烧杯中，加入蒸馏水5mL溶解，取溶液适量涂在滤纸上制成感光纸。于感光纸上覆上图案，在日光直射下放置数秒钟，可见曝光部分呈蓝色，被覆盖的部分即显影出图案来。

(3) 配感光液

称取 $K_3[Fe(C_2O_4)_3]\cdot 3H_2O$ 晶体 0.3～0.5g 于小烧杯中，加入蒸馏水 5mL 溶解，取适量溶液涂在滤纸上。在上述滤纸上覆上图案，置于阳光下直射放置数秒钟，曝光后拿去图案，用 3.5% $K_3[Fe(CN)_6]$溶液润湿或漂洗滤纸即可显影出图案。

五、注意事项

1. 实验中所用 3% H_2O_2溶液须是新配制的。

2. H_2O_2氧化 FeC_2O_4时，反应温度不宜太高，应维持在 40℃，以免温度过高使 H_2O_2发生分解，同时反应过程中应不断搅拌溶液，使 Fe^{2+} 充分被氧化。反应完成后加热驱除过量 H_2O_2时，煮沸时间不宜过长（约 2～3min），H_2O_2基本分解完全即可停止加热，否则生成的 $Fe(OH)_3$沉淀颗粒较粗，将导致 $H_2C_2O_4$对其的酸溶速度较慢。

3. $H_2C_2O_4$对 $Fe(OH)_3$沉淀的酸溶过程中，若加入饱和 $H_2C_2O_4$溶液过多，pH 过低，导致生成 $K_2C_2O_4$等副反应严重；若加入饱和 $H_2C_2O_4$溶液过少，pH 过高，$Fe(OH)_3$ 溶解不充分，导致产量下降。因此草酸的加入量应以反应液最终达到 pH 值为 3～3.5 为宜。同时酸溶过程中不必加热，以减少副反应的发生。

4. 标定 $KMnO_4$标准溶液时，升温可以加快滴定反应速率，温度过低会影响反应速度，但温度不能超过 85℃，否则草酸易发生分解。滴定终点时，溶液的温度应高于 60℃。

5. 由于强氧化性，$KMnO_4$溶液应装在酸式滴定管中。又因为 $KMnO_4$溶液颜色较深，滴定管读数时不易观察到溶液弯月面的最低点，因此体积读数应是使视线平视滴定管中液面两侧的最高点。

六、思考题

1. 制备产物时加完 H_2O_2后，为何要煮沸溶液？反应过程中产生的红棕色沉淀是什么？

2. 在合成的最后向母液中加入 95% 乙醇后，产物会析出，请问能否用蒸发浓缩的方法来获取产物？为什么？

3. $K_3[Fe(C_2O_4)_3]\cdot 3H_2O$ 晶体见光易分解，应如何保存？

4. $K_3[Fe(C_2O_4)_3]\cdot 3H_2O$ 采用烘干脱水法测定其结晶水含量，那么，$FeCl_3\cdot 6H_2O$ 晶体能否用同样的方法来测定？为什么？

（周萍）

实验四十五　硫酸四氨合铜(Ⅱ)的制备及配离子组成分析

一、实验目的

1. 掌握由氧化铜制备硫酸四氨合铜(Ⅱ)的方法。
2. 掌握水浴蒸发、结晶、减压抽滤、蒸馏等基本操作。
3. 掌握氧化还原滴定、酸碱滴定的基本原理和操作。

二、实验原理

硫酸四氨合铜(Ⅱ)($[Cu(NH_3)_4]SO_4 \cdot H_2O$)为深蓝色晶体，主要用于印染、纤维、杀虫剂及制备某些含铜的化合物。常温下在空气中易与水和二氧化碳反应生成铜的碱式盐，使晶体变成绿色的粉末。本实验利用粗氧化铜溶于适当浓度的硫酸溶液中制得硫酸铜溶液，再加入过量的氨水反应来制取$[Cu(NH_3)_4]SO_4 \cdot H_2O$。反应如下：

$$CuO + H_2SO_4 = CuSO_4 + H_2O$$

$$CuSO_4 + 4NH_3 + H_2O = [Cu(NH_3)_4]SO_4 \cdot H_2O$$

由于原料不纯，因此所得的$CuSO_4$溶液中常含有不溶性物质和可溶性的$FeSO_4$和$Fe_2(SO_4)_3$。用H_2O_2将其中的Fe^{2+}氧化成Fe^{3+}，再利用NaOH调节溶液pH=3～4，再加热煮沸，使Fe^{3+}水解为$Fe(OH)_3$沉淀，在过滤时和其他不溶性杂质一起被除去。反应如下：

$$2Fe^{2+} + 2H^+ + H_2O_2 = 2Fe^{3+} + 2H_2O$$

$$Fe^{3+} + H_2O = Fe(OH)_3 + 3H^+$$

可用KSCN检验溶液中的Fe^{3+}是否除净，反应式为：

$$Fe^{3+} + nSCN^- = [Fe(SCN)_n]^{3-n} \quad (n=1～6,深红色)$$

硫酸四氨合铜(Ⅱ)在加热时易失氨，并且在乙醇中的溶解度远小于在水中的溶解度，所以其晶体的制备不宜选用蒸发浓缩等常规的方法，而是向硫酸铜溶液中加入浓氨水之后，再加入乙醇溶液，即可析出$[Cu(NH_3)_4]SO_4 \cdot H_2O$晶体。

硫酸四氨合铜(Ⅱ)晶体中Cu^{2+}的含量可利用碘量法进行测定。在pH值为3～4的条件下，先使Cu^{2+}与过量的I^-反应，生成难溶的CuI沉淀和I_2，反应式如下：

$$2Cu^{2+} + 4I^- = 2CuI + I_2$$

生成的I_2再用$Na_2S_2O_3$标准溶液滴定，以淀粉溶液作指示剂，滴定至溶液的蓝色刚好消失即为终点。滴定反应如下：

$$I_2 + 2S_2O_3^{2-} = 2I^- + S_4O_6^{2-}$$

由于反应生成的CuI沉淀表面会吸附I_2从而导致分析结果偏低，因此可在溶液中大部分I_2被$Na_2S_2O_3$溶液滴定后，加入KSCN溶液，使CuI沉淀转化为溶解度更小的CuSCN沉淀，将被吸附的I_2释放出来，进而提高测定结果的准确度。根据滴定所消耗的$Na_2S_2O_3$标准溶液的浓度及其体积，即可计算出产物中铜的含量。

产物中 NH_3 含量的测定一般采用酸碱滴定法。可先将 NH_3 蒸馏出并用过量的 HCl 溶液吸收，剩余的 HCl 则用 NaOH 标准溶液进行滴定，根据滴定所消耗 NaOH 标准溶液的浓度、体积以及 HCl 溶液的用量，即可求算出产物 NH_3 的含量。

$$[Cu(NH_3)_4]SO_4 + 2NaOH \xlongequal{} CuO\downarrow + 4NH_3\uparrow + Na_2SO_4 + H_2O$$

三、仪器与试剂

1. 仪器

托盘天平；电子分析天平；小烧杯（100mL，500mL）；量筒（10mL，20mL）；酸式滴定管（25mL）；碱式滴定管（25mL）；容量瓶（100mL）；锥形瓶（250mL）；碘量瓶（250mL）；移液管（20mL）；滴管；玻璃棒；电炉；石棉网；点滴板；表面皿；蒸发皿；定性滤纸；减压抽滤装置；三脚架。

2. 试剂

CuO 粉末；H_2SO_4（3mol·L^{-1}）；HCl 标准溶液（0.1 mol·L^{-1}）；NaOH 标准溶液（0.05mol·L^{-1}）；NaOH（10%）；氨水（体积比 1∶1）；$Na_2S_2O_3$ 标准溶液（0.05mol·L^{-1}）；KI（5%）；KSCN（5%）；淀粉溶液（5%）；甲基红指示剂（0.1% 水溶液）；95% 乙醇；$K_2Cr_2O_7$（A.R.）；精密 pH 试纸；广泛 pH 试纸。

四、实验内容

1. $[Cu(NH_3)_4]SO_4\cdot H_2O$ 晶体的制备

（1）$CuSO_4$ 溶液的制备

称取 2.0g CuO 置于 100mL 烧杯中，加入 10mL 3mol·L^{-1} H_2SO_4 溶液，微热使黑色 CuO 溶解，加入 15mL 蒸馏水，溶液呈蓝色。

（2）$CuSO_4$ 溶液的精制

在上述制备的 $CuSO_4$ 溶液中滴加 1mL 3mol·L^{-1} H_2SO_4 溶液，将溶液加热至沸腾，搅拌 2～3min，边搅拌边逐滴加入 10% NaOH 到 pH＝3.5（用精密 pH 试纸检验），使 Fe^{3+} 生成沉淀。用吸管吸取少量溶液于点滴板上，加入 1 滴 5% KSCN 溶液，如溶液出现红色，说明 Fe^{3+} 未沉淀完全，则需继续往烧杯中滴加 NaOH 溶液。待 Fe^{3+} 沉淀完全后，继续加热溶液片刻，趁热减压过滤，滤液转移至干净的蒸发皿中。

（3）$[Cu(NH_3)_4]SO_4\cdot H_2O$ 晶体的制备

将蒸发皿置于水浴上加热，使滤液蒸发浓缩至 10～15mL，冷却至室温。用 1∶1 氨水调 $CuSO_4$ 溶液 pH 至 6～8，然后加 1∶1 氨水 15mL，溶液呈深蓝色。缓慢加入 10mL 95% 乙醇，即有深蓝色晶体析出。盖上表面皿，静置约 15min，抽滤，用 20mL 95%乙醇和 1∶1 氨水混合溶液（两溶液各取 10mL 混合得到）洗涤$[Cu(NH_3)_4]SO_4\cdot H_2O$ 晶体 4 次，产品抽干后称重，计算产率。

2. $[Cu(NH_3)_4]^{2+}$ 配离子中铜含量的测定

（1）氧化还原滴定法

准确称取制备的$[Cu(NH_3)_4]SO_4\cdot H_2O$ 晶体试样 0.8～0.9g（准确至 0.0001g），置于 100mL 小烧杯中，加入 6mL 3mol·L^{-1} H_2SO_4 溶液和 20mL 蒸馏水，搅拌使之溶解，定容至 100mL。

移液管移取上述试液 25.00mL，转移至 250mL 碘量瓶中，加入 5% KI 溶液 10mL，用 0.05mol·L^{-1} $Na_2S_2O_3$ 标准溶液滴定至溶液呈淡黄色后，加入 0.5%淀粉溶液 2mL，继续滴定至溶液呈蓝紫色，再加入 5% KSCN 溶液 10mL，继续用 $Na_2S_2O_3$ 标准溶液滴定至蓝色刚好消失，停止滴定。平行滴定 3 次，根据滴定消耗的 $Na_2S_2O_3$ 标准溶液的体积，即可计算出 $[Cu(NH_3)_4]^{2+}$ 配离子中铜的含量，计算公式如下：

$$w(\mathrm{Cu})=\frac{c(\mathrm{Na_2S_2O_3})\times V(\mathrm{Na_2S_2O_3})\times M(\mathrm{Cu})}{1000\times m(\text{试样})\times\frac{25.00}{100.0}}\times 100\% \tag{45-1}$$

（2）可见分光光度法

① 绘制标准曲线

按表 45-1 所示 Cu^{2+} 标准溶液配制的用量，分别用吸量管移取 0.05mol·L^{-1} Cu^{2+} 标准溶液、2.0mol·L^{-1} 氨水溶液，置于 6 个已编号的 50mL 容量瓶中，用去离子水稀释至刻度，摇匀。

表 45-1 Cu^{2+} 标准溶液配制表

编号	空白	1	2	3	4	5
Cu^{2+} 离子标准溶液/mL	0.00	1.00	2.00	3.00	4.00	5.00
氨水溶液/mL	10.00					
H_2O/mL	稀释至 50.00mL					

以空白溶液为参比溶液，用 2cm 比色皿，最大吸收波长 610nm 处，在分光光度计上分别测定上述溶液的吸光度 A。以吸光度 A 为纵坐标，相应的 Cu^{2+} 浓度为横坐标，绘制标准曲线。

② Cu^{2+} 含量测定

准确称取 0.90～1.0g 硫酸四氨合铜(Ⅱ) 试样于小烧杯中，加入约 10mL 水使其溶解，滴加数滴 6mol·L^{-1} H_2SO_4 溶液，至溶液由深蓝色变为蓝色。将溶液定量转移至 250mL 容量瓶中，并用去离子水稀释至刻度，摇匀。

准确吸取上述溶液 10mL，置于 50mL 容量瓶中，加入 10.00mL 2mol·L^{-1} 氨水溶液，用去离子水稀释至刻度并摇匀。以空白溶液为参比，用 2cm 比色皿，在 610nm 处测定其吸光度 A。从标准曲线上求出 Cu^{2+} 浓度，并计算样品中铜的含量。

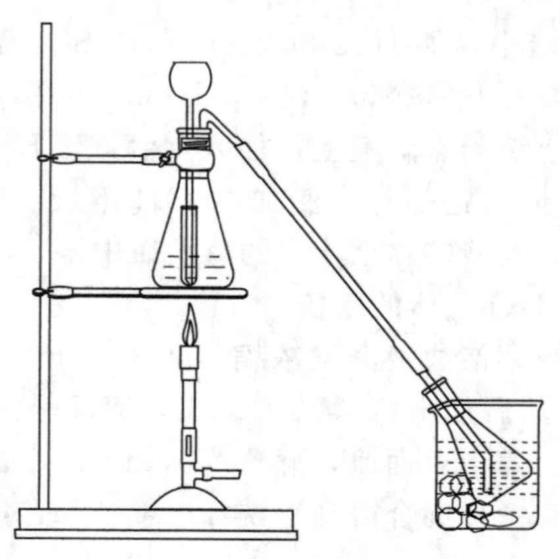

图 45-1 测定氨的装置示意图

3. $[Cu(NH_3)_4]^{2+}$ 中 NH_3 含量的测定

准确称取 0.1g 上述合成的 $[Cu(NH_3)_4]SO_4\cdot H_2O$ 晶体试样，置于 250mL 锥形瓶中，加 80mL 蒸馏水溶解，再加入 10mL 10% NaOH 溶液。于另一锥形瓶中，准确加入 0.1mol·L^{-1} HCl 标准溶液 25mL，放入冰浴中冷却。装置如图 45-1 所示。从漏斗中加入 10% NaOH 溶液 3～5mL 于小试管中，漏斗下端插入液面下 2～3cm。先大火加热，至溶液接近沸腾时改用小火，保持微沸，蒸馏1h左右，产物中氨即可蒸馏出来。取出插入HCl溶液的导管，用蒸馏水冲洗导管内外，洗涤液全部收集在氨吸收瓶中，从冰浴中取出吸收瓶，加2滴0.1%的甲基红溶液，用0.05 mol·L^{-1}NaOH标准溶液滴定过量的HCl溶液。根据加入标准HCl溶液的体积和浓度以及滴定所消耗NaOH标准溶液的体积和浓度即可计算出产物中氨的含量。

$$w(NH_3)=\frac{(c_{HCl}V_{HCl}-c_{NaOH}V_{NaOH})\times M(NH_3)}{m(\text{试样})}\times 100\% \tag{45-2}$$

五、注意事项

1. 在制备的$CuSO_4$溶液中加入NaOH溶液以除去溶液中的Fe^{3+}时，应调节pH值为3～4，注意不要使溶液的pH>4，否则溶液中将析出碱式硫酸铜沉淀而影响产品的质量和产量。

2. 碘量法测定配离子中铜含量时，滴定反应一般应在弱酸介质中进行（pH约为3～4）。若滴定反应在强酸性溶液中进行，空气中的氧易将I^-氧化为I_2（Cu^{2+}有催化作用），从而影响测定结果的准确性；若滴定反应在碱性溶液中进行，Cu^{2+}易发生水解，且反应生成的I_2易被碱分解，也会影响测定结果的准确性。

3. 淀粉溶液必须在接近终点时加入，否则会吸附I_2分子，影响测定。

4. 测定配离子中氨的含量，还可以用HCl标准溶液或NaOH标准溶液滴定配离子中的NH_3。方法主要有以下两种。

(1) 准确称取一定量的制备产物，少量蒸馏水溶解后，容量瓶将其定容，待用。移液管移取一定体积的溶液，置于250mL锥形瓶中，加入2滴甲基红和次甲基蓝作混合指示剂，用标定后的HCl标准溶液滴定至溶液颜色由绿色变为红紫色，即为终点。根据滴定所消耗HCl标准溶液的浓度和体积即可计算出产物氨的含量。

(2) 准确称取一定量的制备产物，少量蒸馏水溶解后，容量瓶将其定容，待用。移液管移取一定体积的溶液，置于250mL锥形瓶中，加入一定体积已标定的HCl标准溶液以破坏配合物，加入2滴溴甲酚绿-甲基红混合指示剂（变色点为pH=5.1），然后用NaOH标准溶液滴定过量的HCl，当溶液颜色由红色变为绿色时，即为终点。根据所消耗的NaOH标准溶液和HCl标准溶液的体积及其浓度，计算配离子中氨的含量。

六、思考题

1. 制备$CuSO_4$溶液时，为何要加入NaOH溶液？为何溶液pH值要调节在3.5左右？

2. 碘量法测定铜含量时，为何要加入KSCN溶液？指示剂淀粉溶液应在何时加入？

3. 碘量法测定铜含量时，溶液的pH值应控制在什么范围？为什么？

（周萍）

实验四十六　葡萄糖酸锌的制备及表征

一、实验目的

1. 熟悉葡萄糖酸锌的制备方法。
2. 掌握蒸发、浓缩、重结晶、减压抽滤、滴定等基本操作。
3. 学习葡萄糖酸锌的质量分析方法。
4. 熟悉压片法测定物质的红外光谱。

二、实验原理

锌是生物体内所必需的微量元素之一。目前，从生物体内分离出来的含锌酶已超过 200 种，如碳酸酐酶、乳酸脱氢酶、超氧化物歧化酶、碱性磷酸酶、DNA 和 RNA 聚合酶等，生物体内许多重要代谢物的合成和降解，都需要含锌酶的参与。缺锌后，由于各种含锌酶的活性降低，将会导致胱氨酸、蛋氨酸、亮氨酸和赖氨酸的代谢紊乱，体内谷胱氨肽、DNA、RNA 的合成含量减少；使人生长停滞、智力发育低下、生殖无能、虚弱、脱毛；使体内味觉素合成困难，造成味觉异常及味觉障碍、食欲下降、异食癖等。适量服用补锌剂可以改善由于缺锌所引起的症状。

葡萄糖酸锌具有见效快、吸收率高、毒副作用小、使用方便等优点，是目前治疗锌缺乏首选的补锌药物和营养强化剂，主要用于儿童、老年人和妊娠妇女因缺锌所引起的生长发育迟滞、营养不良、厌食、复发性口腔溃疡、皮肤痤疮等，还可应用于儿童食品、糖果、乳制品等的添加剂，应用日渐广泛。

在 80～90℃恒温下，葡萄糖酸钙可直接与硫酸锌反应制得葡萄糖酸锌，反应如下：

$$[CH_2OH(CHOH)_4COO]_2Ca + ZnSO_4 = [CH_2OH(CHOH)_4COO]_2Zn + CaSO_4\downarrow$$

葡萄糖酸锌为白色晶体或颗粒状粉末，熔点 172℃，相对分子质量为 455.68，易溶于水，难溶于乙醇、三氯甲烷和乙醚。

葡萄糖酸锌中的 Zn^{2+} 离子可与 EDTA 发生配位反应，因此可用 EDTA 配位滴定法测定制备产物中锌的含量。《中国药典》（2010 版）中规定葡萄糖酸锌含量在93%～107%。此外，本次实验还应用比浊法来检测产物中的 SO_4^{2-} 。

三、仪器与试剂

1. 仪器

托盘天平；电子分析天平；烧杯(200mL)；锥形瓶(250mL)；蒸发皿；布氏漏斗；抽滤瓶；真空泵；量筒(10mL，50mL)；酸式滴定管(25mL)；吸量管(5mL)；比色管(25mL)；滴管；玻璃棒；石棉网。

2. 试剂

葡萄糖酸钙（s，A. R.）；$ZnSO_4\cdot7H_2O$（s，A. R.）；活性炭；HCl 溶液（$3mol\cdot L^{-1}$）；

NH_3-NH_4Cl缓冲溶液（pH＝10）；EDTA标准溶液（0.01mol·L^{-1}）；K_2SO_4标准溶液（SO_4^{2-}含量100mg·L^{-1}）；25% $BaCl_2$溶液；铬黑T指示剂；95%乙醇；pH试纸。

四、实验内容

1. 葡萄糖酸锌的制备

量取40mL蒸馏水倒入烧杯中，加热至80～90℃，加入6.7g $ZnSO_4·7H_2O$固体，搅拌使其完全溶解。将上述烧杯置于90℃恒温水浴中，逐渐加入10g葡萄糖酸钙，边加边不断搅拌。加完后在90℃水浴中保温静置20min，趁热过滤（白色滤渣为$CaSO_4$，弃去），滤液转移至蒸发皿中，在沸水浴上蒸发浓缩至黏稠状（体积约为20mL，若浓缩液中有沉淀，需过滤）。滤液冷却至室温，缓慢加入20mL 95%乙醇，并不断搅拌，此时可见大量胶状葡萄糖酸锌析出。充分搅拌后，用倾析法去除乙醇溶液。再于胶状沉淀中加入20mL 95%乙醇，充分搅拌后冷却结晶（必要时可冰水浴），可见胶状沉淀慢慢转变为晶体状，抽滤至干，即可粗品（母液回收）。

向上述粗品中加入20mL蒸馏水，90℃水浴中加热，晶体全部溶解后，趁热抽滤，滤液冷却至室温，慢慢加入20mL 95%乙醇，充分搅拌，置于冰水浴中冷却，待晶体析出后，抽滤，即得精品。产物于50℃烘干后，称量并计算产率。

2. 葡萄糖酸锌中锌含量的测定

准确称取制得的葡萄糖酸锌样品0.1g（准确至0.0001g），置于250mL锥形瓶中，加入30mL蒸馏水溶解后，分别加入pH＝10的NH_3-NH_4Cl缓冲溶液10mL，铬黑T指示剂少许，用已标定的0.01mol·L^{-1}EDTA标准溶液进行滴定，溶液由紫红色变为纯蓝色时，即达终点。记录所消耗EDTA标准溶液的体积，平行滴定3次，计算样品中葡萄糖酸锌的质量分数。

3. 硫酸盐的检查

称取制得样品0.5g，加蒸馏水使其溶解，溶液体积约为20mL（溶液如显碱性，可滴加HCl溶液使其呈中性）。若溶液不澄清，应先过滤。将溶液置于25mL比色管中，加入3 mol·L^{-1} HCl溶液2mL，即得待测溶液。另取K_2SO_4标准溶液2.5mL，置于25mL比色管中，加入蒸馏水至溶液体积约为20mL，在加入3mol·L^{-1} HCl溶液2mL，摇匀，即得对照溶液。向待测溶液和对照溶液中，分别加入25% $BaCl_2$溶液2.0mL，用蒸馏水稀释至25mL，充分摇匀，放置10min，同置于黑色背景上，从比色管上方向下观察、比较，若待测溶液中出现浑浊，与K_2SO_4标准溶液制成的对照溶液相比，不得更浓。

4. 红外光谱表征

用KBr压片法在400～4000cm^{-1}测定所制得的葡萄糖酸锌样品的红外吸收光谱，并对其主要吸收峰进行指认。

五、注意事项

1. 制备葡萄糖酸锌时，反应温度要控制在90℃，若温度太高，葡萄糖酸锌会分解；反之，温度太低，葡萄糖酸锌的溶解度会下降。

2. 硫酸锌和葡萄糖酸钙的反应时间不能过短，以保证充分生成硫酸钙沉淀，因此需在90℃水浴中静置20min。

3. 反应结束抽滤除去硫酸钙后，滤液如果无色，则无需进行脱色处理。若滤液需做脱色处理，一定要趁热过滤，否则产物会因为过早冷却而析出，从而降低产量。

六、思考题

1. 制备葡萄糖酸锌的反应温度为何要控制在90℃？
2. 影响葡萄糖酸锌产物含量的因素有哪些？
3. 查阅相关文献，了解葡萄糖酸锌的不同合成方法，并比较它们的优缺点。

（周萍）

实验四十七　蛋氨酸-锌的制备和质量控制

一、实验目的

1. 掌握蛋氨酸-锌的制备方法。
2. 掌握蛋氨酸-锌的含量测定及杂质的分析方法。
3. 熟悉无机制备、滴定分析、光谱分析的基本操作。

二、实验原理

蛋氨酸-锌是起源于20世纪70年代，由美国率先研究成功的第三代微量元素营养添加剂，它是将无机锌与蛋氨酸作用生成具有环状结构的螯合物，是一种接近动物体天然形态的微量元素补充剂，蛋氨酸-锌螯合物在化学结构上离子键与配位键共存，具有很好的化学与生物稳定性。它是目前广泛使用的一种饲料添加剂，能促进动物体内其他营养成分的吸收，并又有杀菌作用，且能改善动物的免疫功能，增加抵抗能力，降低死亡率。

本实验是一个综合实验，涉及无机配合物的蛋氨酸-锌的合成，锌的含量测定及微量杂质镍的测定。

蛋氨酸-锌可由蛋氨酸直接与氢氧化锌制得，反应式如下：

$$2CH_3S(CH_2)_2CH(NH_2)COOH + Zn(OH)_2 \rightleftharpoons [CH_3S(CH_2)_2CH(NH_2)COO]_2Zn + 2H_2O$$

该配合物中锌的含量可用配位滴定法测定。将试样用盐酸溶解，加适量的水，加入氟化铵、硫脲和抗坏血酸作为掩蔽剂后，调节溶液pH＝5～6，用二甲酚橙作指示剂，用EDTA标准溶液直接滴定。反应式如下：

$$Zn^{2+} + H_2Y^{2-} \rightleftharpoons ZnY^{2-} + 2H^+$$

对于合成过程中引入的镍离子，可以先用氧化剂过硫酸物在NaOH碱性溶液中将镍(Ⅱ)氧化至镍(Ⅳ)，再与显色剂丁二酮肟定量生成酒红色水溶性螯合物。该配位离子在450nm附近有最大吸收，摩尔吸光系数高达1.32×10^4，可用标准曲线法对杂质镍进行含量测定。对于合成中可能引入的干扰离子如铁、钴、铜离子，可加入适量柠檬酸铵和EDTA溶液消除其干扰。

三、仪器与试剂

1. 仪器

恒温磁力搅拌器（带测温棒和搅拌子）；布氏漏斗（10cm）及抽滤装置；分析天平（0.1mg）；托盘天平；中速定性滤纸（11cm）；表面皿（12cm）；烧杯（100mL，250mL）；量筒（10mL，20mL，50mL）；酸式滴定管（50mL）；锥形瓶（250mL）；移液管（25mL）；紫外-可见分光光度计；1cm比色皿；容量瓶（25mL，100mL）；吸量管（5mL）；pH试纸（pH范围1～14）；玻璃棒；胶头滴管；洗耳球。

2. 试剂

DL-蛋氨酸（99%，市售）；$ZnSO_4\cdot7H_2O$（A.R.）；氢氧化钠溶液（20%，0.1 $mol\cdot L^{-1}$）；

EDTA 溶液（0.05mol·L^{-1}）；抗坏血酸溶液（20g·L^{-1}）；氟化铵溶液（200g·L^{-1}）；硫脲溶液（100g·L^{-1}）；二甲酚橙指示剂；乙酸-乙酸钠缓冲溶液（pH＝5.5）；20％六次甲基四胺溶液；盐酸溶液（6mol·L^{-1}）；柠檬酸铵溶液（250g·L^{-1}）；10％过硫酸钾；碱性丁二酮肟溶液（5g·L^{-1}，NaOH 介质）；镍标准溶液（20.0μg·mL^{-1}）；EDTA 溶液（50g·L^{-1}）；去离子水。

四、实验内容

1. 蛋氨酸-锌的制备

（1）$Zn(OH)_2$沉淀的制备

用托盘天平称取七水合硫酸锌约 7.2g（相当于 $ZnSO_4$ 0.025mol），置于 100mL 烧杯中，边搅拌边加入 7mL 20％氢氧化钠溶液，至 pH＝8，得 $Zn(OH)_2$悬浊液备用。

（2）蛋氨酸-锌的制备

用托盘天平称取约 7.5g 蛋氨酸（0.05mol），置于 250mL 烧杯中，加水约 150mL，搅拌，升温至 70～80℃，待蛋氨酸完全溶解后，保持此温度，在不断搅拌下缓慢加入 $Zn(OH)_2$悬浊液，搅拌反应 60min。冷却，静置约 10min，使产物完全析出。用布氏漏斗抽滤，用少量水和无水乙醇分别洗涤沉淀 3 次，抽干。将产品转移至表面皿上，置入烘箱，于 114℃干燥 1h，得白色蛋氨酸-锌螯合物。

2. 锌的含量测定

（1）0.05mol·L^{-1}EDTA 溶液的标定

参见实验二十二 硫酸铝的含量测定。

（2）锌含量的测定

准确称取蛋氨酸-锌试样 0.5g，置于 250mL 锥形瓶中，用少量水润湿。滴加 2mL 盐酸溶液使试样完全溶解，加 50mL 水、10mL 氟化铵溶液、5mL 硫脲溶液和 10mL 抗坏血酸溶液，摇匀。加入 15mL 乙酸-乙酸钠缓冲溶液和 3 滴二甲酚橙指示剂，用已标定的 0.05mol·L^{-1} EDTA 标准溶液滴定至溶液由紫红色变为亮黄色即为终点。同时做空白试验。平行测定 3 次，按式（47-1）计算合成品蛋氨酸-锌中锌的百分含量，求平均值及相对平均偏差。

$$w(\mathrm{Zn})=\frac{c(\mathrm{EDTA})\times(V_{\text{试样}}-V_{\text{空白}})\times\frac{M(\mathrm{Zn})}{1000}}{m}\times100\% \qquad (47\text{-}1)$$

$$M(\mathrm{Zn})=65.39\mathrm{g\cdot mol^{-1}}$$

3. 杂质镍的测定

（1）测量波长的选择与标准曲线的绘制

在 6 支 25mL 容量瓶（编号 0～5）中分别加入 0mL、1.00mL、2.00mL、3.00mL、4.00mL 和 5.00mL 镍标准溶液，各加入 4mL 柠檬酸铵溶液、5mL 10％过硫酸铵溶液、2mL 丁二酮肟溶液，摇匀。再加入 2mL 50g·L^{-1} EDTA 溶液，以水定容，显色 10min。对 3 号试液，用 1cm 比色皿，以试剂空白作参比，在 420～470nm 波长范围内，每隔 10nm 测量一次吸光度，其中 440～450nm 波长范围内每隔 2nm 测量一次。绘制吸收曲线，找出最大吸收波长（λ_{max}）作为测量波长。

用 1cm 比色皿，在所选定的 λ_{max}下，以试剂空白作参比，测量 1～5 号试液的吸光度，参见实验二十八“可见分光光度法测定水中微量铁含量”项下实验数据处理，绘制吸光度-镍浓度标准曲线，得到线性方程和相关系数。

(2) 蛋氨酸-锌螯合物中杂质镍的含量测定

称取蛋氨酸-锌试样约 1g，精密称定，置于 100mL 烧杯中，加少量水润湿。滴加 3mL 盐酸溶液使试样完全溶解，定量转移至 100mL 容量瓶中。

移取蛋氨酸-锌螯合物贮备液 5.00mL 于 25mL 容量瓶中，加 4mL 0.1mol $\cdot L^{-1}$ 氢氧化钠溶液使呈近中性，加 4mL 柠檬酸铵溶液，5mL 10%过硫酸钾溶液，摇匀后，加入 2mL 丁二酮肟溶液，然后再加入 2mL 50g$\cdot L^{-1}$ EDTA 溶液，以水至刻度，摇匀。显色 10min 后，用 1cm 比色皿，以试剂空白作参比，在选定的波长下测量试液的吸光度，计算试样中镍的含量。

五、注意事项

在测定杂质镍含量时，在近中性溶液中加入柠檬酸铵可掩蔽 Bi^{3+}，Fe^{3+}，Cr^{3+} 等金属离子；溶液中干扰物如钴、铜离子，可加入 EDTA 溶液消除其干扰。实验过程中，必须加入丁二酮肟溶液，再加入 EDTA 溶液。

六、思考题

1. 实验过程中，为什么测定锌含量时用配位滴定，而测定镍含量时选用紫外可见分光光度法？

2. 测定锌含量时，为什么要先加入氟化铵溶液、硫脲溶液和抗坏血酸溶液？

3. 测定镍含量时，加入柠檬酸铵、过硫酸钾、丁二酮肟和 EDTA 溶液分别有何作用？

（杨静）

Experiment 48 Colligative Properties of Diluted Solution

Objectives

1. To understand colligative property of diluted solution.

2. To grasp the principles and methods for determining the molar mass of solute by freezing point depression.

Principles

A physical property of a solution that depends on the concentration of solute particles, without regard to the nature of the solute, is termed as a colligative property.

The freezing point depression ΔT_f is also a colligative property of the solution, and for dilute solution, ΔT_f is found to be proportional to the molality (b_B) of the solution:

$$\Delta T_f = T_f^0 - T_f = K_f b_B \tag{48-1}$$

Where K_f is a molar cryoscopic constant, which is only determined by the property of the solvent and has nothing to do with the property of the solute. Different solvents have different values of K_f.

The freezing point of solution (T_f) is lower than that of its pure solvent (T_f^0). For a non-electrolytic dilute solution, we have following equations:

$$b_B = \frac{m_B/M_B}{m_A} \times 1000 \tag{48-2}$$

According to this, the molar mass of solute can be determined.

$$M_B = \frac{K_f m_B}{m_A \Delta T_f} \times 1000 \tag{48-3}$$

As shown in Figure 48-1, the super cooling phenomenon (don't freeze at freezing point) is inevitable in the experiment. But proper super cooling is helpful to record the temperature. With going on decreasing to a certain degree, the temperature increases quickly until it reaches a certain point, namely the freezing point. However, exorbitant super cooling (e) will bring the experimental error. We may prevent super cooling phenomenon by controlling temperature and stiring.

Equipments and Reagents

1. Equipments

Thermometer (<−15℃, 0.1℃), pipet (25mL), analytical balance, test tube (to fill with the solution to be determined), air coated tube (determine the freezing point accurate-

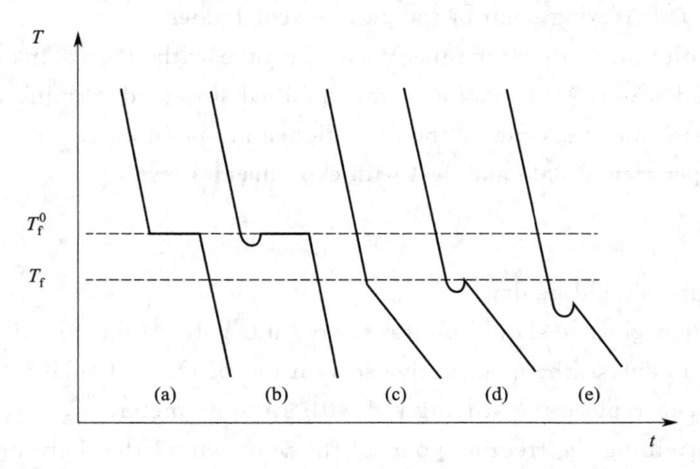

Figure 48-1 Temperature vs. Time curve for cooling pure solvent and solution

ly), thin stirring rod, rubber plug, thick stirring rod (stir ice water containing salts), thick wall beaker (500mL, fill in some ice water to decrease the temperature).

2. Reagents

distilled water, glucose (A. R.), coarse salt, ice.

Procedures

Determination of glucose's molar mass with the method of depression of freezing point

1. Determine the freezing point of the glucose solution

(1) Preparation Fill some pieces of ice and a small quantity of water into a thick walled beaker. (The volume of these two substances is about 3/4 of the whole beaker.) Then add proper amount of coarse salts to decrease the temperature. Keep the temperature of ice-salt-water system below −5℃.

(2) Weigh out 5g (precisely ±0.0001g) glucose with an analytical balance. Pack the glucose carefully to avoid dispersing outside.

(3) Put the weighed glucose into a completely dry test tube, and then pour 25mL distilled water from the inner wall of the tube with a transfer pipette, shaking slightly. (Be careful not to splash the solution out) . When the glucose is dissolved completely, fill the plug with a thermometer and a thin stirring rod, then put the test tube into an air coated tube and put the whole into a thick wall beaker, stir the glucose solution with thin stirring rod slightly. Add ice and take out water when necessary. Take care not to touch the wall of the tube and the thermometer during the stirring process. If not, the heat produced from friction will influence the measurement result. In the temperature decreasing process, supercooling phenomenon happens (Don't freeze at freezing point). Stir the glucose solution continuously until some pieces of ice appear. Continue to stir and observe the thermometer carefully as the temperature is rising. When the temperature no longer raises, record the temperature. Take out the test tube and let the ice melt by rinsing the outside of the test tube with running tap water. Repeat the above procedures until the difference of two results does not exceed 0.02℃, take the average value (T_f).

2. Determine the freezing point of the pure solvent (water)

Discard the solution in the test tube. Wash the tube with tap water and then rinse it 3 times with distilled water. After adding 25mL distilled water, determine the freezing point (T_f^0) of the water using the same method mentioned in operation 1.

3. Record experimental data and deal with experimental result.

Notes

1. The test tube should be dry.

2. The measured glucose should be transferred into a test tube quantitatively.

3. Notice not to splash the quantitative solvent out of the test tube.

4. Be sure not to replace the stirring rod with a thermometer.

5. When determining the freezing point of the pure water, the thermometer may be frozen with ice. Notice to make ice melt before taking it out.

6. $d_{water} = 1.000 g \cdot mL^{-1}$

$K_{f(water)} = 1.86 K \cdot kg \cdot mol^{-1}$

Questions

1. which will influence on the result of the molar mass of glucose if glucose contains some insoluble impurity?

2. which will influence on the result of the molar mass of glucose if some distilled water is lost during adding quantitative distilled water to a test tube?

(Guanhong Xu)

Experiment 49 Preparation and Properties of Buffer Solution

Objectives

1. To understand the properties of buffer solution.
2. To learn how to prepare buffer solution.
3. To learn operation of measuring pipet.

Principles

The buffer solution consists of a weak acid (HB) and its conjugate base (B^-). Buffer solution can resist a change in pH when a small amount of acid or base is added to it or when the solution is diluted. The pH of the buffer solution can be calculated by the following equation:

$$pH = pK_a + \lg \frac{c_{B^-}}{c_{HB}} \tag{49-1}$$

where K_a is the acid ionization constant.

From the equation above, we can see that the pH of the buffer solution depends upon the value of the ionization constant of acid and the concentration ratio of the base to its conjugate acid at equilibrium.

It should be pointed out that the pH estimated base on above equation is an approximate value, and precise pH value should be calculated with activity series of a buffer instead of concentration. If a buffer with precise pH value is prepared, you can refer to relative handbooks and references.

Buffer capacity β is a quantitative measure of the ability of the buffer solution to resist changes in pH. It depends on concentrations and the ratio of [B^-]/[HB]. When concentration ratio of [B^-]/[HB] is fixed, the greater the sum of weak acid and its conjugate base, the greater the buffer capacity is. The maximum buffer capacity is reached when the ratio of [B^-]/[HB] is 1 : 1.

Equipments and Reagents

1. Equipments

Measuring pipet (5mL, 10mL), beaker (100mL×1), test tube (×13), colorimetric tube and rubber suction bulb.

2. Reagents

HAc ($1.0mol \cdot L^{-1}$, $0.1mol \cdot L^{-1}$), NaAc ($1.0mol \cdot L^{-1}$, $0.1mol \cdot L^{-1}$), Na_2HPO_4

(0.1mol·L^{-1}), NaH_2PO_4 (0.1mol·L^{-1}), NaOH (1.0mol·L^{-1}, 0.1mol·L^{-1}), HCl (1.0mol·L^{-1}), NaCl (9g·L^{-1}), universal pH test paper, precise pH test paper (special) and methyl red.

Procedures

1. Preparation of buffer solutions

According to the Table 49-1, prepare four buffer solutions A、B、C and D by measuring pipets. Store these buffer solutions in four test tubes, respectively.

Table 49-1 Prepare the buffer solution

Experiment No.	Chemicals	Volume/mL
A	1.0mol·L^{-1} HAc	5.00
	1.0mol·L^{-1} NaAc	5.00
B	0.1mol·L^{-1} HAc	5.00
	0.1mol·L^{-1} NaAc	5.00
C	0.1mol·L^{-1} Na_2HPO_4	5.00
	0.1mol·L^{-1} NaH_2PO_4	5.00
D	0.1mol·L^{-1} Na_2HPO_4	9.00
	0.1mol·L^{-1} NaH_2PO_4	1.00

2. Properties of buffer solutions

According to the Table 49-2, firstly add solutions A、H_2O and NaCl to six different test tubes respectively. Measure the pH values of solutions in each test tube with universal pH test paper . Then add 2 drops of 1.0 mol·L^{-1} HCl or 1.0 mol·L^{-1} NaOH to each test tubes and measure the pH values of the corresponding solutions iwith universal pH test paper again. After that, add 2.00 mL of solution A to another test tube, and add 5.00 mL of H_2O to it subsequently. Measure the pH value of solution in this test tube with universal pH test paper. Record experimental data in the Table 49-2 and account for the reasons.

Table 49-2 Properties of buffer solutions

Experiment No.	1	2	3	4	5	6	7
Buffer solution A/mL	2.00	2.00	0.00	0.00	0.00	0.00	2.00
NaCl/mL	0.00	0.00	0.00	0.00	2.00	2.00	0.00
H_2O/mL	0.00	0.00	2.00	2.00	0.00	0.00	5.00
pH							
1.0mol·L^{-1} HCl/ drop	2	0	2	0	2	0	0
1.0mol·L^{-1} NaOH/ drop	0	2	0	2	0	2	0
pH							
ΔpH							

3. Buffer capacity

(1) The relationship between buffer capacity and the total concentration of the buffer solution

According to Table 49-3, add 2.00mL solution A and B by measuring pipets to two different test tubes and add 2 drops of methyl red indicator, respectively (For methyl red indicator: It is red when $pH<4.2$ and It is yellow when $pH>6.3$). What color are these two solutions? Finally add 1.0 mol·L^{-1} NaOH solution to the solution A and B drop by drop, respectively until their color change into yellow. Record how many drops of the 1.0mol·L^{-1} NaOH solution are consumed when the color of the solution A and B change into yellow, respectively. Account for the reasons.

Table 49-3 The relationship between buffer capacity and the total concentration of the buffer solution

Experiment No.	1	2
Buffer solution A/mL	2.00	0.00
Buffer solution B/mL	0.00	2.00
methyl red indicator/drop	2	2
color of the solution		
NaOH/drop(dropwith 1.0mol·L^{-1} NaOH solution until the color change into yellow)		

(2) The relationship between buffer capacity and the ratio $\frac{[B^-]}{[HB]}$

According to Table 49-4, measure the pH of the solution C and D with precise pH test paper (special) respectively, then add 0.9mL 0.1mol·L^{-1} NaOH respectively. Mix the solutions thoroughly, measure the pH of the solutions with precise pH test paper (special) respectively again, are they the same? Why?

Table 49-4 The relationship between buffer capacity and the ratio $\frac{[B^-]}{[HB]}$

Experiment No.	1	2
Buffer solution C/mL	10.00	0.00
Buffer solution D/mL	0.00	10.00
pH		
pH(after add 0.9mL 0.1mol·L^{-1} NaOH)		
conclusion		

Questions

1. Which factors affect the pH value of a buffer solution?

2. What does buffer capacity depend on? When the buffer capacity of a solution is the biggest?

(Xushu Yang)

Experiment 50 Determination of Reaction Order and Rate Constant for the Reaction between Acetone and Iodine

Objectives

1. To understand the principle and method for the determination of reaction order between acetone and iodine, and testify the reaction is second order reaction by experiment.
2. To understand the relationship between concentration and reaction rate.
3. To master how to determine the rate constant of the reaction between acetone and iodine.

Principles

In acidic aqueous solution, the overall reaction between acetone and iodine is as follows:

$$CH_3COCH_3 + H_2 \xrightarrow{H^+} CH_3COCH_2I + H^+ + I^-$$

It is an autocatalyst reaction, and its reaction mechanism may be as follows:

$$CH_3COCH_3 + H^+ \rightleftharpoons [CH_3\overset{\overset{\large OH}{|}}{C}CH_3]^+ \text{ (activated complex)} \quad (50\text{-}1)$$

$$[CH_3\overset{\overset{\large OH}{|}}{C}CH_3]^+ \rightleftharpoons CH_3\overset{\overset{\large OH}{|}}{C}{=}CH_2 + H^+ \quad (50\text{-}2)$$

(allyl alcohol)

$$CH_3\overset{\overset{\large OH}{|}}{C}{=}CH_2 + H^+ + I_2 \longrightarrow CH_3COCH_2I + H^+ + I^- \quad (50\text{-}3)$$

(1-iodo acetone)

The activated complex, formed through the reaction between acetone and hydrogen ion, either dissociates back into the original reactant or forms product molecule (allyl alcohol). When iodine is present in the aqueous solution, allyl alcohol and iodine immediately forms 1-iodo acetone. The first reaction (50-1) is slowest, so the overall reaction rate is merely determined by the concentrations of acetone and hydrogen ion. In other words, the reaction is first order in acetone, first order in hydrogen ion, zero order in iodine and second order overall.

Whether the mechanism of above mentioned reaction is acute or not, we can testify it by the experiment.

Suppose the rate equation for the reaction between acetone and iodine is:

$$v = kc^m(CH_3COCH_3)c^n(H^+)c^p(I_2)$$

Where v is instantaneous rate of the reaction, k is rate constant. The reaction orders of acetone, hydrogen ion and iodine are m, n and p, respectively. The sum of concentration exponent $(m+n+p)$ is the overall order of reaction.

The instantaneous rate v is difficult to determine, while the average rate $\bar{v}$ is easier to do. So we need to design a method for determination of the reaction order and rate constant for the reaction between acetone and iodine using the average rate $\bar{v}$.

In order to keep the reaction rate constant in the whole reaction, we can make the concentrations of acetone and hydrogen ion are higher than that of iodine. Thus the concentrations of acetone and hydrogen ion can be seen to keep almost constant during the interval that iodine is consumed. And the reaction rate can be also seen to keep almost constant. In other words, when the concentrations of acetone and hydrogen ion are larger than that of iodine, we may choose the suitable initial concentration, and determine the interval iodine changing into colorless. The rate of the reaction can be calculated according to the equation: $v=c_0(I_2)/t$.

To find the reaction orders, we can run a series of experiments, each of which start with a different set of reactant concentrations, and from each we obtain a rate of the reaction. As Table 50-1 shows, the experiments are designed to change one reactant concentration while keeping others constant.

Table 50-1 Determination of reaction orders

Experiment	Initial reactant concentration/mol·L^{-1}			Rate of the reaction
	Acetone	Hydrogen ion	Iodine	
1	A	B	E	v_1
2	2A	B	E	v_2
3	A	2B	E	v_3
4	A	B	2E	v_4

According to the rate equation, we obtain:

$$v_1 = k_1 A^m B^n E^p \tag{50-4}$$

$$v_2 = k_2 (2A)^m B^n E^p \tag{50-5}$$

$$v_3 = k_3 A^m (2B)^n E^p \tag{50-6}$$

$$v_4 = k_4 A^m B^n (2E)^p \tag{50-7}$$

And we take the ratio of their rate equation:

$$\frac{v_2}{v_1}=2^m, m=\frac{\lg \frac{v_2}{v_1}}{\lg 2} \tag{50-8}$$

$$\frac{v_3}{v_1}=2^n, n=\frac{\lg \frac{v_3}{v_1}}{\lg 2} \tag{50-9}$$

$$\frac{v_4}{v_1}=2^p, p=\frac{\lg \frac{v_4}{v_1}}{\lg 2} \tag{50-10}$$

At last we can calculate k_1, k_2, k_3, k_4 and their average rate constant $\bar{k}$ from m, n, p values.

Equipment and Reagent

1. Equipment

Erlenmeyer flask, measuring cylinder (10mL×3, 20mL×1), stop watch and thermometer.

2. Reagent

Acetone ($4.00mol \cdot L^{-1}$); HCl ($1.00mol \cdot L^{-1}$); I_2 ($5.00 \times 10^{-4} mol \cdot L^{-1}$).

Procedures

1. The Table 50-2 summarizes the preparation of the test solutions. Add the prepared solution acetone, HCl (hydrogen chloride), distilled water and I_2 into a clean and dry Erlenmeyer flask using measuring cylinders, respectively. The reaction begins when iodine is poured into solution, therefore, are prepared to record start time t_1 in seconds with a stopwatch. Place the reaction vessel on a white sheet of paper using 50ml distilled water as a blank so that the color change is more easily detected. Record time t_2 when the yellow solution changes into colorless. Calculate the reaction time $t(t=t_2-t_1)$.

2. Repeat above-mentioned experiment once and record another reaction time t' which should not exceed 3 seconds than last time t. calculate the average reaction time $t_{average}$.

3. Determine the reaction time of another three test solutions with the same procedure.

Table 50-2 Amount of the reagents

Measuring temperature____℃

No.	$4.00mol \cdot L^{-1}$ Acetone /mL	$1.00mol \cdot L^{-1}$ HCl /mL	H_2O /mL	$5.00 \times 10^{-4} mol \cdot L^{-1}$ I_2/mL	Reaction t	time/s t'	$t_{average}$
1	10.0	10.0	20.0	10.0			
2	20.0	10.0	10.0	10.0			
3	10.0	20.0	10.0	10.0			
4	10.0	10.0	10.0	20.0			

4. Calculate the reaction orders m, n and p. Then calculate the average rate constant $\bar{k}$.

Notes

The environmental temperature has an effect on the rate of the reaction. And too short reaction time may cause much error. In the experiment, we can adjust and control the reaction time by changing the concentration of the iodine. The reference concentration of iodine is 5.00×10^{-4} $mol \cdot L^{-1}$. Generally, when the reaction time of the test solution 1 is adjusted to 120 s, the result will be satisfied.

Questions

1. How to determine the total reaction order? What reaction conditions should be fixed or changed? Explain them with this experiment.

2. Why can we use the interval from mixing solutions to yellow disappearance? How to operate that we can get the reaction time t accurately?

(Guanhong Xu)

Experiment 51 Spectrophotometric Determination of Trace iron in water

Objectives

1. To understand the principle and method of spectrophotometric determination of trace Fe^{3+}.

2. To learn how to use spectrophotometer.

3. To learn how to plot absorption curve, and how to select appropriate detection wavelength.

4. To grasp the determination of ion by standard curve method.

Principles

Lambert-Beer Law is expressed as follows,

$$A = \varepsilon lc$$

where A is absorbance, ε is molar absorption coefficient, l is light length and c is molar concentration. If the wave length of incident light, temperature and thick of the solution are fixed, absorption changes proportionally with the concentration of the solution.

Spectrometers are designed based on the above principle. Plot the absorbance vs. content to prepare a standard curve at the wavelength for the maximum absorbance and determine the content of unknown iron.

The wavelength for the maximum absorbance must be determined, so the absorption curve should be drew firstly. Plot the absorbance vs. wavelength to produce a absorption curve and determine the wavelength for the maximum absorbance.

Since a solution of Fe^{3+} is pale yellow, Fe^{3+} must be reacted quantitatively with something that will form colored species such as salicylsulfonic acid (Hsal) or *o*-phenanthroline.

In this experiment, Fe^{3+} reacts quantitatively with salicylsulfonic acid to form orange complex in the buffer solution of pH=10.

$$Fe^{3+} + 3Hsal \longrightarrow [Fe(sal)_3] + 3H^+$$

o-phenanthroline (1,10-phenathroline) can react with Fe^{2+} to form a stable, intensely colored red complex at pH range from 2 to 9. The reaction is as follows:

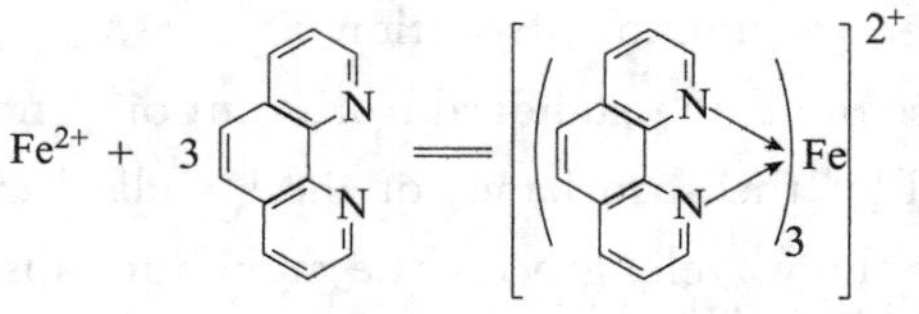

Fe^{2+} + 3 (N N) = [(N N → Fe)$_3$]$^{2+}$

The Fe^{3+} must be reduced to Fe^{2+} by hydroxylamine hydrochloride before formation of the colored complex.

$$2Fe^{3+} + 2NH_2OH \cdot HCl = 2Fe^{2+} + N_2 \uparrow + 4H^+ + 2H_2O + 2Cl^-$$

To guarantee stability of complex and quantitative reaction of Fe^{2+} with *o*-phenanthroline, sodium acetate is added to react with hydrochloric acid to form buffer solution to keep the pH value within 4～5.

Equipments and Reagents

1. Equipments

Volumetric flasks (50.00mL × 7); spectrophotometer; Pipets (5.00mL, 2.00mL, 1.00mL×3); measuring pipet (5.00mL, 10.00mL).

2. Reagents

1.00mmol·L^{-1} Fe^{3+}; 10% salicylsulfonic acid; buffer solution of pH=5; standard solution of 0.15% *o*-phenanthroline; 10% hydroxylamine hydrochloride; 1.0mol·L^{-1} sodium acetate solution; 6.0mol·L^{-1} hydrochloric acid solution; the solution of $NH_4Fe(SO_4)_2 \cdot 12H_2O$ (equivalent to 0.0100mg·mL^{-1} Fe^{3+}).

Procedures

Ⅰ Salicylsulfonic Acid Method

1. Prepare the standard iron solutions and the unknown iron solution

Prepare the solutions according to the Table 51-1.

Table 51-1 Preparation of the solutions

No.	blank	1	2	3	4	5	unknown iron solution
standard iron solutions/mL	0.00	1.00	2.00	3.00	4.00	5.00	5.00
10% salicylsulfonic acid/mL					4.00		
buffer solution of pH=10/mL			add 10.00mL, then dilute to 50.00mL				
the mass of Fe^{3+} in 50mL solution/mmol							
absorption A							

2. Determine the wavelength for the maximum absorbance

Used No. 4 solution to measure the absorbance A at wave length listed in the Table 51-2. Plot the absorbance vs. wavelength to produce an absorbance curve and obtain the wavelength for the maximum absorbance.

Table 51-2 the absorbance curve

λ/nm	430	440	450	458	460	462	464	466
A								
λ/nm	468	470	472	474	476	486	500	
A								

3. Determine the content of unknown solution

Measure the absorbance of all the standard iron solutions and unknown iron solution listed in Table 51-1 at λ_{max}. Plot the absorbance of the standard iron solutions vs. content to produce a standard curve at the wavelength for the maximum absorbance and obtain the content of unknown iron according its absorbance on the standard curve (Use Excel or Origin software to produce a standard curve) .

Ⅱ ***o*-Phenanthroline Method**

1. Prepare the standard iron solutions and the unknown iron solution

Prepare the solutions according to the Table 51-3.

Table 51-3 Preparation of the solutions

No.	blank	1	2	3	4	5	unknown iron solution
standard iron solutions	0.00	2.00	4.00	6.00	8.00	10.00	1.00
10% hydroxylamine hydrochloride/mL	1.00						
0.15% *o*-phenanthroline/mL	2.00						
	shake and stand for 3～5min						
1.0mol·L^{-1} sodium acetate solution/mL	5.00						
distilled water/mL	dilute to 50.00mL						
the mass of Fe^{3+} in 50mL solution/mmol							

2. Determine the wavelength for the maximum absorbance

Use No. 4 solution to measure the absorbance A at wavelength listed in the Table 51-4. Plot the absorbance vs. wavelength to produce a standard absorbance curve and obtain the wavelength for the maximum absorbance.

Table 51-4 the absorbance curve

λ/nm	460	470	480	490	500	502	504	506
A								
λ/nm	508	510	512	514	516	518	530	540
A								

3. Determine the content of unknown solution

Measure the absorbance of all the standard iron solutions and unknown iron solution listed in the Table 51-3 at λ_{max}. Plot the absorbance of the standard iron solutions vs. content to produce a standard curve at the wavelength for the maximum absorbance and obtain the content of unknown iron according its absorbance on the standard curve (Use Excel or Origin software to produce a standard curve) .

Notes

1. This method can be only used to determine that the content of Fe^{3+} is less than 5%.

2. Excess salicylsulfonic acid must used because the existence of Ca^{2+} and Mg^{2+} will react with salicylsulfonic acid to form some colorless complexes.

3. The coloring conditions of the sample are as same as possible with the standard solutions.

4. Every spectrophotometer cuvet has two glossy sides and two rough sides. Do not handle the cuvet on the glossy sides so as to avoid finger prints. Make sure that the outside of the cuvet is clean and dry.

5. The spectrophotometer cuvet need to be washed by distilled water and the solution treated several times.

6. The liquid in the cuvet should not be lower than the 80% height of cuvet.

Questions

1. What is suitable range of absorbance to diminish the error?

2. Why are the test conditions of the unknown solution as same as possible with the standard solutions?

3. Why do we determine the absorbance at λ_{max}?

4. Why was the buffer solution to be added when the series of solutions were prepared?

5. In what sequence was the solutions to be added? Why?

Attached: Employment of the 721-E grating spectrophotometer

1. Understand the structure and the principal of this equipment first, know the function of every button before using. Check the safety of the equipment (power line is firmed and grounded well, every button is on right initial place) and then turn on the power switch.

2. Turn on the power, turn the wavelength to the test wavelength and warm up the equipment for 20min.

3. Open the cover of the cuvettes, put the cuvettes filled with solution into the rack, then close the cover.

4. Press the "MODE" button until the light of "T" is on. Pushed or pulled the cuvettes out of the beam path. Press the "0%T" button, "0. 0" will show on the digital display.

5. Pushed or pulled the reference (blank solution) in the beam path. Press the "100% T" button, "100. 0" will show on the digital display. Then pushed or pulled the solution to be determined in the beam path. Press the "MODE" button until the light of "A" is on, the value showed on the digital display is the absorption of the solution to be determined.

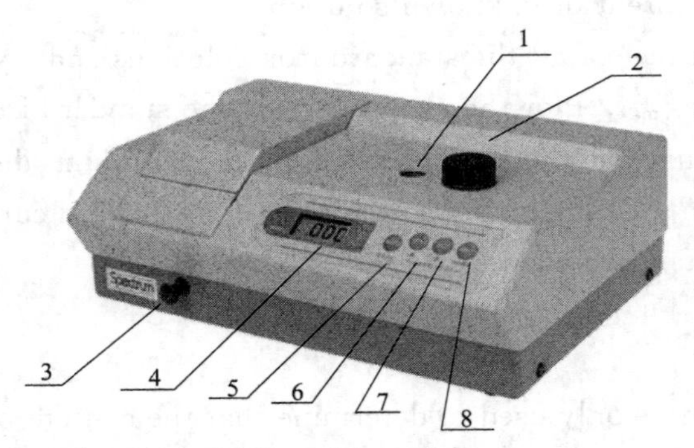

Fig. 51-1 721-E model grating spectrometer

1—Window for observing wavelength scale; 2—Wavelength handwheel; 3—Switch; 4—Digital display; 5—Mode button; 6—100%T button; 7—0%T button; 8—Print button

(Xushu Yang)

附 录

附录一 部分元素相对原子质量

序数	名称	符号	相对原子质量	序数	名称	符号	相对原子质量
1	氢	H	1.008	29	铜	Cu	63.546
2	氦	He	4.003	30	锌	Zn	65.409
3	锂	Li	6.941	31	镓	Ga	69.723
4	铍	Be	9.012	32	锗	Ge	72.640
5	硼	B	10.811	33	砷	As	74.921
6	碳	C	12.011	34	硒	Se	78.960
7	氮	N	14.006	35	溴	Br	79.904
8	氧	O	15.999	36	氪	Kr	83.798
9	氟	F	18.998	37	铷	Rb	85.467
10	氖	Ne	20.179	38	锶	Sr	87.620
11	钠	Na	22.989	39	钇	Y	88.906
12	镁	Mg	24.305	40	锆	Zr	91.224
13	铝	Al	26.981	41	铌	Nb	92.906
14	硅	Si	28.085	42	钼	Mo	95.940
15	磷	P	30.973	44	钌	Ru	101.07
16	硫	S	32.065	45	铑	Rh	102.91
17	氯	Cl	35.453	46	钯	Pd	106.42
18	氩	Ar	39.948	47	银	Ag	107.86
19	钾	K	39.098	48	镉	Cd	112.41
20	钙	Ca	40.078	49	铟	In	114.81
21	钪	Sc	44.955	50	锡	Sn	118.71
22	钛	Ti	47.867	51	锑	Sb	121.76
23	钒	V	50.941	52	碲	Te	127.60
24	铬	Cr	51.996	53	碘	I	126.90
25	锰	Mn	54.938	56	钡	Ba	137.32
26	铁	Fe	55.845	78	铂	Pt	195.08
27	钴	Co	58.933	80	汞	Hg	200.59
28	镍	Ni	58.693	82	铅	Pb	207.20

附录二 5～35℃标准缓冲液pH值

温度/℃	四草酸氢钾 0.050mol·L^{-1}	邻苯二甲酸氢钾 0.050mol·L^{-1}	混合磷酸盐 0.025mol·L^{-1}	硼砂 0.010mol·L^{-1}
5	1.67	4.00	6.95	9.40
10	1.67	4.00	6.92	9.33
15	1.67	4.00	6.90	9.27
20	1.68	4.00	6.88	9.22
25	1.68	4.00	6.86	9.18
30	1.69	4.01	6.85	9.14
35	1.69	4.02	6.84	9.10

附录三 常用冰盐浴冷却剂

盐	每100g碎冰用盐/g	最低冷却温度/℃
$NaNO_3$	50	−18.5
NaCl	33	−21.2
NaCl NH_4Cl	40 20	−26
NH_4Cl $NaNO_3$	13 37.5	−30.7
K_2CO_3	33	−46
$CaCl_2 \cdot 6H_2O$	143	−35

注：盐需预先冷却至0℃。

本表数据引自尤启冬主编《药物化学实验与指导》，中国医药科技出版社，2000年.

附录四 弱电解质在水中的解离常数

酸化合物	温度/℃	分步	$K_a^\ominus$	$pK_a^\ominus$
砷酸	25	1	5.8×10^{-3}	2.24
	25	2	1.1×10^{-7}	6.96
	25	3	3.2×10^{-12}	11.50
亚砷酸	25		5.1×10^{-10}	9.29
硼酸	20	1	5.81×10^{-10}	9.236
碳酸	25	1	4.47×10^{-7}	6.35
	25	2	4.68×10^{-11}	10.33
铬酸	25	1	1.8×10^{-1}	0.74
	25	2	3.2×10^{-7}	6.49
氢氟酸	25	—	6.31×10^{-4}	3.20
氢氰酸	25	—	6.16×10^{-10}	9.21
氢硫酸	25	1	8.91×10^{-8}	7.05
	25	2	1.12×10^{-12}	11.95

续表

酸化合物	温度/℃	分步	$K_a^\ominus$	$pK_a^\ominus$
过氧化氢	25	—	2.4×10^{-12}	11.62
次溴酸	25	—	2.8×10^{-9}	8.55
次氯酸	25	—	4.0×10^{-8}	7.40
次碘酸	25	—	3.2×10^{-11}	10.50
碘酸	25	—	1.7×10^{-1}	0.78
亚硝酸	25	—	5.6×10^{-4}	3.25
高碘酸	25	—	2.3×10^{-2}	1.64
磷酸	25	1	6.92×10^{-3}	2.16
	25	2	6.23×10^{-8}	7.21
	25	3	4.79×10^{-13}	12.32
正硅酸	30	1	1.3×10^{-10}	9.90
	30	2	1.6×10^{-12}	11.80
	30	3	1.0×10^{-12}	12.00
硫酸	25	2	1.0×10^{-2}	1.99
亚硫酸	25	1	1.4×10^{-2}	1.85
	25	2	6.3×10^{-8}	7.20
铵离子	25	—	5.62×10^{-10}	9.25
甲酸	20	1	1.80×10^{-4}	3.745
乙(醋)酸	25	1	1.75×10^{-5}	4.757
丙酸	25	1	1.4×10^{-5}	4.86
一氯乙酸	25	1	1.4×10^{-3}	2.85
草酸	25	1	5.9×10^{-2}	1.23
	25	2	6.5×10^{-5}	4.19
柠檬酸	20	1	7.2×10^{-4}	3.14
	20	2	1.7×10^{-5}	4.77
	20	3	4.1×10^{-7}	6.39
巴比土酸	25	1	9.8×10^{-5}	4.01
甲胺盐酸盐	25	1	2.3×10^{-11}	10.63
二甲胺盐酸盐	25	1	2.1×10^{-11}	10.68
乳酸	25	1	1.4×10^{-4}	3.86
乙胺盐酸盐	25	1	2.0×10^{-11}	10.70
苯甲酸	25	1	6.5×10^{-5}	4.19
苯酚	20	1	1.3×10^{-10}	9.89
邻苯二甲酸	25	1	1.12×10^{-3}	2.950
	25	2	3.90×10^{-6}	5.408
Tris-HCl	37	1	1.4×10^{-8}	7.85
氯基乙酸盐酸盐	25	1	4.5×10^{-3}	2.35
	25	2	1.7×10^{-10}	9.78

本表数据主要录自 Robert C，Weast，CRC Handbook of Chemistry and Physics，80th ed. 1999～2000.

附录五　溶度积常数（298.15K）

化合物	$K_{sp}^{\ominus}$	$pK_{sp}^{\ominus}$	化合物	$K_{sp}^{\ominus}$	$pK_{sp}^{\ominus}$	化合物	$K_{sp}^{\ominus}$	$pK_{sp}^{\ominus}$
AgAc	1.94×10^{-3}	2.71	CdF_2	6.44×10^{-3}	2.19	MgF_2	5.16×10^{-11}	10.29
AgBr	5.38×10^{-13}	12.27	$Cd(IO_3)_2$	2.50×10^{-8}	7.60	$Mg(OH)_2$	5.61×10^{-12}	11.25
$AgBrO_3$	5.34×10^{-5}	4.27	$Cd(OH)_2$	7.20×10^{-15}	14.14	$Mg_3(PO_4)_2$	1.04×10^{-24}	23.98
AgCN	5.97×10^{-17}	16.22	CdS	1.40×10^{-29}	28.85	$MnCO_3$	2.24×10^{-11}	10.65
AgCl	1.77×10^{-10}	9.75	$Cd_3(PO_4)_2$	2.53×10^{-33}	32.60	$Mn(IO_3)_2$	4.37×10^{-7}	6.36
AgI	8.51×10^{-17}	16.07	$Co_3(PO_4)_2$	2.05×10^{-35}	34.69	$Mn(OH)_2$	2.06×10^{-13}	12.69
$AgIO_3$	3.17×10^{-8}	7.50	CuBr	6.27×10^{-9}	8.20	MnS	4.65×10^{-14}	13.33
AgSCN	1.03×10^{-12}	11.99	CuC_2O_4	4.43×10^{-10}	9.35	$NiCO_3$	1.42×10^{-7}	6.85
Ag_2CO_3	8.46×10^{-12}	11.07	CuCl	1.72×10^{-7}	6.76	$Ni(IO_3)_2$	4.71×10^{-5}	4.33
$Ag_2C_2O_4$	5.40×10^{-12}	11.27	CuI	1.27×10^{-12}	11.90	$Ni(OH)_2$	5.48×10^{-16}	15.26
Ag_2CrO_4	1.12×10^{-12}	11.95	CuS	1.27×10^{-36}	35.90	NiS	1.07×10^{-21}	20.97
Ag_2S	6.69×10^{-50}	49.17	CuSCN	1.77×10^{-13}	12.75	$Ni_3(PO_4)_2$	4.73×10^{-32}	31.33
Ag_2SO_3	1.50×10^{-14}	13.82	Cu_2S	2.26×10^{-48}	47.64	$PbCO_3$	7.40×10^{-14}	13.13
Ag_2SO_4	1.20×10^{-5}	4.92	$Cu_3(PO_4)_2$	1.40×10^{-37}	36.86	$PbCl_2$	1.70×10^{-5}	4.77
Ag_3AsO_4	1.03×10^{-22}	21.99	$FeCO_3$	3.13×10^{-11}	10.50	PbF_2	3.30×10^{-8}	7.48
Ag_3PO_4	8.88×10^{-17}	16.05	FeF_2	2.36×10^{-6}	5.63	PbI_2	9.80×10^{-9}	8.01
$Al(OH)_3$	1.1×10^{-33}	32.97	$Fe(OH)_2$	4.87×10^{-17}	16.31	$PbSO_4$	2.53×10^{-8}	7.60
$AlPO_4$	9.84×10^{-21}	20.01	$Fe(OH)_3$	2.79×10^{-39}	38.55	PbS	9.04×10^{-29}	28.04
$BaCO_3$	2.58×10^{-9}	8.59	FeS	1.59×10^{-19}	18.80	$Pb(OH)_2$	1.43×10^{-20}	19.84
$BaCrO_4$	1.17×10^{-10}	9.93	HgI_2	2.90×10^{-29}	28.54	$Sn(OH)_2$	5.45×10^{-27}	26.26
BaF_2	1.84×10^{-7}	6.74	$Hg(OH)_2$	3.13×10^{-26}	25.50	SnS	3.25×10^{-28}	27.49
$Ba(IO_3)_2$	4.01×10^{-9}	8.40	HgS(黑)	6.44×10^{-53}	52.19	$SrCO_3$	5.60×10^{-10}	9.25
$BaSO_4$	1.08×10^{-10}	9.97	Hg_2Br_2	6.40×10^{-23}	22.19	SrF_2	4.33×10^{-9}	8.36
$BiAsO_4$	4.43×10^{-10}	9.35	Hg_2CO_3	3.60×10^{-17}	16.44	$Sr(IO_3)_2$	1.14×10^{-7}	6.94
Bi_2S_3	1.82×10^{-99}	98.74	$Hg_2C_2O_4$	1.75×10^{-13}	12.76	$SrSO_4$	3.44×10^{-7}	6.46
CaC_2O_4	2.32×10^{-9}	8.63	Hg_2Cl_2	1.43×10^{-18}	17.84	$Sr_3(AsO_4)_2$	4.29×10^{-19}	18.37
$CaCO_3$	3.36×10^{-9}	8.47	Hg_2F_2	3.10×10^{-6}	5.51	$ZnCO_3$	1.46×10^{-10}	9.83
CaF_2	3.45×10^{-10}	9.46	Hg_2I_2	5.20×10^{-29}	28.28	ZnF_2	3.04×10^{-2}	1.52
$Ca(IO_3)_2$	6.47×10^{-6}	5.19	Hg_2SO_4	6.50×10^{-7}	6.18	$Zn(OH)_2$	3.10×10^{-17}	16.51
$Ca(OH)_2$	5.02×10^{-6}	5.30	$KClO_4$	1.05×10^{-2}	1.98	$Zn(IO_3)_2$	4.29×10^{-6}	5.37
$CaSO_4$	4.93×10^{-5}	4.31	$K_2[PtCl_6]$	7.48×10^{-6}	5.13	ZnS	2.93×10^{-25}	24.53
$Ca_3(PO_4)_2$	2.53×10^{-33}	32.60	Li_2CO_3	8.15×10^{-4}	3.09			
$CdCO_3$	1.00×10^{-12}	12.00	$MgCO_3$	6.82×10^{-6}	5.17			

本表资料引自 Weast RC，CRC Handbook of Chemistry and Physics，80th ed，(1999-2000)，CRC Press，Inc，Boca Raton，Florida，p. B-207～8.

附录六 标准电极电位表（298.15K）

半反应	$\varphi^{\ominus}$/V	半反应	$\varphi^{\ominus}$/V
$Li^{+}+e^{-} \rightleftharpoons Li$	−3.040 1	$Cu^{2+}+e^{-} \rightleftharpoons Cu^{+}$	0.153
$K^{+}+e^{-} \rightleftharpoons K$	−2.931	$SO_4^{2-}+4H^{+}+2e^{-} \rightleftharpoons H_2SO_3+H_2O$	0.172
$Ba^{2+}+2e^{-} \rightleftharpoons Ba$	−2.912	$AgCl+e^{-} \rightleftharpoons Ag+Cl^{-}$	0.22233
$Ca^{2+}+2e^{-} \rightleftharpoons Ca$	−2.868	$Hg_2Cl_2+2e^{-} \rightleftharpoons 2Hg+2Cl^{-}$	0.26808
$Na^{+}+e^{-} \rightleftharpoons Na$	−2.71	$Cu^{2+}+2e^{-} \rightleftharpoons Cu$	0.3419
$Mg^{2+}+2e^{-} \rightleftharpoons Mg$	−2.70	$[Ag(NH_3)_2]^{+}+e^{-} \rightleftharpoons Ag+2NH_3$	0.373
$Al^{3+}+3e^{-} \rightleftharpoons Al$	−1.662	$O_2+2H_2O+4e^{-} \rightleftharpoons 4OH^{-}$	0.401
$Mn^{2+}+2e^{-} \rightleftharpoons Mn$	−1.185	$I_2+2e^{-} \rightleftharpoons 2I^{-}$	0.5355
$2H_2O+2e^{-} \rightleftharpoons H_2+2OH^{-}$	−0.8277	$MnO_4^{-}+e^{-} \rightleftharpoons MnO_4{}^{2-}$	0.558
$Zn^{2+}+2e^{-} \rightleftharpoons Zn$	−0.7618	$AsO_4^{3-}+2H^{+}+2e^{-} \rightleftharpoons AsO_3^{2-}+H_2O$	0.559
$Cr^{3+}+3e^{-} \rightleftharpoons Cr$	−0.744	$H_3AsO_4+2H^{+}+2e^{-} \rightleftharpoons HAsO_2+2H_2O$	0.560
$AsO_4^{3-}+2H_2O+2e^{-} \rightleftharpoons AsO_2^{-}+4OH^{-}$	−0.71	$MnO_4^{-}+2H_2O+3e^{-} \rightleftharpoons MnO_2+4OH^{-}$	0.595
$2CO_2+2H^{+}+2e^{-} \rightleftharpoons H_2C_2O_4$	−0.49	$O_2+2H^{+}+2e^{-} \rightleftharpoons H_2O_2$	0.695
$S+2e^{-} \rightleftharpoons S^{2-}$	−0.47627	$Fe^{3+}+e^{-} \rightleftharpoons Fe^{2+}$	0.771
$Cr^{3+}+e^{-} \rightleftharpoons Cr^{2+}$	−0.407	$Ag^{+}+e^{-} \rightleftharpoons Ag$	0.7996
$Fe^{2+}+2e^{-} \rightleftharpoons Fe$	−0.447	$Hg^{2+}+2e^{-} \rightleftharpoons Hg$	0.851
$Cd^{2+}+2e^{-} \rightleftharpoons Cd$	−0.4030	$2Hg^{2+}+2e^{-} \rightleftharpoons Hg_2^{2+}$	0.920
$Tl^{+}+e^{-} \rightleftharpoons Tl$	−0.336	$Br_2(l)+2e^{-} \rightleftharpoons 2Br^{-}$	1.066
$[Ag(CN)_2]^{-}+e^{-} \rightleftharpoons Ag+2CN^{-}$	−0.31	$2IO_3^{-}+12H^{+}+10e^{-} \rightleftharpoons I_2+6H_2O$	1.195
$Co^{2+}+2e^{-} \rightleftharpoons Co$	−0.28	$O_2+4H^{+}+4e^{-} \rightleftharpoons 2H_2O$	1.229
$Ni^{2+}+2e^{-} \rightleftharpoons Ni$	−0.257	$Cr_2O_7^{2-}+14H^{+}+6e^{-} \rightleftharpoons 2Cr^{3+}+7H_2O$	1.232
$V^{3+}+e^{-} \rightleftharpoons V^{2+}$	−0.255	$Tl^{3+}+2e^{-} \rightleftharpoons Tl^{+}$	1.252
$AgI+e^{-} \rightleftharpoons Ag+I^{-}$	−0.15224	$Cl_2(g)+2e^{-} \rightleftharpoons 2Cl^{-}$	1.35827
$Sn^{2+}+2e^{-} \rightleftharpoons Sn$	−0.1375	$MnO_4^{-}+8H^{+}+5e^{-} \rightleftharpoons Mn^{2+}+4H_2O$	1.507
$Pb^{2+}+2e^{-} \rightleftharpoons Pb$	−0.1262	$MnO_4^{-}+4H^{+}+3e^{-} \rightleftharpoons MnO_2+2H_2O$	1.679
$Fe^{3+}+3e^{-} \rightleftharpoons Fe$	−0.037	$Au^{+}+e^{-} \rightleftharpoons Au$	1.692
$Ag_2S+2H^{+}+2e^{-} \rightleftharpoons 2Ag+H_2S$	−0.0366	$Ce^{4+}+e^{-} \rightleftharpoons Ce^{3+}$	1.72
$2H^{+}+2e^{-} \rightleftharpoons H_2$	0.00000	$H_2O_2+2H^{+}+2e^{-} \rightleftharpoons 2H_2O$	1.776
$AgBr+e^{-} \rightleftharpoons Ag+Br^{-}$	0.07133	$Co^{3+}+e^{-} \rightleftharpoons Co^{2+}$	1.92
$S_4O_6^{2-}+2e^{-} \rightleftharpoons 2S_2O_3^{2-}$	0.08	$S_2O_8^{2-}+2e^{-} \rightleftharpoons 2SO_4^{2-}$	2.010
$Sn^{4+}+2e^{-} \rightleftharpoons Sn^{2+}$	0.151	$F_2+2e^{-} \rightleftharpoons 2F^{-}$	2.866

本表数据主要摘自 Lide DR，Handbook of Chemistry and Physics，80th ed，New York：CRC Press，1999～2000.

附录七 配合物的稳定常数

配体及金属离子	$\lg K_{s1}$	$\lg K_{s2}$	$\lg K_{s3}$	$\lg K_{s4}$	$\lg K_{s5}$	$\lg K_{s6}$
氨(NH_3)						
Co^{2+}	2.11	3.74	4.79	5.55	5.73	5.11
Co^{3+}	6.7	14.0	20.1	25.7	30.8	35.20
Cu^{2+}	4.31	7.98	11.02	13.32	(12.86)	
Hg^{2+}	8.8	17.5	18.5	19.28		
Ni^{2+}	2.8	5.04	6.77	7.96	8.74	8.74
Ag^{+}	3.24	7.05				
Zn^{2+}	2.37	4.81	7.31	9.46		
Cd^{2+}	2.65	4.75	6.19	7.12	6.80	5.14

续表

配体及金属离子	$\lg K_{s1}$	$\lg K_{s2}$	$\lg K_{s3}$	$\lg K_{s4}$	$\lg K_{s5}$	$\lg K_{s6}$
氯离子(Cl^-)						
Sb^{3+}	2.26	3.49	4.18	4.72	(4.72)	(4.11)
Bi^{3+}	2.44	4.74	5.04	5.64		
Cu^+		5.5				
Pt^{2+}		11.5	14.5	16.0		
Hg^{2+}	6.74	13.22	14.07	15.07		
Au^{3+}		9.8				
Ag^+	3.04	5.04				
氰离子(CN^-)						
Au^+		38.3				
Cd^{2+}	5.48	10.60	(15.23)	(18.78)		
Cu^+		24.0	28.59	30.30		
Fe^{2+}						35
Fe^{3+}						42
Hg^{2+}				41.4		
Ni^{2+}				31.3		
Ag^+		21.10	21.7	20.6		
Zn^{2+}				16.7		
氟离子(F^-)						
Al^{3+}	6.10	11.15	15.00	17.75	19.37	19.84
Fe^{3+}	5.28	9.30	12.06		(15.77)	
碘离子(I^-)						
Bi^{3+}	3.63			14.95	16.80	18.80
Hg^{2+}	12.87	23.82	27.60	29.83		
Ag^+	6.58	11.74	13.68			
硫氰酸根(SCN^-)						
Fe^{3+}	2.95	3.36				
Hg^{2+}		17.47		21.23		
Au^+		23		42		
Ag^+		7.57	9.08	10.08		
硫代硫酸根($S_2O_3^{2-}$)						
Ag^+	8.82	13.46	(14.15)			
Hg^{2+}		29.44	31.90	33.24		
Cu^+	10.27	12.22	13.84			
醋酸根(CH_3COO^-)						
Fe^{3+}	3.2					
Hg^{2+}		8.43				
Pb^{2+}	2.52	4.0	6.4	8.5		
枸橼酸根(按 L^{3-} 配体)						
Al^{3+}	20.0					
Co^{2+}	12.5					
Cd^{2+}	11.3					
Cu^{2+}	14.2					
Fe^{2+}	15.5					
Fe^{3+}	25.0					

续表

配体及金属离子	$\lg K_{s1}$	$\lg K_{s2}$	$\lg K_{s3}$	$\lg K_{s4}$	$\lg K_{s5}$	$\lg K_{s6}$
Ni^{2+}	14.3					
Zn^{2+}	11.4					
乙二胺($H_2NCH_2CH_2NH_2$)						
Co^{3+}			48.69			
Co^{2+}	5.91	10.64	13.94			
Cu^{2+}	10.67	20.00				
Zn^{2+}	5.77	10.83				
Ni^{2+}	(7.52)	(13.80)	18.33			
Fe^{2+}			9.70			
Cd^{2+}		10.09				
Hg^{2+}		23.3				
乙二胺四乙酸二钠						
Fe^{3+}	24.23					
Fe^{2+}	14.33					
Co^{3+}	36					
Co^{2+}	16.31					
Cu^{2+}	18.7					
Zn^{2+}	16.4					
Ca^{2+}	11.0					
Mg^{2+}	8.64					
Pb^{2+}	18.3					
Ca^{2+}	16.4					
Hg^{2+}	21.8					
草酸根($C_2O_4^{2-}$)						
Cu^{2+}	6.16	8.5				
Fe^{2+}	2.9	4.52	5.22			
Fe^{3+}	9.4	16.2	20.2			
Hg^{2+}		6.98				
Zn^{2+}	4.89	7.60	8.15			
Ni^{2+}	5.3	7.64	8.5			

1. 录自 Lange's Handbook of Chemistry. 13th ed. 1985，5-7.
2. 该表中括号内的数据录自武汉大学. 分析化学. 第4版. 北京：高等教育出版社，2000，324-329.

附录八 常用溶剂的性质（101.3kPa）

名称	沸点/℃	溶解性	毒性
石油醚	有30～60℃、60～90℃、90～120℃等沸程	不溶于水，与丙酮、乙醚、乙酸乙酯、苯、氯仿及甲醇以上高级醇混溶	与低级烷相似
乙醚	35	微溶于水，易溶于盐酸，与醇、醚、石油醚、苯、氯仿等多数有机溶剂混溶	麻醉性
戊烷	36	与乙醇、乙醚等多数有机溶剂混溶	低毒性
二氯甲烷	40	与醇、醚、氯仿、苯、二硫化碳等有机溶剂混溶	低毒，麻醉性强

续表

名称	沸点/℃	溶解性	毒性
二硫化碳	46	微溶于水，与多种有机溶剂混溶	麻醉性，强刺激性
丙酮	56	与水、醇、醚、烃混溶	低毒，类乙醇，但较大
氯仿	61	与乙醇、乙醚、石油醚、卤代烃、四氯化碳、二硫化碳等混溶	中等毒性，强麻醉性
甲醇	65	与水、乙醚、醇、酯、卤代烃、苯、酮混溶	中等毒性，麻醉性，
四氢呋喃	66	优良溶剂，与水混溶，很好地溶于乙醇、乙醚、脂肪烃、芳香烃、氯化烃	吸入微毒，经口低毒
已烷	69	甲醇部分溶解，与比乙醇高的醇、醚、丙酮、氯仿混溶	低毒，麻醉性，刺激性
三氟醋酸	72	与水、乙醇、乙醚、丙酮、苯、四氯化碳、已烷混溶，溶解多种脂肪族、芳香族化合物	吸入有害
四氯化碳	77	与醇、醚、石油醚、石油脑、冰醋酸、二硫化碳、氯代烃混溶	氯代甲烷中，毒性最强
乙酸乙酯	77	与醇、醚、氯仿、丙酮、苯等大多数有机溶剂混溶，能溶解某些金属盐	低毒，麻醉性
乙醇	78	与水、乙醚、氯仿、酯、烃类衍生物等有机溶剂混溶	微毒类，麻醉性
苯	80	难溶于水，与甘油、乙二醇、乙醇、氯仿、乙醚、四氯化碳、二硫化碳、丙酮、甲苯、二甲苯、冰醋酸、脂肪烃等大多有机物混溶	强烈毒性
环已烷	81	与乙醇、高级醇、醚、丙酮、烃、氯代烃、高级脂肪酸、胺类混溶	低毒，中枢抑制作用
乙腈	82	与水、甲醇、乙酸甲酯、乙酸乙酯、丙酮、醚、氯仿、四氯化碳、氯乙烯及各种不饱和烃混溶，但是不与饱和烃混溶	中等毒性，大量吸入蒸气，引起急性中毒
异丙醇	82	与乙醇、乙醚、氯仿、水混溶	微毒，类似乙醇
三乙胺	90	18.7℃以下与水混溶，以上微溶。易溶于氯仿、丙酮，溶于乙醇、乙醚	易爆，皮肤黏膜刺激性强
庚烷	98	甲醇部分溶解，比乙醇高的醇、醚丙酮、氯仿混溶	低毒，刺激性、麻醉性
水	100	略	略
1,4-二氧已环	101	能与水及多数有机溶剂混溶，仍溶解能力很强	微毒，强于乙醚2～3倍
甲苯	111	不溶于水，与甲醇、乙醇、氯仿、丙酮、乙醚、冰醋酸、苯等有机溶剂混溶	低毒类，麻醉作用
吡啶	115	与水、醇、醚、石油醚、苯、油类混溶，能溶解多种有机物和无机物	低毒，皮肤黏膜刺激性
乙二胺	117	溶于水、乙醇、苯和乙醚，微溶于庚烷	刺激皮肤、眼睛
乙酸	118	与水、乙醇、乙醚、四氯化碳混溶，不溶于二硫化碳及 C_{12} 以上高级脂肪烃	低毒，浓溶液毒性强
乙二醇单甲醚	125	与水、醛、醚、苯、乙二醇、丙酮、四氯化碳、DMF 等混溶	低毒类
吗啉	129	溶解能力强，超过二氧六环、苯和吡啶，与水混溶，溶于丙酮、苯、乙醚、甲醇、乙醇、乙二醇、2-已酮、蓖麻油、松节油、松脂等	腐蚀皮肤，刺激眼和结膜，蒸汽引起肝肾病变
氯苯	132	能与醇、醚、脂肪烃、芳香烃和有机氯化物等多种有机溶剂混溶	低于苯，损害中枢系统
对二甲苯	138	不溶于水，与醇、醚和其他有机溶剂混溶	一级易燃液体
二甲苯(混合物)	139～142	不溶于水，与乙醇、乙醚、苯、烃等有机溶剂混溶，乙二醇、甲醇、2-氯乙醇等极性溶剂部分溶解	一级易燃液体，低毒类

续表

名称	沸点/℃	溶解性	毒性
间二甲苯	139	不溶于水，与醇、醚、氯仿混溶，室温下溶于乙腈、DMF等	一级易燃液体
醋酸酐	140		
邻二甲苯	144	不溶于水，与乙醇、乙醚、氯仿等混溶	一级易燃液体
N,*N*-二甲基甲酰胺	153	与水、醇、醚、酮、不饱和烃、芳香烃等混溶，溶解能力强	低毒
环己醇	161	与醇、醚、二硫化碳、丙酮、氯仿、苯、脂肪烃、芳香烃、卤代烃混溶	低毒，无血液毒性，刺激性
苯酚	181	溶于乙醇、乙醚、乙酸、甘油、氯仿、二硫化碳和苯等，难溶于烃类溶剂，65.3℃以上与水混溶，65.3℃以下分层	高毒类，对皮肤、黏膜有强烈腐蚀性，可经皮吸收中毒
二甲亚砜	189	与水、甲醇、乙醇、乙二醇、甘油、乙醛、丙酮、乙酸乙酯、吡啶、芳烃混溶	微毒，对眼有刺激性
乙二醇	198	与水、乙醇、丙酮、乙酸、甘油、吡啶混溶，与氯仿、乙醚、苯、二硫化碳等难溶，对烃类、卤代烃不溶，溶解食盐、氯化锌等无机物	低毒类，可经皮肤吸收中毒
N-甲基-2-吡咯烷酮	202	与水混溶，除低级脂肪烃，可以溶解大多无机、有机物、极性气体、高分子化合物	毒性低，不可内服
甲酰胺	210	与水、醇、乙二醇、丙酮、乙酸、二氧六环、甘油、苯酚混溶，几乎不溶于脂肪烃、芳香烃、醚、卤代烃、氯苯、硝基苯等	皮肤、黏膜刺激性，经皮肤吸收
硝基苯	211	几乎不溶于水，与醇、醚、苯等有机物混溶，对有机物溶解能力强	剧毒，可经皮肤吸收
六甲基磷酸三酰胺	233	与水混溶，与氯仿络合，溶于醇、醚、酯、苯、酮、烃、卤代烃等	较大毒性
喹啉	237	溶于热水、稀酸、乙醇、乙醚、丙酮、苯、氯仿、二硫化碳等	中等毒性，刺激皮肤和眼
二甘醇	245	与水、乙醇、乙二醇、丙酮、氯仿、糠醛混溶，与乙醚、四氯化碳等不混溶	微毒，经皮吸收，刺激性小
甘油	290	与水、乙醇混溶，不溶于乙醚、氯仿、二硫化碳、苯、四氯化碳、石油醚	食用对人体无毒

本表数据主要引自尤启冬主编《药物化学实验与指导》，中国医药科技出版社，2000年.

参 考 文 献

[1] 南京大学大学化学实验教学组编. 大学化学实验. 第 2 版. 北京：高等教育出版社，2010.

[2] 祁嘉义主编. 基础化学实验. 北京：高等教育出版社，2008.

[3] 张利民. 无机化学实验. 北京：人民卫生出版社，2003.

[4] 南京大学《无机及分析化学实验》编写组. 无机及分析化学实验. 第 4 版. 北京：高等教育出版社，2006.

[5] 北京师范大学无机化学教研室等. 无机化学实验. 第 3 版. 北京：高等教育出版社，2001.

[6] 沈雪松，仇佩虹. 大学实验化学. 北京：中国医药科技出版社，2010.

[7] 傅献彩，沈文霞，姚天扬，侯文华. 物理化学. 第 5 版. 北京：高等教育出版社，2006.

[8] 李险峰. $Fe(OH)_3$胶体电泳实验影响因素探讨. 广东化工 [J]. 2012，39 (4)：76.

[9] 北京师范大学无机化学教研室等. 无机化学. 第 4 版. 北京：高等教育出版社，2003.

[10] 谢吉民. 无机化学实验. 北京：人民卫生出版社，2007 .

[11] 董顺福. 大学化学实验. 北京：高等教育出版社，2012.

[12] 柯以侃，王桂花. 大学化学实验. 第 2 版. 北京：化学工业出版社，2010.

[13] 钟国清. 无机及分析化学实验. 北京：科学出版社，2011.

[14] 严拯宇，范国荣主编. 分析化学实验. 北京：科学出版社，2014.

[15] 钟文英，王志群主编. 分析化学实验. 南京：东南大学出版社，2000.

[16] 国家药典委员会编. 中国药典（二部）. 北京：中国医药科技出版社，2010.

[17] 武汉大学化学与分子科学学院实验中心编. 分析化学实验. 武汉：武汉大学出版社，2003.

[18] 马全红，邱凤仙主编. 分析化学实验. 南京：南京大学出版社，2009.

[19] 赵怀清主编. 分析化学实验指导. 第 3 版. 北京：人民卫生出版社，2011.

[20] 岛津气相色谱 GC-2014 操作手册，日本岛津公司 .

[21] 张剑荣，余晓东，屠一锋等编. 仪器分析实验. 北京：科学出版社，2010.

[22] 曹淑瑞等，高效液相色谱法同时测定食品中 6 种对羟基苯甲酸酯. 分析化学研究报告，2012，40 (4)：529.

[23] 杭太俊主编. 药物分析. 第 7 版. 北京：人民卫生出版社，2012.

[24] 周益明. 物理化学实验. 南京：南京师范大学出版社，2004.

[25] 冯鸣等编. 物理化学实验. 北京：化学工业出版社，2008.

[26] 蔡邦宏. 物理化学实验教程. 南京：南京大学出版社，2010 .

[27] 王爱荣. 物理化学实验. 北京：化学工业出版社，2008.

[28] 庞茂林. 基础化学实验. 北京：人民卫生出版社，2002.

[29] 孟凡德. 医用基础化学实验. 北京：科学出版社，2001.

[30] “久吾杯”首届江苏省大学生化学化工实验竞赛试题，2010.